U0887466

电类专业基础实践教程

主　编　王翠玉　晏永红

副主编　刘　静　邹　静　赵　庆　高　健

天津大学出版社

TIANJIN UNIVERSITY PRESS

内容简介

本书是与《电路基础与电子技术》一书配套的实验指导教材，主要分为三篇：实验必备篇、专业基础课实验篇和专业课实验篇。其中，实验必备篇分为常用电子仪器仪表的使用及基本电子元器件的识别，本篇是为后续实验做准备的；专业基础课实验篇分为电路基础实验、模拟电子技术实验、数字电子技术实验，内容简明易懂，可操作性强；专业课实验篇分为电力电子技术实验、电机拖动实验、电气控制与变频器实验，旨在使学生按照教学体系要求完成各项实践训练。本书实验项目设置符合大纲要求，实验数量满足教学要求，实验步骤和方法可操作性强，可供读者参考。

本书既可作为应用型高等学校电类和非电类工科本、专科学生的实验教材，也可作为希望全面了解电类实践知识的自学者的入门教材。

图书在版编目（CIP）数据

电类专业基础实践教程 / 王翠玉，晏永红主编. —天津：天津大学出版社，2019.6

ISBN 978-7-5618-6411-1

Ⅰ.①电… Ⅱ.①王… ②晏… Ⅲ.①电路理论—高等学校—教材 ②电子技术—高等学校—教材 Ⅳ.①TM13 ②TN

中国版本图书馆 CIP 数据核字（2019）第 099521 号

出版发行 天津大学出版社
地　　址 天津市卫津路 92 号天津大学内（邮编：300072）
电　　话 发行部：022-27403647
网　　址 publish.tju.edu.cn
印　　刷 廊坊市海涛印刷有限公司
经　　销 全国各地新华书店
开　　本 185mm×260mm
印　　张 13
字　　数 324 千
版　　次 2019 年 6 月第 1 版
印　　次 2019 年 6 月第 1 次
定　　价 32.00 元

前　言

本书是根据高等院校电气电子类专业相关课程的教学大纲，并结合教学实践而编写的一本实验教材，包含电路基础、模拟电子技术、数字电子技术、电力电子技术、电机拖动、电气控制与变频器六部分内容，涵盖了电气电子类专业课的实验。本书不仅可以用来培养学生的技术能力和实践能力，更可以为其后续的专业课程和毕业后从事有关电类或控制类的工作奠定基础。

实验课程是教学环节中不可缺少的组成部分。为了加强学生实验基本技能的综合训练和帮助学生掌握新的实验方法，培养应用型人才，使实践教学向深层次发展，我们组织编写了这本《电类专业基础实践教程》教材，作为《电路基础与电子技术》教材的配套用书。

本书强调学生动手能力的培养和对实验测试方法的掌握，着力提高学生的工程素质和实践创新能力。本书内容丰富、体系完整，可以作为高校电子信息类、通信、电气、网络、计算机等专业本科实验教材，也可作为有关工程技术人员的参考书。

本书第1～3章和第6章由王翠玉完成，第4～5章由晏永红完成，第7～8章由刘静和高健共同编写，刘静和高健还对全部实验内容进行了核实与验证。此外，武昌工学院信息工程学院的张荆沙、刘新竹、梁莉娟等为本书的编写提出了宝贵的意见和建议，在此向他们表示由衷的感谢。

由于编者水平有限，书中错误及不足之处在所难免，真诚希望广大读者批评指正。

编者

2019年3月

目　录

第1篇

实验必备篇

第1章 常用电子仪器仪表的使用

电子仪器仪表是开展电子技术实验的基本工具，其使用方法需要熟练了解并掌握。

常用的电子仪器仪表主要有两大类：测量仪器和激励源仪器。测量仪器只有输入端口，输入被测电路的电参量，如万用表、示波器和毫伏表等。激励源仪器只有输出端口，输出被测电路需要的电参量，如信号发生器和直流电源等。

1.1 数字万用表的使用

万用表又称多用表，可以用来测量直流电压和电流、交流电压和电流以及电阻等，有的万用表还可以用来测量电容、电感以及晶体二极管、三极管的某些参数。

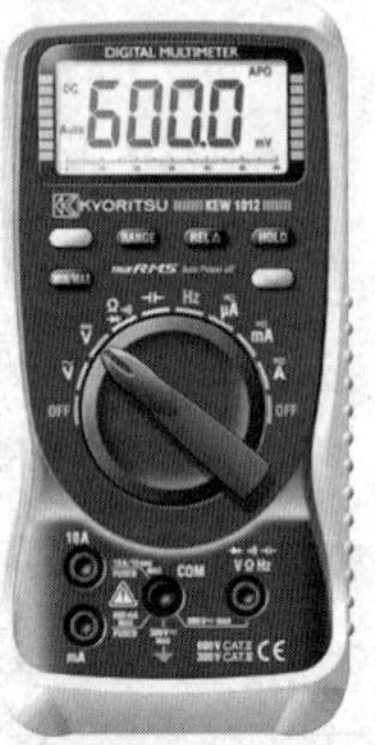

图1-1 数字万用表的外形结构

数字万用表是一种多功能数字显示仪表，既可以像指针式万用表一样测直、交流电压和电流，还可以测二极管和三极管的某些参数。数字万用表的测量值由液晶显示屏直接以数字的形式显示，读取方便。有些数字万用表还带有语音提示功能。

数字万用表的外形结构如图1-1所示。它的下方有一个转换旋钮，旋钮所指的是测量的挡位。

数字万用表的挡位主要有以下几种：Ω(R)，表示测量电阻的挡位；h_{FE}，表示测量二极管的挡位；$\tilde{V}$，表示测量交流电压的挡位；$\overline{V}$，表示测量直流电压的挡位；$\tilde{A}$，表示测量交流电流的挡位；$\overline{A}$，表示测量直流电流的挡位。

数字万用表的红表笔接外电路正极，黑表笔接外电路负极。

1.1.1 操作中的注意事项

(1)量程开关应置于正确的测量位置。

(2)表笔绝缘层应完好，无破损和断线。

(3)红、黑表笔应插在符合测量要求的插孔内，保证接触良好。

(4)严禁在电压测量或电流测量过程中改变量程开关挡位，以防损坏仪表。

(5)必须用同类型规格的保险丝更换坏保险丝。

(6)为防止电击，测量公共端“COM”和大地“GND”之间电位差不得超过1 000 V。

(7)当液晶显示屏显示“$\boxed{-\,+}$”符号时，应及时更换电池，以确保测量精度。

(8)测量完毕应及时关断电源；长期不用时，应取出电池。

1.1.2　使用方法

1. 电压的测量

电压的测量分为直流电压的测量和交流电压的测量。

1）直流电压的测量

(1)将黑表笔插进万用表的“COM”孔，红表笔插进万用表的“VΩ”孔。

(2)把万用表的转换旋钮旋至直流挡“$\overline{V}$”，然后将旋钮调到比估计值大的量程。表盘上的数值均为最大量程。

(3)把表笔接到电源或电池的两端，并保持接触稳定。

(4)从显示屏上直接读取测量数值。若测量数值显示为“1”，表明量程太小，要加大量程后再测量。如果在数值左边出现“-”，表明表笔极性与实际电源极性相反，此时红表笔接的是负极。

2）交流电压的测量

(1)将黑表笔插进万用表的“COM”孔，红表笔插进万用表的“VΩ”孔。

(2)把万用表的挡位旋钮旋至交流挡“$\tilde{V}$”，然后将旋钮调到比估计值大的量程。

(3)把表笔接到电源的两端(交流电压无正负之分)，然后从显示屏上读取测量数值。

2. 电流的测量

电流的测量同样分为直流电流的测量和交流电流的测量。

1）直流电流的测量

(1)将黑表笔插入万用表的“COM”孔。若测量大于200 mA的电流，则将红表笔插入“10 A”插孔，并将转换旋钮旋至直流“10 A”挡；若测量小于200 mA的电流，则将红表笔插入“200 mA”插孔，并将转换旋钮旋至直流200 mA以内的合适量程。

(2)将挡位旋钮调到直流挡($\overline{A}$)的合适位置，调整好后，开始测量。将万用表串联接入电路中，保持示数稳定。

(3)从显示屏上读取测量数值。若测量数值显示为“1”，表明量程太小，要加大量程后再测量；如果在数值左边出现“-”，表明表笔极性与实际电源极性相反，此时红表笔接的是负极。

2）交流电流的测量

交流电流的测量方法与直流电流的测量基本相同，不过挡位应该旋至交流挡位($\tilde{A}$)。电流测量完毕后，应将红笔插回“VΩ”孔。

3. 电阻的测量

(1)将黑表笔插进“COM”孔，红表笔插进“VΩ”孔。

(2)把挡位旋钮调到“Ω”挡合适的量程，将表笔接在待测电阻的两端。测量中可以用手接触电阻，但不要用手同时接触电阻两端，因为人体是电阻很大的导体，这样会影响测量的精确度。

(3)保持表笔和电阻接触良好的同时，从显示屏上读取测量数据。

4. 二极管的测量

数字万用表可以测量发光二极管和整流二极管，测量方法如下。

(1)将黑表笔插在"COM"孔，红表笔插进"VΩ"孔。

(2)将挡位旋钮调到二极管挡。

(3)用红表笔接二极管的正极，黑表笔接负极，这时会显示二极管的正向压降。

锗二极管的压降为0.15~0.3 V，硅二极管的压降为0.5~0.7 V，发光二极管的压降为1.8~2.3 V。调换表笔，显示屏显示"1"为正常(因为二极管的反向电阻很大)，否则表明该管已被击穿。

5. 三极管的测量

选数字万用表的二极管挡，用红表笔去接三极管的某一引脚，用黑表笔分别接另外两个引脚。如果万用表的显示屏上两次都显示零点几伏的电压(锗管为0.3 V左右，硅管为0.7 V左右)，则此管为NPN管且红表笔所接的那一个引脚是基极。如果两次所显示的都是"OL"，则红表笔所接的那一个引脚便是PNP型管的基极。

在判别出三极管的型号和基极的基础上，可以再判别发射极和集电极。仍用二极管挡，对于NPN管，令红表笔接其基极，黑表笔分别接另外两个引脚，两次测得的极间电压中，电压高的为发射极，电压低的为集电极。如果是PNP管，令黑表笔接其基极，同样所得电压高的为发射极，电压低的为集电极。例如，用红表笔接C9018中间那个引脚(基极)，黑表笔分别接另外两个引脚，可得0.719V、0.731V两个电压值。其中，0.719V为基极与集电极之间的电压，0.731V为基极与发射极之间的电压。

判别三极管的好坏，只要查一下三极管各PN结是否损坏即可。可以用万用表测量其发射极、集电极的正向电压和反向电压。如果测得的正向电压和反向电压相似且几乎为零，或正向电压为"OL"，说明三极管已经发生短路或断路。

1.2 数字示波器的使用

数字示波器是一种常用的电子测量工具，集数据采集、A/D转换、软件编程等一系列技术于一体。数字示波器含有多级菜单，能给用户提供多种分析功能。功能较全的示波器可以存储波形，并对波形进行保存和处理。

1. 数字示波器面板功能

数字示波器面板功能如图1-2所示。

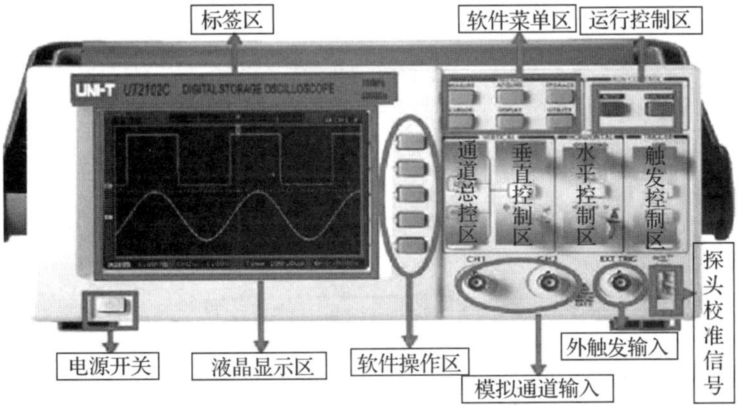

图 1-2　数字示波器面板功能

1）液晶显示区

高清晰彩色液晶显示器具有 320×234 的分辨率。

2）运行控制区

(1) AUTO 键：自动搜寻信号和设定。

(2) RUN/STOP 键：运行或停止波形采样。

3）垂直控制区

调节波形在垂直方向的位置。

4）软件菜单区

(1) MEASURE 键：用于自动测量。

(2) ACQUIRE 键：用于采样系统设置。

(3) STORAGE 键：储存或读取 USB 和内部存储器的图像、波形和设定储存。

(4) CURSOR 键：用于水平与垂直光标的设定。

(5) DISPLAY 键：用于显示模式的设定。

(6) UTILITY 键：系统设定。

5）模拟通道输入

有两路通道，通道 1 为 CH1，通道 2 为 CH2。

6）通道总控区

屏幕显示对应通道的操作菜单、标志、波形和挡位状态信息。

7）水平控制区

将波形往右(顺时针旋转)移动或往左(逆时针旋转)移动。

8）外触发输入

外触发信号输入端口。

9）探头校准信号

输出幅值为 3 V、频率为 1 kHz 的方波校准信号。

10）软件操作区

对应不同的功能键，菜单会有所不同。

11）触发控制区

用于触发信号的设定。

2. 数字示波器显示画面

数字示波器显示画面如图 1－3 所示。

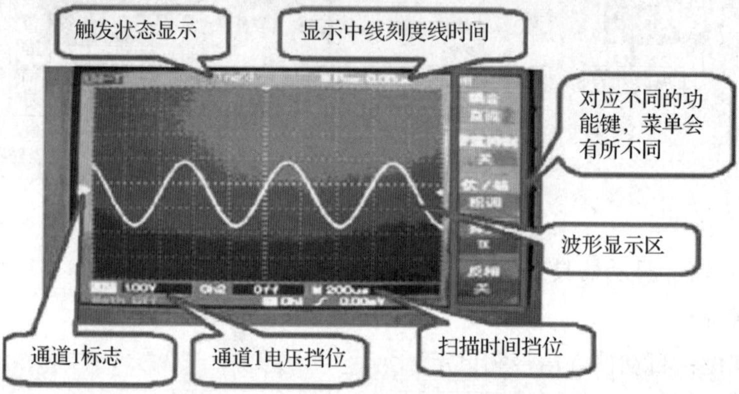

图 1－3　数字示波器显示画面

3. 示波器的基本操作方法

1）示波器探头

示波器探头如图 1－4 所示。

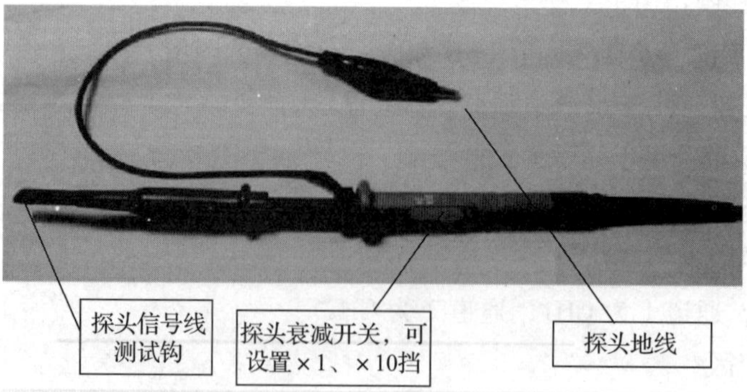

图 1－4　示波器探头

2）输入输出通道

输入输出通道如图 1－5 所示。CH1 和 CH2 为信号输入通道；EXT TRIG 为外触发信号输入端；最右侧为示波器校正信号输出端，输出幅值为 3 V、频率为 1 kHz 的方波校准信号。

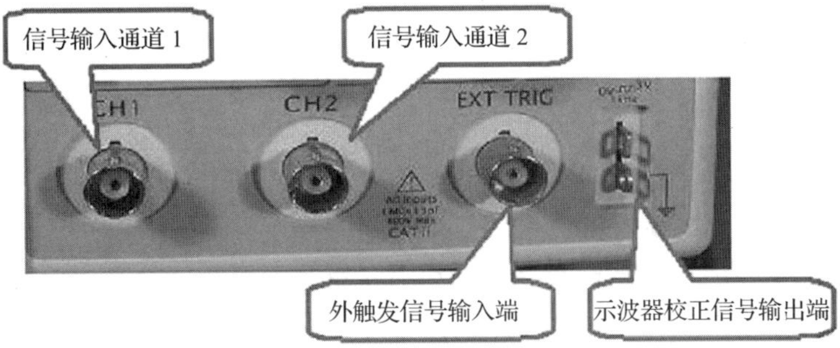

图 1-5　输入输出通道

3)示波器校准

将探极接到示波器的校正方波输出端，调整探极上校正孔的补偿电容，直到屏幕上显示的方波为平顶。

4)运行控制

按下 AUTO 键，示波器自动将波形调整到最适合观测的状态。

按下 RUN/STOP 键，按键显示绿色，表明波形采样处于运行状态；再按一下，按键显示红色，表明停止波形采样。

5)垂直控制系统

(1)垂直位置旋钮：可设置所选通道波形的垂直显示位置。转动该旋钮，屏幕上显示的波形会上下移动，移动值显示于屏幕左下方。

按下 SET TO ZERO 键，波形回到零点（中点）。

(2)垂直衰减旋钮：可调整所选通道波形的显示幅度，如图 1-6 所示。改变“Volt/div”（伏/格）垂直挡位，同时下状态栏对应通道显示的幅值也会发生变化。粗调以 1—2—5 步进方式确定垂直挡位灵敏度。细调是在当前挡位基础上进一步调节波形的显示幅度。

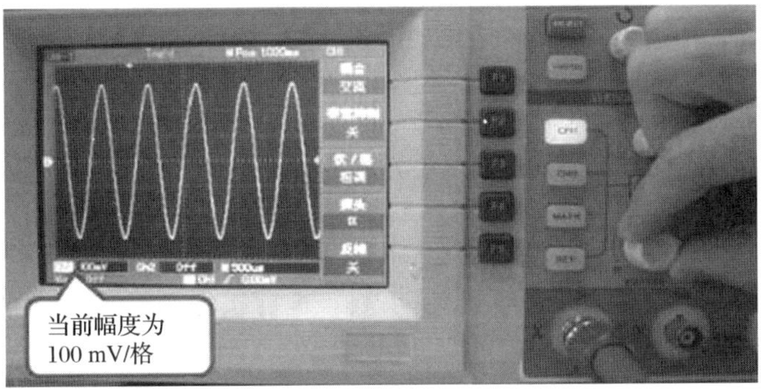

图 1-6　调节垂直衰减旋钮

6)信号通道选择

按下 CH1 键，选择通道 1 的波形，同时 CH1 键变为绿色。按下 CH2 键，选择通道 2 的波形，同时 CH2 键变为绿色。CH1 和 CH2 都按下，CH1 键变为绿色，CH2 键变为黄色，显示屏上显示两个通道的波形。

7）通道菜单

通道菜单如图 1－7 所示。

注意：

（1）带宽限制为关闭状态时，允许被测信号含有的高频分量通过；带宽限制为打开状态时，阻隔大于 20 MHz 的高频分量。

（2）探头衰减系数改变仪器的垂直挡位比例，设定时必须使探头上黄色开关的设定值与输入通道探头菜单的衰减系数一致；

（3）波形反相设置打开，显示的被测信号波形相位翻转 180°。

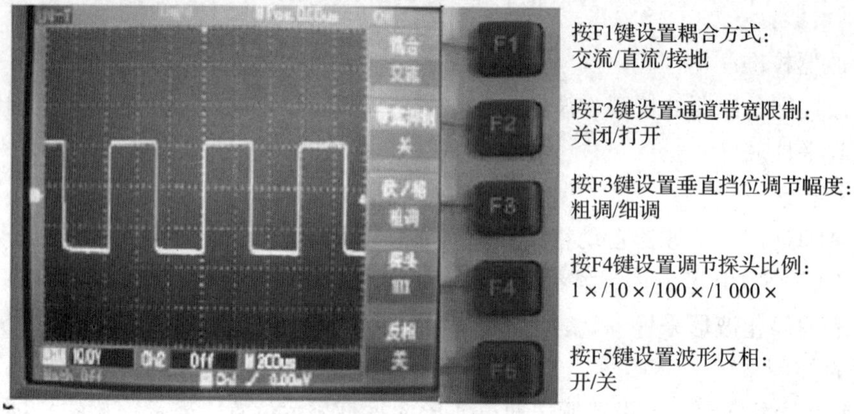

图 1－7　通道菜单

8）水平控制系统

水平控制系统主要用于设置水平时基。

Ⅰ. 水平中心位置调整 POSITION 旋钮

顺时针或逆时针旋转 POSITION 旋钮，波形向右或向左移动。

按下 SET TO ZERO 键，波形水平中心点回到零点（中点）。

Ⅱ. 水平衰减调整 SCALE 旋钮

顺时针或逆时针旋转 SCALE 旋钮，水平扫描速率增大或减小。

Ⅲ. 水平软件菜单 MENU

按下水平软件菜单 MENU，在显示屏上出现 ZOOM 菜单。按下 F1 键可以关闭视窗扩展而回到主时基；按下 F3 键可以开启视窗扩展。视窗扩展用来放大一段波形，以便查看图像细节，设置触发释抑时间。

9）软件菜单区

软件菜单区主要包含自动测量、采样系统设置、存储和调出、光标测量、显示系统设置、辅助系统设置等功能。

（1）自动测量。按 MEASURE 键，显示自动测量菜单。按下 F1 键返回测量菜单；按下 F2 键，选择测量参数的通道；按下 F3 键，进入电压类的参数菜单；按下 F4 键，进入时间类的参数菜单；按下 F5 键，显示/关闭所有测量参数。

(2)采样系统设置。数字存储示波器按相等的时间间隔对信号采样以重建波形。按下 ACQUIRE 键，弹出采样设置菜单，通过菜单控制按钮调整采样方式。

(3)存储和调出。使用 STORAGE 键显示存储设置菜单，可以通过该菜单对数字示波器内部存储区和 USB 存储设备上的波形和设置文件进行保存和调出操作。

(4)显示系统设置。按下 DISPLAY 键会出现设置菜单，通过菜单控制按钮调整显示方式。

①点：波形直接显示采样点。

②YT 格式：屏幕上显示李萨茹图形，其中 CH1 为 X 输入，CH2 为 Y 输入。

③关闭：屏幕上波形以高刷新率更新。

(5)辅助功能设置。按下 UTILITY 键会出现设置菜单，通过菜单控制按钮调整显示方式。

①自校正：执行自校正操作或取消自校正操作，并返回。

②波形录制：设置波形录制操作。

③语言：选择界面语言，有简体中文、繁体中文和英语。

④出厂设置：调出出厂设置。

⑤界面风格：设置界面风格，可以选择四种彩色屏风格。

(6)光标测量。在 CURSOR 模式下可以移动光标进行测量，有三种模式：电压、时间和跟踪。

电压/时间测量方式：光标 1 和光标 2 将同时出现，显示的读数即为两个光标之间的电压或时间值。

跟踪测量：光标 1 和光标 2 将同时出现，显示的读数为光标 1 和光标 2 之间的水平、垂直增量。其中，水平坐标以时间值显示，垂直坐标以电压值显示。

10)触发控制系统

(1)LEVEL 旋钮：改变触发电平。转动 LEVEL 旋钮，触发天平将发生上下移动，同时可以观察到屏幕下部触发电平的数值发生相应的变化。

(2)TRIGGER MENU：改变触发设置。按 F1 键，选择触发类型为边沿、脉宽、视频或交替触发；按 F2 键，选择触发源为输入通道(CH1 或 CH2)、外部触发(EXT、EXT/5)或市电；按 F3 键，设置边沿类型为上升；按 F4 键，设置触发方式为自动、普通或单次；按 F5 键，设置触发耦合为直流、交流或接地。

(3)50% 按钮：设定触发电平在触发信号幅值的垂直中点。

(4)FORCE 按钮：强制产生一个触发信号，主要用于触发方式中的正常和单次模式。

1.3 函数信号发生器的使用

1. 概述

YB1600 系列函数信号发生器是一种新型高精度信号源，仪器外形美观、新颖，操作直观、方便，具有数字频率计、计数器及电压显示功能。该仪器功能齐全，各端口具有保护功能，有效地防止了输出短路和外电路电流的倒灌对仪器的损坏，大大提高了整机的可靠性，广泛适用于教学、电子实验、科研开发、邮电通信以及电子仪器测量等领域。

1)主要特点

(1)具有数字频率计和计数器功能(6 位 LED 显示)。

(2)具有数字输出电压指示(3 位 LED 显示)。

(3)开关只需轻触，操作方便，面板上有各项功能指示，直观清晰。

(4)采用金属外壳，具有优良的电磁兼容性，外形美观、坚固。

(5)具有内置线性/对数扫频功能。

(6)具有数字频率微调功能，使测量更精确。

(7)用 50 Hz 正弦波输出，便于教学实验。

(8)具有外接调频功能。

(9)具有压控调频（VCF）信号输入。

(10)所有端口具有短路和抗输入电压保护功能。

2)幅度显示

显示位数：3 位。

显示单位：V_{p-p}或 mV_{p-p}。

显示误差：±1 个字。

负载电阻为 1 MΩ 时：直读。

负载电阻为 50 Ω 时：读数/2。

分辨率：1 mV_{p-p}(40 dB)。

3)电源

电压：220 ×(1 ±10%) V。

频率：50 ×(1 ±5%) Hz。

视在功率：约 10 V · A。

电源保险丝：BGXP－1－0.5A。

4)环境条件

工作温度：0 ~40 ℃。

贮存温度：－40 ~60 ℃。

工作湿度上限：90% (40 ℃)。

贮存湿度上限：90% (50 ℃)。

其他要求：避免频繁振动和冲击，周围空气中无酸、碱等腐蚀性气体。

2. 使用注意事项

(1)工作环境和电源应满足技术指标中给定的要求。

(2)初次使用本机或久贮后再用，应先将其放置于通风和干燥处几小时，再通电 1 ~2 小时后使用。

(3)为了获得高质量的小信号(mV 级)，可暂将“外测开关”置于“外”挡，以降低数字信号的波形干扰。

(4)外测频时，先选择高量程挡，然后根据测量值选择合适的量程，以确保测量精度。

(5)电压幅度输出、TTL/CMOS 输出要尽可能避免长时间短路或电流倒灌。

(6)各输入端口，输入电压不要超出 -35 ~ 35 V 范围。

(7)为了观察到准确的函数波形，示波器带宽应高于该仪器上限频率的 2 倍。

(8)如果仪器不能正常工作，应重新开机检查操作步骤。

3. 面板操作键说明

YB1600 系列函数信号发生器面板如图 1-8 所示。

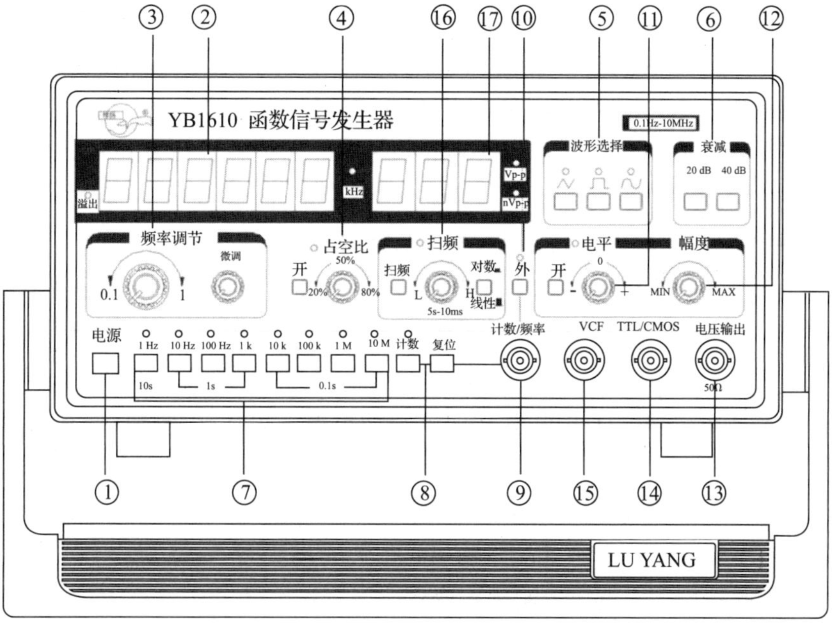

(a)

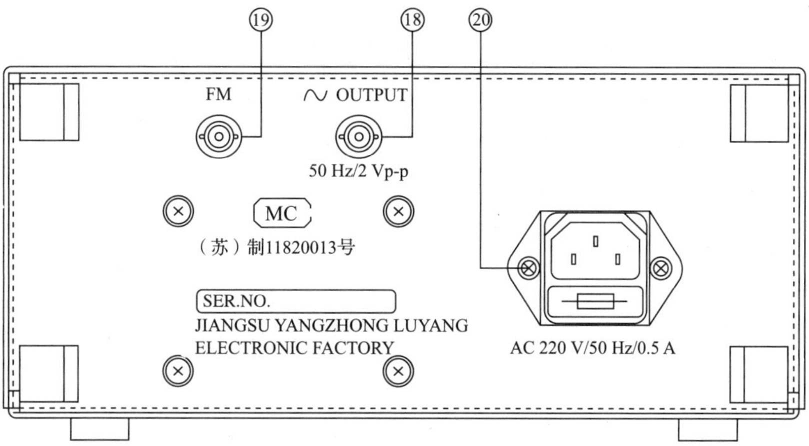

(b)

图 1-8　YB1600 系列函数信号发生器面板

(a)前面板　(b)后面板

① 电源开关(POWER)：将电源开关按键弹出即为“关”位置，将电源线接入，按下电源开关，接通电源。

② LED 显示窗口：此窗口指示输出信号的频率。当外测开关接入，此窗口显示外测信号的频率。若超出测量范围，则溢出指示灯亮。

③ 频率调节旋钮(FREQUENCY)：调节此旋钮可以改变输出信号频率。顺时针旋转，频率增大；逆时针旋转，频率减小。微调旋钮可以微调频率。

④ 占空比开关(DUTY)：按下占空比开关，占空比指示灯亮，此时调节占空比旋钮，可改变波形的占空比。

⑤ 波形选择开关(WAVE-FORM)：按下对应波形的某一键，可选择需要的波形。

⑥ 衰减开关(ATTE)：此为电压输出衰减开关，二挡开关组合为20 dB、40 dB 和60 dB。

⑦ 频率范围选择开关(兼频率计闸门开关)：根据所需要的频率，按下其中一键。

⑧ 计数、复位开关：按计数键，LED 显示窗口开始计数；按复位键，LED 显示窗口显示为0。

⑨ 计数/频率端口：此为计数、外测频率输入端口。

⑩ 外测频开关(COUNTER)：按下此开关 LED 显示窗口显示外测信号频率或计数值。

⑪ 电平调节开关：按下此开关，电平指示灯亮，此时调节电平调节旋钮，可改变直流偏置电平。

⑫ 幅度调节旋钮(AMPLITUDE)：顺时针转动可增大电压输出幅度，逆时针转动可减小电压输出幅度。

⑬ 电压输出端口(VOLTAGE OUT)：由此端口输出电压。

⑭ TTL/CMOS 输出端口：由此端口输出 TTL/CMOS 信号。

⑮ VCF：由此端口输入电压控制频率变化。

⑯ 扫频开关：按下此开关，电压输出端口输出信号为扫频信号。调节速率旋钮，可改变扫频速率。选择线性/对数开关可产生线性扫频/对数扫频。

⑰ 电压输出指示：3 位 LED 显示输出电压值，输出接 50 Ω 负载时应将读数除以 2 得到真实输出电压值。

⑱ 50 Hz 正弦波输出端口：由此端口输出 50 Hz 约 2 V_{p-p}正弦波。

⑲ 调频(FM)输入端口：由此端口输入外调频波。

⑳ 交流电源 220 V 输入插座：与 220 V 交流电源相连接。

4. 基本操作方法

打开电源开关前，首先检查输入的电压。将电源线插入后面板上的电源插孔，各控制键的设定见表 1-1。

表 1-1 各控制键的设定

电源开关(POWER)	电源开关键弹出
衰减开关(ATTE)	衰减开关弹出

续表

外测频开关(COUNTER)	外测频开关弹出
电平调节开关	电平调节开关弹出
扫频开关	扫频开关弹出
占空比开关	占空比开关弹出

将各控制键按表 1 - 1 设定后，打开电源。函数信号发生器默认产生“10 k”挡正弦波，LED 显示窗口显示本机输出信号频率。

(1)将电压信号由电压输出端口(VOLTAGE OUT)通过连接线送入示波器 Y 输入端口。

(2)三角波、方波、正弦波的产生过程。

① 在波形选择开关(WAVE-FORM)处分别按下正弦波、方波和三角波按钮，此时示波器屏幕上将分别显示正弦波、方波和三角波。

② 改变频率选择开关，示波器显示的波形以及 LED 显示窗口显示的频率将发生变化。

③ 幅度调节旋钮(AMPLITUDE)顺时针旋转至最大，示波器显示的波形幅度将高于 20 V。

④ 按下电平调节开关，顺时针旋转电平旋钮时示波器波形向上移动，逆时针旋转时示波器波形向下移动，最大变化量为 ±10 V 以上。注意：信号超过 ±10 V 或 ±5 V(50 Ω)范围时被限幅。

⑤ 按下衰减开关，输出波形将发生衰减。

(3)计数、复位：

① 按复位键，LED 显示全为 0；

② 当计数/频率端口输入信号时，按计数键，LED 显示窗口开始计数。

(4)斜波的产生过程：

① 波形开关置“三角波”；

② 按下占空比开关，占空比指示灯亮；

③ 调节占空比旋钮，三角波将变成斜波。

(5)外测频率：

① 按下外测频开关，外测频指示灯亮；

② 外测信号由计数/频率端口输入；

③ 由高量程向低量程选择合适的频率范围，确保测量精度，当有溢出指示时，应将量程提高一挡。

(6)TTL 输出：

① TTL/CMOS 输出端口接示波器 Y 轴输入端(DC 输入)；

② 示波器将显示方波或脉冲波，该输出端口可作为 TTL/CMOS 数字电路实验的时钟信号源。

(7)扫频(SCAN)：

① 按下扫频开关，此时幅度输出端口输出的信号为扫频信号；

② 在扫频状态下，线性/对数开关弹出时为线性扫频，按下时为对数扫频；

③ 调节扫频旋钮，可改变扫频速率，顺时针调节增大扫频速率，逆时针调节减小扫频速率。

(8)压控调频(VCF)：由 VCF 输入端口输入 0 ~ 5 V 的调制信号，此时幅度输出端口输出压控信号。

(9)调频(FM)：由 FM 输入端口输入电压为 10 Hz ~ 20 kHz 的调制信号，此时幅度端口输出调频信号。

(10)50 Hz 正弦波：由交流 OUTPUT 输出端口输出 50 Hz、约 2 V_{p-p}的正弦波。

1.4 交流毫伏表的使用

交流毫伏表的外形结构如图 1-9 所示。

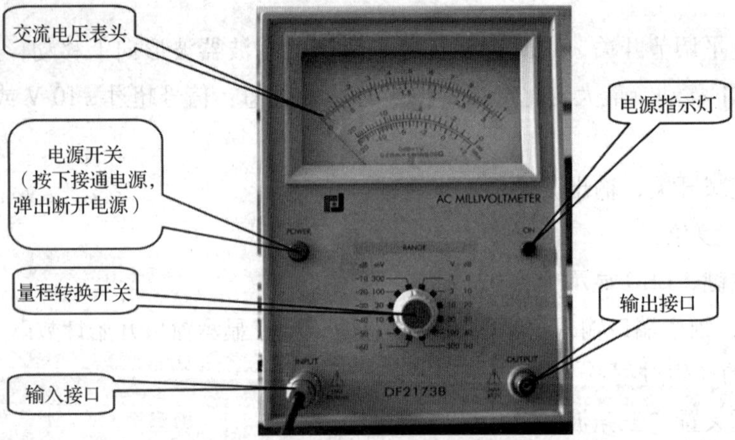

图 1-9 交流毫伏表的外形结构

1. 使用说明

(1)当电源关闭时，如果表针指示不在零处，可用一绝缘螺丝刀调节表头机械螺丝，使指针置于零处。

(2)该毫伏表的最大输入电压不得大于 450 V(AC + DC)；最大输入电压若大于该值，部分电路可能会被损坏。

(3)调节量程转换开关，使其指向合适的量程，若不知道被测电压的大小，可使其指向 300 V 量程。

(4)接上电源，打开电源开关，指示灯亮。指针在大约 5 s 内不规则地摆动是正常现象，待仪器稳定后，即可正常使用。

(5)当给输入端加上测量电压时，表头应有指示。如果读数小于满刻度的30%，逆时针方向转动量程旋钮逐渐减小电压量程，使指针指在大于满刻度值的30%且小于满刻度值的范围时读出指示值。

(6)刻度盘上有3条刻度线，从上至下第一、二条为电压刻度线，第三条为分贝刻度线。

若量程转换开关置于“1”字开头的各挡位(如1 V、100 V、100 mV)处，在第一条刻度线上读数。若指针指向满量程，即代表该量程挡的值。例如，量程转换开关置于100 mV挡，指针满偏至“1”，即为100 mV。

若量程转换开关置于“3”字开头的各挡位(如300 V、3 V、30 V、300 mV等)处，则在第二条刻度线上读数，读数方法同上。

2. 注意事项

(1)输入电压不可高于规定的最大输入电压。

(2)为了确保测量结果的准确度，测量时必须把仪表的地线与被测电路的地线连在一起。

1.5 功率表的使用

功率表，又名瓦特表，可用于测量直流电路和交流电路的功率。D26－W单相功率表适用于在直流及交流45～65 Hz电路中测量功率。该表按使用条件属于P级，适合在周围环境温度为(23±10)℃、湿度为25%～80%的条件下工作。功率表的外形结构如图1－10所示。

图1－10 功率表的外形结构

1. 量程的选择

选择功率表的量程时，不能只从功率的角度考虑，还须使电流量程、电压量程均能承受负载的电流和电压，否则可能使功率表的电流绕组或电压绕组因不能承受而损坏。

2. 功率表的使用

在连接功率表时，应注意极性不能接反。

1)功率表电流线圈的接法

功率表的电流线圈要和负载串联，且标有“*”的端钮一定要接在电源一方，另一端钮接到负载一方。否则，功率表的可动部分将受到反方向的力矩作用而反向偏转，这样不仅无法读数，且仪表指针容易被打弯。

2)功率表电压支路的接法

功率表的电压支路应和负载并联，且标有“*”的电压端钮可以接到电流线圈端钮的任一端，而电压支路的另一端钮则跨接到负载的另一端，如图1－11(a)所示。反之，如将电压支路和负载反向并联，将可能发生事故，如图 1 - 11(b)所示。其一，仪表指针反向偏转，不仅无法读数，而且易被打弯；其二，由于功率表电压支路所串的附加电阻 R_f 数值很大，电压几乎全降落在 R_f 上，这样电压线圈和电流线圈之间的电压很高，电场力的作用将引起附加误差，且有可能发生绝缘被击穿的危险。

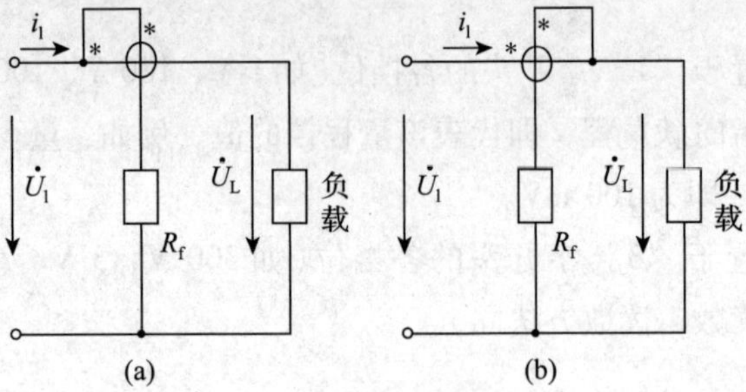

图 1 - 11　功率表的正确接线

(a)电压支路和负载并联　(b)电压支路和负载反向并联

D26 - W 单相功率表技术参数见表 1 - 2。

表 1 - 2　D26 - W 单相功率表技术参数

	75/150/300 V 0.5/1 A	2.25/4.5/9 1.34/1.33	150	
	125/250/500 V 0.5/1 A	3.75/7.5/15 1.34/1.33	125	
	150/300/600 V 0.5/1 A	4.5/9/18 1.34/1.33	150	
	75/150/300 V 1/2 A	2.25/4.5/9 1.17/1.17	150	
D26 - W	125/250/500 V 1/2 A	3.75/7.5/15 1.17/1.17	125	45 ~ 65 Hz
	150/300/600 V 1/2 A	4.5/9/18 1.17/1.17	150	
	75/150/300 V 2.5/5 A	2.25/4.5/9 1.09/1.09	150	
	125/250/500 V 2.5/5 A	3.75/7.5/15 1.09/1.09	125	
	150/300/600 V 2.5/5 A	4.5/9/18 1.09/1.09	150	
	75/150/300 V 5/10 A	2.25/4.5/9 1.24/1.29	150	

续表

D26 - W	125/250/500 V 5/10 A	3. 75/7. 5/15 1. 24/1. 29	125	45 ~ 65 Hz
	150/300/600 V 5/10 A	4. 5/9/18 1. 24/1. 29	150	
	75/150/300 V 10/20 A	2. 25/4. 5/9 1. 72/1. 72	150	
	125/250/500 V 10/20 A	3. 75/7. 5/15 1. 72/1. 72	125	
	150/300/600 V 10/20 A	4. 5/9/18 1. 72/1. 72	150	

注意：

(1)用单相功率表扩大量程测量有功功率时，若负载功率超出功率表的量程范围，可使用电流互感器来扩大量程。

(2)三相二元件功率表常用于高压线路功率的测量，采用电压互感器和电流互感器扩大量程。

(3)在对称三相电路中，采用一只单相功率表测量三相无功功率时，与测量有功功率不同的是把 UVW 加在功率表的电压支路上，这时实际的三相功率就是该测得值乘以 3。

(4)用两只单相功率表测量三相功率时，用一只功率表去测 UV 线电压、U 相电流，另一只功率表去测 WV 线电压、W 相电流。

三相有功功率：

$$P = |P_1 \pm P_2|$$

三相无功功率：

$$Q = |\sqrt{3}\ (P_1 - P_2)|$$

(5)用三只功率表测量三相无功功率时，在三相负载完全平衡的电路中，只要测出其中一相的无功功率，就可以知道三相无功功率。

第2章 基本电子元器件的识别

2.1 常用电子元器件的命名

任何电子电路都是由元器件组成的，电阻、电容、电感和各种半导体器件是电工与电子技术中常见的元器件，也是电子产品中用得最多的元器件。为了正确地选择和使用这些元器件，必须了解它们的一些基本常识。

1. 电阻和电位器型号命名方法

电阻和电位器型号命名方法见表2－1。

表2－1 电阻和电位器型号命名方法

第一部分：主称		第二部分：材料		第三部分：特征分类			第四部分：序号
符号	意义	符号	意义	符号	意义		
					电阻	电位器	
R	电阻	T	碳膜	1、2	普通	普通	对主称、材料相同，仅性能指标、尺寸大小有差别，但基本不影响互换使用的产品，给予同一序号；若性能指标、尺寸大小明显影响互换，则在序号后面用大写字母作为区别代号
W	电位器	H	合成膜	3	超高频	—	
		S	有机实心	4	高阻	—	
		N	无机实心	5	高温	—	
		J	金属膜	6	—	—	
		Y	氧化膜	7	精密	精密	
		C	沉积膜	8	高压	特殊	
		I	玻璃釉膜	9	特殊	特殊	
		P	硼碳膜	G	高功率	—	
		U	硅碳膜	T	可调	—	
		X	线绕	W	—	微调	
		M	压敏	D	—	多圈	
		G	光敏	B	温度补偿用	—	
		R	热敏	C	温度测量用	—	
				P	旁热式	—	
				W	稳压式	—	
				Z	正温度系数	—	

例如，精密金属膜电阻型号命名方法如图 2－1 所示，多圈线绕电位器型号命名方法如图 2－2 所示。

```
R J 7 3
│ │ │ └──── 第四部分：序号
│ │ └────── 第三部分：特征分类（精密）
│ └──────── 第二部分：材料（金属膜）
└────────── 第一部分：主称（电阻）
```

图 2－1　精密金属膜电阻型号命名方法

```
W X D 3
│ │ │ └──── 第四部分：序号
│ │ └────── 第三部分：特征分类（多圈）
│ └──────── 第二部分：材料（线绕）
└────────── 第一部分：主称（电位器）
```

图 2－2　多圈线绕电位器型号命名方法

2. 电容型号命名方法

电容型号命名方法见表 2－2。

表 2－2　电容型号命名方法

第一部分：主称		第二部分：材料		第三部分：特征分类						第四部分：序号
符号	意义	符号	意义	符号	意义					
					瓷介	云母	玻璃	电解	其他	
C		C	瓷介	1	圆片	非密封	—	箔式	非密封	对主称、材料相同，仅尺寸大小、性能指标略有不同，但基本不影响互换使用的产品，给予同一序号；若尺寸大小、性能指标明显影响互换使用，则在序号后面用大写字母作为区别代号
		Y	云母	2	管型	非密封	—	箔式	非密封	
		I	玻璃釉	3	叠片	密封	—	烧结粉固体	密封	
		O	玻璃膜	4	独石	密封	—	烧结粉固体	密封	
		Z	纸介	5	穿心	—	—	—	穿心	
		J	金属膜	6	支柱	—	—	—	—	
		B	聚苯乙烯	7	—	—	—	无极性	—	
		L	涤纶	8	高压	高压	—	—	高压	
	电容	Q	漆膜	9	—	—	—	特殊	特殊	
		S	聚碳酸酯	J	金属膜					
		H	复合介质	W	微调					
		D	铝							
		A	钡							
		N	铌							
		G	合金							
		T	钛							
		E	其他							

例如，铝电解电容型号命名方法如图 2－3 所示，圆片形瓷介电容型号命名方法如图 2－4 所示，纸介金属膜电容型号命名方法如图 2－5 所示。

```
C D 1 1
│ │ │ └──── 第四部分：序号
│ │ └────── 第三部分：特征分类（箔式）
│ └──────── 第二部分：材料（铝）
└────────── 第一部分：主称（电容）
```

图 2－3　铝电解电容型号命名方法

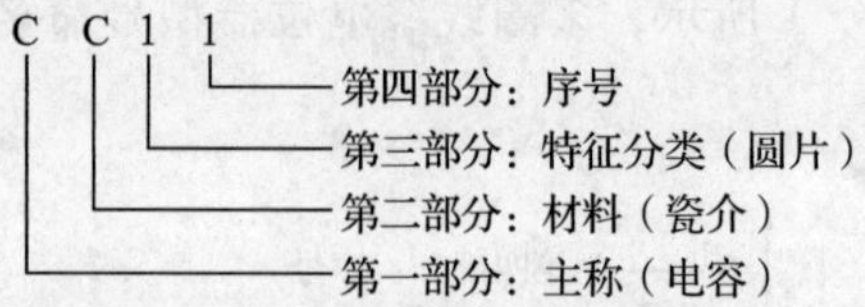

图 2-4　圆片形瓷介电容型号命名方法

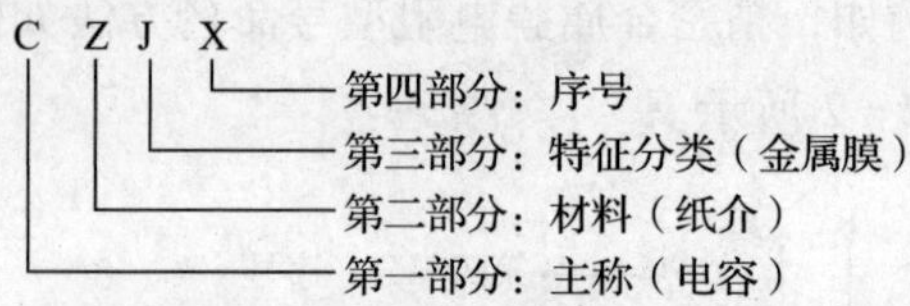

图 2-5　纸介金属膜电容型号命名方法

3. 半导体分立器件型号命名方法

1) 我国半导体分立器件型号命名方法

我国半导体分立器件型号命名方法见表 2-3。

表 2-3　我国半导体分立器件型号命名方法

第一部分		第二部分		第三部分				第四部分	第五部分
用数字表示器件电极的数目		用汉语拼音字母表示器件的材料和极性		用汉语拼音字母表示器件的类型				用数字表示器件序号	用汉语拼音字母表示规格的区别代号
符号	意义	符号	意义	符号	意义	符号	意义		
2	二极管	A	N 型，锗材料	P	普通管	D	低频大功率管		
		B	P 型，锗材料	V	微波管		(f_a < 3 MHz,		
		C	N 型，硅材料	W	稳压管		P_c ≥ 1 W)		
		D	P 型，硅材料	C	参量管	A	高频大功率管		
				Z	整流管		(f_a ≥ 3 MHz,		
3	三极管	A	PNP 型，锗材料	L	整流堆		P_c ≥ 1 W)		
		B	NPN 型，锗材料	S	隧道管	T	闸流管		
		C	PNP 型，硅材料	N	阻尼管	Y	体效应管		
		D	NPN 型，硅材料	U	光电器件	B	雪崩管		
		E	化合物材料	K	开关管	J	阶跃恢复管		
				X	低频小功率管	CS	场效应晶体管		
					(f_a < 3 MHz,	BT	特殊晶体管		
					P_c < 1 W)	FH	复合管		
				G	高频小功率管	PIN	PIN 二极管		
					(f_a ≥ 3 MHz,				
					P_c < 1 W)	JG	激光二极管		

例如，锗材料 PNP 型低频大功率三极管型号命名方法如图 2-6 所示，硅材料 NPN 型高频小功率三极管型号命名方法如图 2-7 所示，N 型硅材料稳压二极管型号命名方法如

图 2－8 所示。

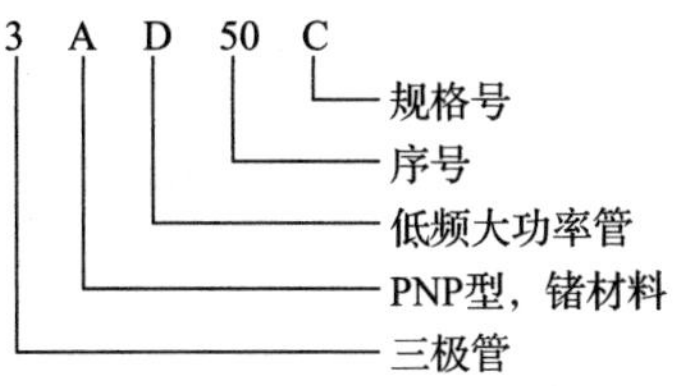

图 2－6 锗材料 PNP 型低频大功率三极管型号命名方法

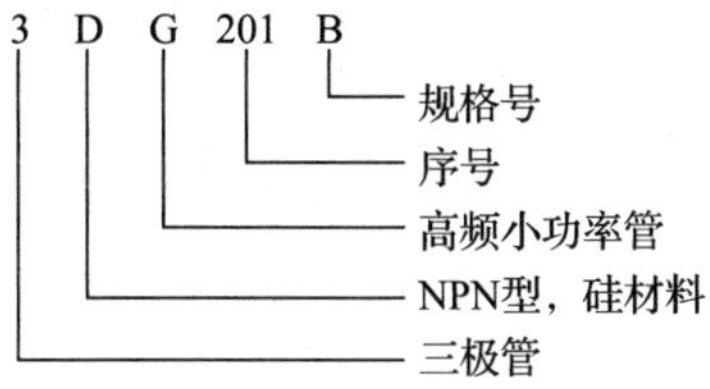

图 2－7 硅材料 NPN 型高频小功率三极管型号命名方法

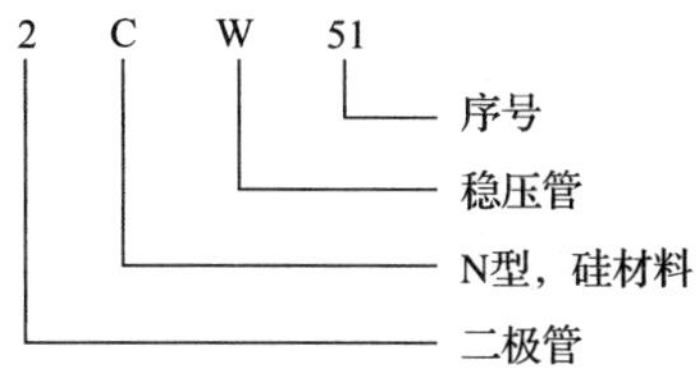

图 2－8 N 型硅材料稳压二极管型号命名方法

2）国际电子联合会半导体器件型号命名方法

国际电子联合会半导体器件型号命名方法见表 2－4。

表 2－4 国际电子联合会半导体器件型号命名方法

第一部分		第二部分				第三部分		第四部分	
用字母表示器件的材料		用字母表示类型及主要特性				用数字或字母加数字表示登记号		用字母对同一型号者分挡	
符号	意义	符号	意义	符号	意义	符号	意义	符号	意义
A	锗材料	A	检波、开关和混频二极管	M	封闭磁路中的霍尔元件	三位数字	通用半导体器件的登记序号（同类型器件使用同一登记号）	A	同一型号器件按某参数进行分挡的标志
B	硅材料	B	变容二极管	P	光敏元件			B	
		C	低频小功率三极管	Q	发光器件			C	
C	砷化镓	D	低频大功率三极管	R	小功率晶闸管			D	
		E	隧道二极管	S	小功率开关管			E	
D	锑化铟	F	高频小功率三极管	T	大功率晶闸管	一个字母加两位数字	专用半导体器件的登记序号（同一类型器件使用同一登记号）	⋮	
		G	复合器件及其他器件	U	大功率开关管				
R	复合材料			X	倍增二极管				
		H	磁敏二极管	Y	整流二极管				
		K	开放磁路中的霍尔元件	Z	稳压二极管（即齐纳二极管）				
		L	高频大功率三极管						

国际电子联合会半导体器件型号命名方法的特点如下。

（1）这种命名方法被欧洲许多国家采用，因此凡型号以两个字母开头，并且第一个字母是 A、B、C、D 或 R 的半导体管件，大都是欧洲制造的产品，或是按欧洲某一厂家专利生产的产品。

（2）第一个字母表示材料（如 A 表示锗管，B 表示硅管），但不表示极性（NPN 型或 PNP 型）。

(3)第二个字母表示器件的类型和主要特性，如 C 表示低频小功率三极管，D 表示低频大功率三极管，F 表示高频小功率三极管，L 表示高频大功率三极管等。若记住这些字母的意义，不查手册也可以判断出其类型。

(4)第三部分表示登记号。三位数字者表示通用产品，一个字母加两位数字者表示专用产品，序号相邻的两个型号的特性可能相差很大。例如，AC184 为 PNP 型，而 AC185 则为 NPN 型。

(5)第四部分表示对同一型号的某一参数(如 h_{FE}或 NF)进行分挡。

(6)型号中的符号均不反映器件的极性(指 NPN 或 PNP)，器件的极性需查阅手册或测量确定。

例如，锗材料高频小功率通用三极管型号命名方法如图 2－9 所示。

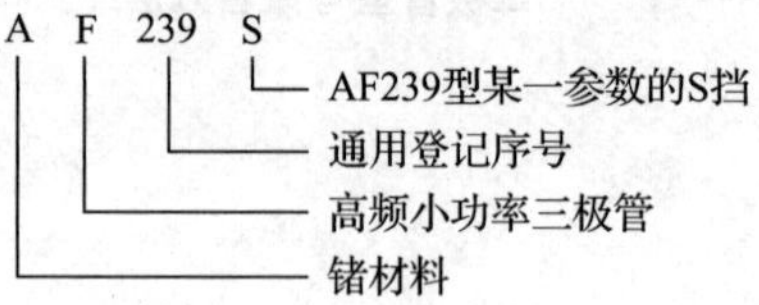

图 2－9 锗材料高频小功率通用三极管型号命名方法

3)美国半导体器件型号命名方法

美国半导体器件或其他国家按美国专利生产的半导体器件的型号命名方法较混乱。美国电子工业协会(EIA)规定的半导体器件型号的命名方法见表 2－5。

表 2－5 美国电子工业协会规定的半导体器件型号命名方法

第一部分		第二部分		第三部分		第四部分		第五部分	
用符号表示用途的类型		用数字表示 PN 结的数目		EIA 注册标志		EIA 登记顺序号		用字母表示器件分挡	
符号	意义	符号	意义	符号	意义	符号	意义	符号	意义
JAN 或 J	军用品	1	二极管	N	该器件已在美国电子工业协会注册登记	多位数字	该器件在美国电子工业协会登记的顺序号	A B C D ⋮	同一型号的不同挡别
		2	三极管						
		3	3 个 PN 结器件						
无	非军用品	n	n 个 PN 结器件						

例如，图 2－10 为军用注册三极管型号命名方法，图 2－11 为非军用注册二极管型号命名方法。

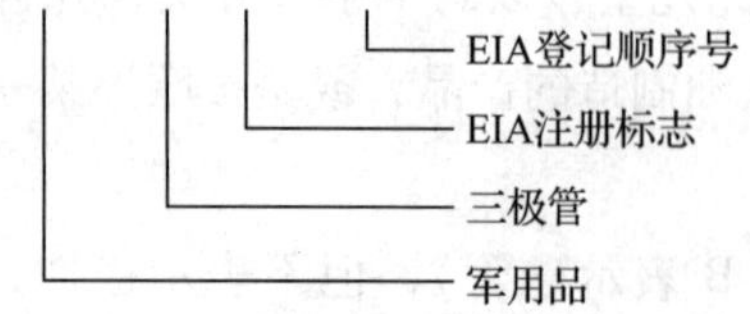

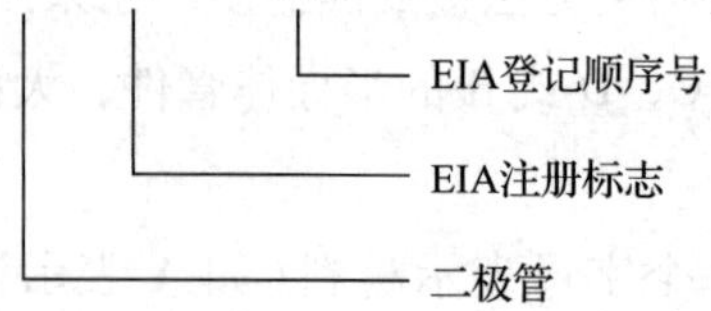

图 2－10 军用注册三极管型号命名方法 图 2－11 非军用注册二极管型号命名方法

美国电子工业协会半导体器件型号命名方法的特点如下。

(1)型号命名方法规定产生较早，未做过改进，型号内容很不完备。材料、极性、主要特性和类型在型号中不能反映出来。例如，2N 开头的既可能是一般晶体管，也可能是场效应管。因此，仍有一些厂家按自己规定的型号命名方法命名。

(2)组成型号的第一部分是前缀，第五部分是后缀，中间的三部分为型号的基本部分。

(3)除去前缀以外，凡型号以 1N、2N 或 3NLL 开头的晶体管分立器件，大都是美国制造或者是按美国专利在其他国家制造的产品。

(4)第四部分数字只表示登记顺序号，不含其他意义。因此，序号相邻的两器件，其特性可能相差很大。例如，2N3464 为硅 NPN 高频大功率管，而 2N3465 为 N 沟道场效应管。

(5)不同厂家生产的性能基本一致的器件，都使用同一个登记号，同一型号中某些参数的差异常用后缀字母表示。因此，型号相同的器件可以通用。

(6)登记顺序号大的通常是近期产品。

4)日本半导体器件型号命名方法

日本半导体器件(包括晶体管)或其他国家按日本专利生产的这类器件，都是按日本工业标准(JIS)规定的命名方法(JIS－C－702)命名的。

日本半导体器件的型号由五至七部分组成，通常只用到前五部分。前五部分符号及意义见表 2－6，第六、七部分的符号及意义通常是由各公司自行规定的。第六部分的符号表示特殊的用途及特性，常用的符号如下。

M：松下公司用其来表示符合日本防卫厅海上自卫队参谋部有关标准的登记产品。

N：松下公司用其来表示符合日本广播协会(NHK)有关标准的登记产品。

Z：松下公司用其来表示通信专用的可靠性高的器件。

H：日立公司用其来表示通信专用的可靠性高的器件。

K：日立公司用其来表示通信专用的塑料外壳的可靠性高的器件。

T：日立公司用其来表示收发报机用的推荐产品。

G：东芝公司用其来表示专为通信设备制造的器件。

S：三洋公司用其来表示专为通信设备制造的器件。

第七部分的符号常被用来作为器件某个参数的分档标志。例如，三菱公司常用 R、G、Y 等字母，日立公司常用 A、B、C、D 等字母作为直流放大系数 h_{FE} 的分挡标志。

表 2-6　日本半导体器件型号命名方法

第一部分		第二部分		第三部分		第四部分		第五部分	
用数字表示类型或有效电极数		日本电子工业协会（EIAJ）的注册标志		用字母表示器件的极性及类型		用数字表示在日本电子工业协会（EIAJ）登记的顺序号		用字母表示对原型号产品的改进	
符号	意义	符号	意义	符号	意义	符号	意义	符号	意义
0	光电（即光敏）二极管、晶体管及其组合管	S	表示已在 EIAJ 注册登记的半导体器件	A	PNP 型高频管	多位数字	从 11 开始表示在 EIAJ 注册登记的顺序号。不同公司性能相同的器件可以使用同一顺序号，其数字越大越是近期产品	A	表示这一元器件是原型号产品的改进产品
				B	PNP 型低频管			B	
				C	NPN 型高频管			C	
1	二极管			D	NPN 型低频管			D	
				F	P 控制极晶闸管			E	
2	三极管、具有 2 个以上 PN 结的其他晶体管			G	N 控制极晶闸管			F	
				H	N 基极单结晶体管			⋮	
				J	P 沟道场效应管				
3	具有 4 个有效电极或具有 3 个 PN 结的晶体管			K	N 沟道场效应管				
⋮				M	双向晶闸管				
$n-1$	具有 n 个有效电极或具有 $n-1$ 个 PN 结的晶体管								

例如，图 2－12 为日本收音机中常用的高频放大管，图 2－13 为日本夏普公司 GF－9494 收音机中用的小功率管。

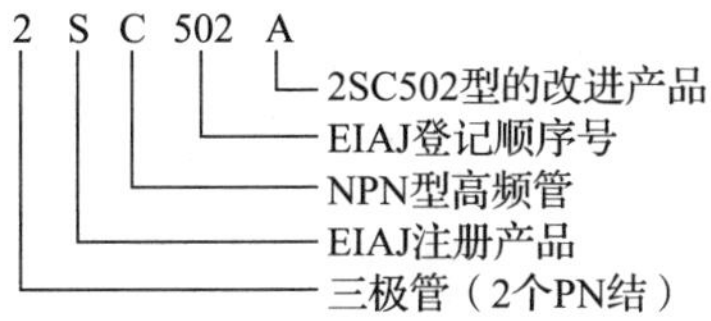

图 2－12　日本收音机中常用的高频放大管

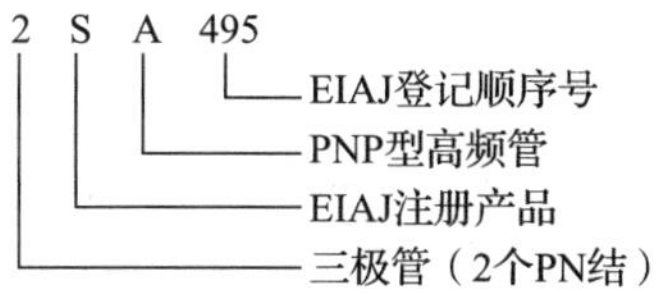

图 2－13　日本夏普公司 GF－9494 收音机中用的小功率管

日本半导体器件型号命名方法的特点如下。

(1)第一部分是数字，表示器件的类型或有效电极数。例如，1 表示二极管，2 表示三极管。屏蔽用的接地电极不是有效电极。

(2)第二部分均为字母 S，S 是 EIAJ 的注册标志。

(3)第三部分表示极性和类型。例如，A 表示 PNP 型高频管，J 表示 P 沟道场效应管。但是，第三部分既不表示材料，也不表示功率的大小。

(4)第四部分只表示在 EIAJ 登记的顺序号，并不反映器件的性能，顺序号相邻的两个器件的某一性能可能相差很远。例如，2SC2680 型器件的最大额定耗散功率为 200 mW，而 2SC2681 型器件的最大额定耗散功率为 100 W。但是，登记顺序号能反映产品生产时间的先后。登记顺序号的数字越大，越是近期产品。

(5)第六、七两部分的符号和意义各公司不完全相同。

(6)日本有些半导体分立器件的外壳上标记的型号，常采用简化标记的方法，即把 2S 省略。例如，2SD764 简化为 D764，2SC502A 简化为 C502A。

(7)在低频管(2SB 和 2SD 型)中，也有工作频率很高的管子。例如，2SD355 型器件的特征频率 f_T 为 100 MHz，所以它们也可当高频管用。

(8)日本通常把 $P_{cm} \geq 1$ W 的管子称为大功率管。

5)我国半导体集成电路型号命名方法

我国半导体集成电路型号命名方法见表 2－7。

表 2－7　我国半导体集成电路型号命名方法

第一部分		第二部分		第三部分	第四部分		第五部分	
用字母表示器件符合国家标准		用字母表示器件的类型		用阿拉伯数字表示器件的系列和品种代号	用字母表示器件的工作温度范围		用字母表示器件的封装	
符号	意义	符号	意义		符号	意义	符号	意义
C	中国制造	T	TTL	TTL 有以下系列：54/74、54/74H、	C	0～70 ℃	W	陶瓷扁平
		H	HTL		G	－20～70 ℃	B	塑料扁平

续表

第一部分		第二部分		第三部分	第四部分		第五部分	
用字母表示器件符合国家标准		用字母表示器件的类型		用阿拉伯数字表示器件的系列和品种代号	用字母表示器件的工作温度范围		用字母表示器件的封装	
符号	意义	符号	意义		符号	意义	符号	意义
C	中国制造	E	ECL	54/74S、54/74LS、54/74ALS 和 54/74F CMOS 有以下系列：4000、54/74HC 和 54/74HCT	L	−25 ~ 85 ℃	F	全封闭扁平
		C	CMOS				D	陶瓷直插
		F	线性放大器		E	−40 ~ 85 ℃	P	塑料直插
		D	音响、电视电路				J	黑陶瓷直插
		W	稳电压				K	金属菱形
		J	接口电路				T	金属圆形

半导体集成电路型号命名方法示例如图 2 − 14 所示。

2.2 常用电子元器件的识别

1. 电阻

1）标称阻值

阻值是电阻的主要参数之一。不同类型的电阻，阻值范围不同；不同精度的电阻，阻值系列也不同。根据国家标准，常用的标称阻值系列见表 2 − 8。E24、E12 和 E6 系列也适用于电位器和电容。

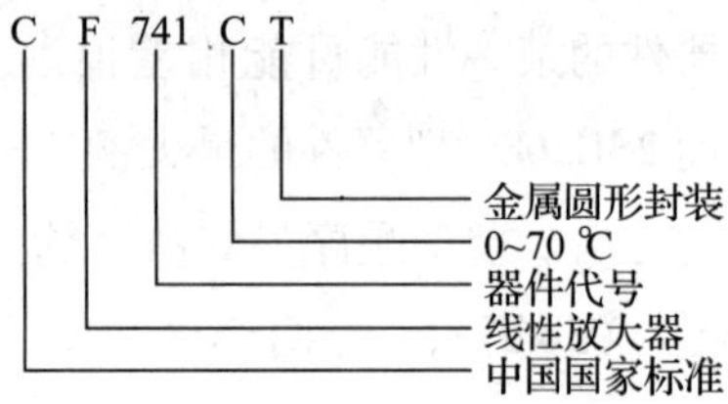

图 2 − 14 半导体集成电路型号命名示例

表 2 − 8 常用的标称阻值系列

标称阻值系列	精度	电阻(Ω)、电位器电阻(Ω)、电容(pF)							
E24	±5%	1.0 2.2 4.7	1.1 2.4 5.1	1.2 2.7 5.6	1.3 3.0 6.2	1.5 3.3 6.8	1.6 3.6 7.5	1.8 3.9 8.2	2.0 4.3 9.1
E12	±10%	1.0 3.3	1.2 3.9	1.5 4.7	1.8 5.6	2.2 6.8	2.7 8.2	—	—
E6	±20%	1.0	1.5	2.2	3.3	4.7	6.8	8.2	—

注： 表中数值再乘以 10^n 即为电阻值，其中 n 为正整数或负整数。

2）精度等级

电阻的精度等级见表 2 − 9。

表 2－9　电阻的精度等级

允许误差(％)	±0. 001	±0. 002	±0. 005	±0. 01	±0. 02	±0. 05	±0. 1
等级符号	E	X	Y	H	U	W	B
允许误差(％)	±0. 2	±0. 5	±1	±2	±5	±10	±20
等级符号	C	D	F	G	J(I)	K(II)	M(III)

3)电阻的标志内容及方法

(1)文字符号直标法：用阿拉伯数字和字母两者有规律的组合来表示标称阻值、额定功率、允许误差等级等。字母前面的数字表示整数阻值，后面的数字依次表示第一位小数阻值和第二位小数阻值。字母表示的单位见表 2－10。例如，1R5 表示 1. 5 Ω，2K7 表示 2. 7 kΩ。

表 2－10　字母表示的单位

字母	R	K	M	G	T
表示的单位	欧姆(Ω)	千欧姆(10^3Ω)	兆欧姆(10^6Ω)	吉欧姆(10^9Ω)	太欧姆(10^{12}Ω)

由图 2－15 可知，该电阻是精密金属膜电阻，额定功率为 1/8 W，标称阻值为 5. 1 kΩ，允许误差为 ±10％ 。

(2)色标法：将电阻的类别及主要技术参数的数值用颜色(色环或色点)标注在它的外表面上，如图 2－16 所示。色标电阻(色环电阻)器可分为三环、四环、五环 3 种标法，其含义如图 2－17 和图 2－18 所示。

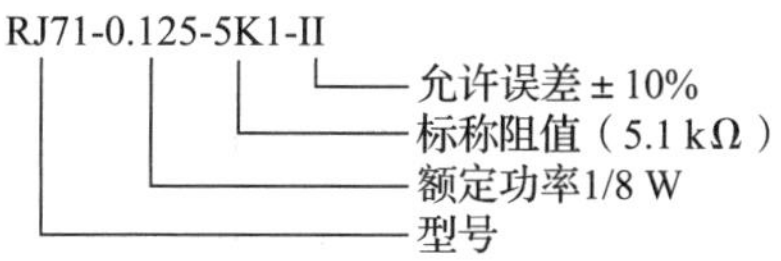

图 2－15　文字符号直标法

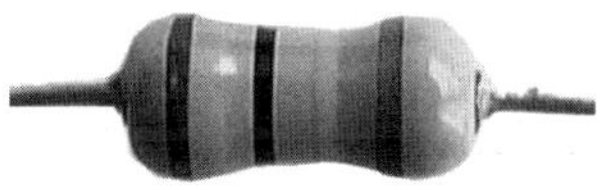

图 2－16　色标电阻

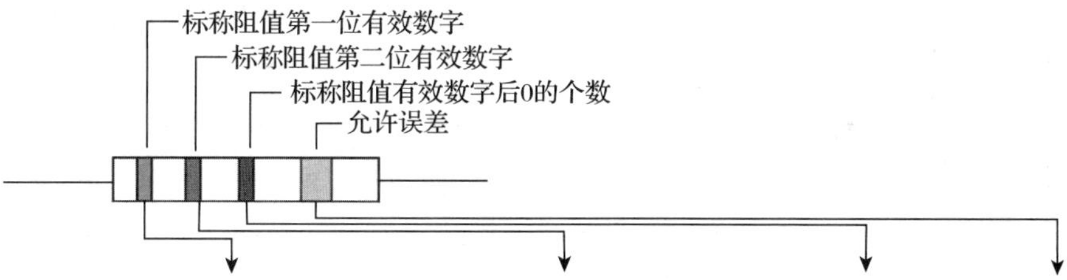

颜色	第一位有效数字	第二位有效数字	倍率	允许误差
黑	0	0	10^0	
棕	1	1	10^1	
红	2	2	10^2	
橙	3	3	10^3	

图 2－17　两位有效数字阻值的色环表示法

颜色	第一位有效数字	第二位有效数字	倍率	允许误差
黄	4	4	10^4	
绿	5	5	10^5	
蓝	6	6	10^6	
紫	7	7	10^7	
灰	8	8	10^8	
白	9	9	10^9	-20% ~50%
金			10^{-1}	±5%
银			10^{-2}	±10%
无色				±20%

图 2-17　两位有效数字阻值的色环表示法(续)

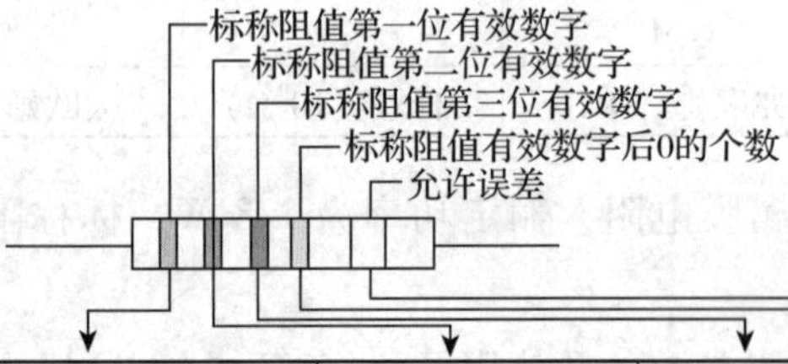

颜色	第一位有效数字	第二位有效数字	第三位有效数字	倍率	允许误差
黑	0	0	0	10^0	
棕	1	1	1	10^1	±1%
红	2	2	2	10^2	±2%
橙	3	3	3	10^3	
黄	4	4	4	10^4	
绿	5	5	5	10^5	±0. 5%
蓝	6	6	6	10^6	±0. 25%
紫	7	7	7	10^7	±0. 1%
灰	8	8	8	10^8	
白	9	9	9	10^9	
金				10^{-1}	
银				10^{-2}	

图 2-18　三位有效数字阻值的色环表示法

三色环电阻的色环表示标称阻值(允许误差均为±20%)。例如,色环为棕黑红,表示标称阻值为 $10\times10^2\Omega=1.0\ k\Omega$,允许误差为±20%的电阻。

四色环电阻的色环表示标称阻值(两位有效数字)及精度。例如,色环为棕绿橙金表示标称阻值为 $15\times10^3\Omega=15\ k\Omega$,允许误差为±5%的电阻。

五色环电阻的色环表示标称阻值(三位有效数字)及精度。例如，色环为红紫绿黄棕表示标称阻值为2.75 MΩ、允许误差为±1%的电阻。

一般四色环和五色环电阻上表示允许误差的色环离其他环的距离较远。较标准的方式应是表示允许误差的色环的宽度是其他色环宽度的1.5~2倍。

有些色环电阻由于厂家生产不规范，无法用上面的特征判断，这时只能借助万用表判断。

4)电阻的简易测量

测量电阻的方法很多，可以用欧姆表或电阻电桥直接测量电阻，也可以根据欧姆定律，通过测量电阻两端的电压降和流过电阻的电流来间接测量电阻值。

当测量精度要求较高时，采用电阻电桥来测量电阻；当测量精度不高时，可直接用万用表测量电阻。首先，将万用表的量程开关置于Ω挡适当量程，将红、黑表笔短接，表头指针应指向0刻度线处；若不指向零刻度线，则要调节Ω旋钮(即零点调整电位器)到0处。然后，把被测电阻接于红、黑表笔之间，直接读出所示数值，再乘以所选量程的倍率，即可得到被测电阻的阻值。每换一次量程都要重新调零一次。

应特别注意，在测量电阻时，双手不能同时捏住电阻的两端，否则将导入人体电阻。在测量线路中的电阻时，禁止带电测量，需把电阻的一个端头与线路断开，防止引入并联回路。

2. 电位器

1)电位器的一般标识方法

电位器的一般标识方法如图2-19所示。

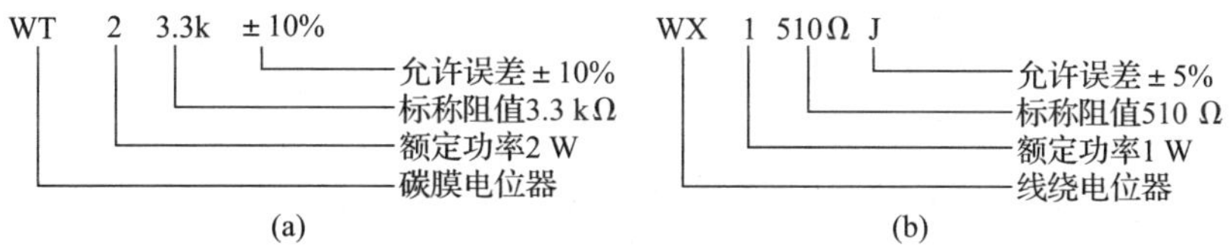

图2-19 电位器的标识方法

(a)方法一 (b)方法二

2)电位器的主要技术指标

(1)额定功率。电位器的两个固定端上允许耗散的最大功率为电位器的额定功率。使用中应注意额定功率不等于中心抽头与固定端的功率。

(2)标称阻值。标称阻值指标在电位器上的名义阻值。电位器的标称阻值系列与电阻的类似。

(3)允许误差等级。根据不同精度等级可允许±20%、±10%、±5%、±2%、±1%的误差，精密电位器的精度可达0.1%。

(4)阻值变化规律是指阻值与滑动片触点旋转角度(或滑动行程)之间的变化关系。这种变化关系可以是任何函数形式，常用的有直线式、对数式和指数式(反转对数式)。

在使用中，直线式电位器适合作为分压器；指数式(反转对数式)电位器适用于音响电路音调控制，维修时若找不到同类产品，可用直线式代替，但不宜用对数式代替；对数式电位器只适用于收音机、录音机、电唱机、电视机中的音量控制等。

3. 电容

1)电容的标识方法

(1)直标法。电容单位有：F(法拉)、μF(微法)、nF(纳法)和 pF(皮法或微微法)。

$$1\ \mathrm{F}=10^6\ \mu\mathrm{F}=10^{12}\ \mathrm{pF},\ 1\ \mu\mathrm{F}=10^3\mathrm{nF}=10^6\mathrm{pF},\ 1\ \mathrm{nF}=10^3\mathrm{pF}$$

4n7 表示 4.7 nF 或 4 700 pF。有时用大于 1 的两位以上的数字表示单位为 pF 的电容，如 100 表示 100 pF；用小于 1 的数字表示单位为 μF 的电容，如 0.1 表示 0.1 μF。

(2)数码表示法。一般用三位数字来表示容量的大小（单位为 pF)，其中前两位为有效数字，后一位表示位率，即乘以 10^i，i 为第三位数字。若第三位数字为 9，则乘以 10^{-1}。数字之后的字母表示允许误差。如 223J 代表 22×10^3 pF = 22 000 pF = 0.022 μF，允许误差为 ±10%；又如 479K 表示容量为 47×10^{-1}pF = 4.7 pF、允许误差为 ±5% 的电容。这种表示方法最为常见。

(3)色码表示法。这种表示法与电阻的色环表示法类似，颜色涂于电容的一端或从顶端向引脚排列。色码一般只有三种颜色，前两环表示有效数字，第三环表示位率，单位为 pF。前两环颜色相同时，如红红橙，可将两个红色环涂成一个宽的红色环，表示 22 000 pF。

2)电容的简易判别

用万用表的欧姆挡可简单地测出电解电容的优劣，粗略地辨别其漏电、容量衰减或失效的情况。

具体方法是：根据电容的容量来选择欧姆挡的倍率，一般选用“R×1k”挡或“R×100”挡。将黑表笔接电容正极，红表笔接电容负极，若表针摆动大且返回慢，返回位置接近∞，说明该电容正常，且电容量大；若表针摆动大，但返回时表针显示的欧姆值较小，说明该电容漏电流较大；若表针摆动大，接近于 0 Ω 刻度线且不返回，说明该电容已被击穿；若表针不摆动，说明该电容开路，电容失效。

电解电容具有极性，所以在电子电路使用中，正负极不能接错。若接反，电解作用会反向进行，氧化膜很快变薄，漏电流急剧增加；如果所加直流电压过大，则电容会发热，甚至发生爆炸。还可利用上述办法，根据电容正向连接时漏电电阻大、反向连接时漏电电阻小的特点来进行极性的判别。

该方法也适用于辨别其他类型的电容。如果需对电容进行再一次测量，必须将其放电后才能进行。如果要求精确测量，可以采用交流电桥和高频 Q 表来测量。

4. 二极管的识别

二极管可以利用万用表的欧姆挡来做简单的判别。根据二极管做正向连接时导通电阻值小、做反向连接时截止的原理，可简单判断二极管的好坏和极性。

具体做法是：将万用表欧姆挡置于“R×100”挡或“R×1k”挡，用红、黑表笔反过来再次接触二极管两端；若两次表头指示的阻值相差很大，说明二极管单向导电性好，并且阻值小(几十欧左右)的那次黑表笔所接为二极管的正极；若两次指示的阻值相差很小，说明二极管失去单向导电性；若两次指示均很大，则说明二极管是开路。

5. 三极管的识别

1)判断基极 b 和三极管的类型

将万用表欧姆挡置于“R×100”挡或“R×1k”挡。先假设三极管某一引脚为基极 b，并将黑表笔接在假设的基极上，再将红表笔先后接到其余两个引脚上。如果两次测得的电阻值都很小(或者都很大)，为几百欧姆(或为几千欧至几十千欧)，而对换表笔后测得的两个电阻值都很大(或都很小)，则可以确定假设的基极 b 是真正的基极 b，假设是正确的。如果两次测得的电阻值是一大一小，则可以肯定原假设的基极 b 是错误的，这时重新假设另外的一个引脚为基极 b，再重复上述的测试，直到找出真正的基极 b。

当基极 b 确定以后，三极管类型即可定下来。用黑表笔找基极 b 时，测得的两个电阻值都小，那么三极管类型为 NPN 型，反之则为 PNP 型。

2)判断集电极 c

如果三极管类型是 NPN 型，那么可用黑表笔找集电极 c。在三个引脚中任意假设一引脚为集电极，把黑表笔接到假设的集电极 c 上，红表笔接到假设的发射极 e 上，并用手捏住基极 b 和集电极 c(不能使基极 b 和集电极 c 直接接触)，通过人体或外接电阻读出表头所示集电极 c、发射极 e 间的电阻值，然后将红、黑表笔反接重测。若第一次测得的电阻比第二次小，说明原假设成立，黑表笔所接为三极管集电极 c，红表笔所接为三极管发射极 e。因为集电极 c、发射极 e 间电阻值小，通过万用表的电流大，PN 结正向偏置。

还可以根据已测得三极管的结构、基极 b，再调节万用表旋钮到“h_{FE}”挡，选择对应的插孔，把基极 b 引脚插入，另外两个引脚分别插入发射极 e 和集电极 c 插孔，读数，然后对调两个引脚再读数，两次测量值中较大的值表示两引脚与对应发射极 e 和集电极 c 是相符的。因此，可以测得三极管的 β 值和确定发射极 e、基极 b、集电极 c 引脚。

第 2 篇

专业基础课实验篇

第 3 章 电路基础实验

实验1 电路元件伏安特性的测试

1. 实验目的

(1)学会识别常用电路元件的方法。

(2)掌握线性电阻及非线性电阻伏安特性的逐点测试法。

(3)掌握实验装置上直流电工仪表和设备的使用方法。

2. 实验仪器

(1)可调直流稳压电源(0～10 V)，1 台。

(2)直流数字毫安表，1 块。

(3)直流数字电压表，1 块。

(4)二极管(2CP15)，1 只。

(5)稳压管(2CW51)，1 只。

(6)线性电阻 1 kΩ、200 Ω，各 1 只。

3. 实验原理

任何一个二端元件的特性可用该元件上的端电压 U 与通过该元件的电流 I 之间的函数关系 $I=f(U)$ 来表示，即用 $U-I$ 平面上的一条曲线来表征，这条曲线称为该元件的伏安特性曲线。

(1)线性电阻的伏安特性曲线是一条通过坐标原点的直线，如图 3－1 中直线 a 所示，该直线的斜率等于该电阻的电阻值。

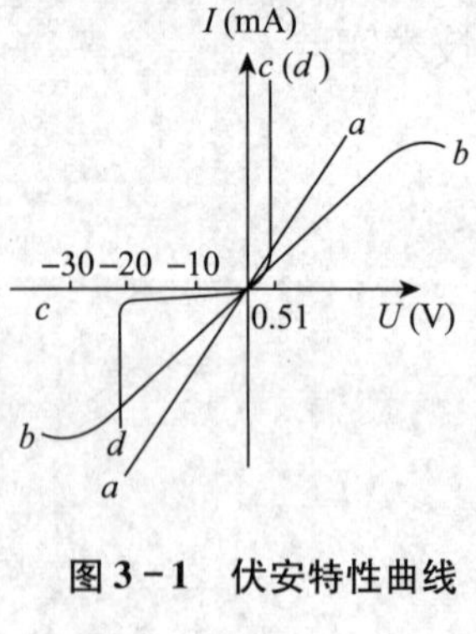

图 3－1 伏安特性曲线

(2)一般的白炽灯在工作时灯丝处于高温状态，其电阻值随着温度的升高而增大。通过白炽灯的电流越大，其温度越高，阻值越大。一般灯泡的“冷电阻”与“热电阻”的阻值可相差几倍至十几倍。白炽灯的伏安特性如图 3－1 中的曲线 b 所示。

(3)一般的半导体二极管是非线性电阻，其特性如图3－1中曲线 c 所示。二极管的正向压降很小(一般的锗管为 0.2～

0.3 V，硅管为0.5～0.7 V），正向电流随正向压降的升高而急剧上升，而反向电压从零一直增加到几十伏时，其反向电流增加很小，可粗略地视为零。可见，二极管具有单向导电性。但反向电压加得过高，超过二极管的极限值时，会导致二极管击穿损坏。注意：测二极管正向伏安特性时，稳压电源输出应由小至大逐渐增加，应时刻注意电流表读数不得超过25 mA，稳压源输出端切勿碰线短路。

4）稳压二极管是一种特殊的半导体二极管，其正向特性与普通二极管类似，但其反向特性较特别，如图3－1中的曲线 d 所示。在反向电压开始增加时，其反向电流几乎为零，但当反向电压增加到某一数值（称为二极管的稳压值，有各种不同稳压值的稳压管）时，电流将突然增加，以后它的端电压将维持恒定，不再随外加的反向电压升高而增大。

另外，进行不同实验时，应先估算电压和电流值，合理选择仪表的量程，不要使仪表超量程，同时仪表的极性不可接错。

4. 实验内容及步骤

1）测定线性电阻的伏安特性

按图3－2接线，调节直流稳压电源的输出电压 U 从0 V开始缓慢地增加，一直到10 V，相应的电压表和电流表的读数记入表3－1中。

表3－1　线性电阻的伏安特性

U(V)	0	2	4	6	8	10
I(mA)						

2）测定二极管的伏安特性

按图3－3接线，R 为限流电阻，测二极管VD的正向特性时，其正向电流不得超过25 mA，正向压降可在0～0.75 V取值，特别是在0.5～0.75 V应多取几个测量点。做反向伏安特性实验时，只需将图3－3中的二极管VD反接，且其反向电压可加到30 V左右。将测量值记入表3－2和表3－3中。

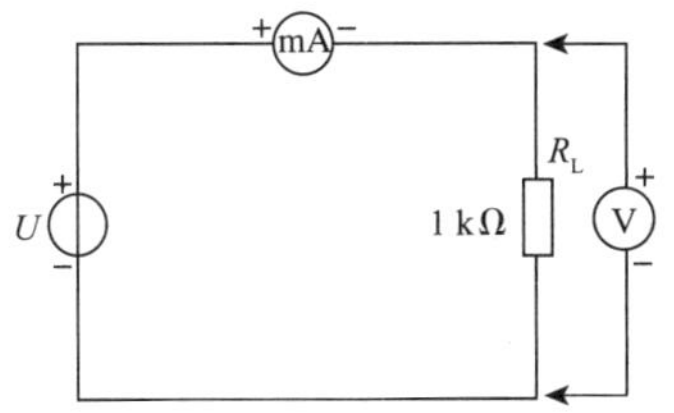

图3－2　线性电阻电路

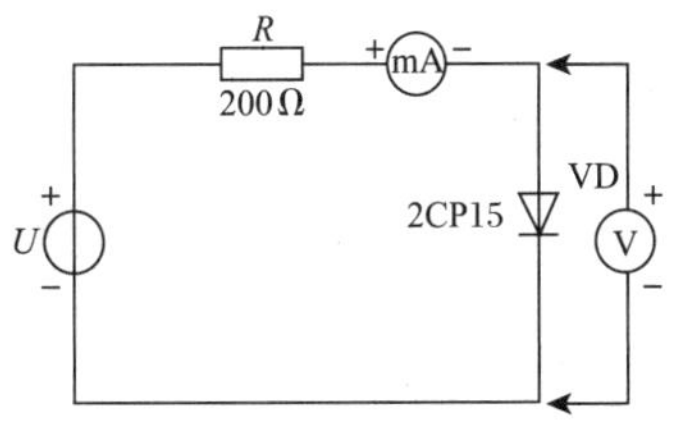

图3－3　二极管电路

表3－2　二极管正向伏安特性实验数据

U(V)	0	0.2	0.4	0.5	0.55	0.6	0.65	0.7	0.75
I(mA)									

表 3-3　二极管反向伏安特性实验数据

U(V)	0	-2	-4	-6	-8	-10
I(mA)						

3)测定稳压二极管的伏安特性

只要将图 3-3 中的二极管换成稳压二极管，重复二极管的测量步骤即可。将测量结果记入表 3-4 和表 3-5 中。

表 3-4　稳压二极管正向伏安特性实验数据

U(V)									
I(mA)									

表 3-5　稳压二极管反向伏安特性实验数据

U(V)									
I(mA)									

5. 实验报告及思考题

(1)线性电阻与非线性电阻的概念是什么？电阻与二极管的伏安特性有何区别？

(2)设某元件伏安特性曲线的函数式为 $I=f(U)$，试问在逐点绘制曲线时，其坐标变量应如何放置？

(3)稳压二极管与普通二极管有何区别？其用途是什么？

(4)根据各实验结果数据，分别在坐标纸上绘制出光滑的伏安特性曲线。其中，二极管和稳压管的正、反向伏安特性曲线要画在同一张图中，正、反向电压可取不同的比例尺。

(5)根据实验结果，总结、归纳各被测元件的特性。

(6)进行必要的误差分析。

实验 2　基尔霍夫定律的验证

1. 实验目的

(1)验证基尔霍夫定律的正确性，加深对基尔霍夫定律普遍性的理解。

(2)进一步学会使用电压表、电流表。

2. 实验仪器

(1)直流稳压电源(+6 V、+12 V 切换)，1 台。

(2)可调直流稳压电源(0 ~ 10 V)，1 台。

(3)直流数字电压表，1 块。

(4)直流数字毫安表，1 块。

3. 实验原理

基尔霍夫定律是电路的基本定律。

(1)基尔霍夫电流定律(KCL)：对电路中任一节点，在任一时刻，流入和流出该节点的电流的代数和为零，即 $\sum I = 0$。

(2)基尔霍夫电压定律(KVL)：对电路中任一闭合回路，在任一时刻，该回路所有支路电压的代数和为零，即 $\sum U = 0$。

4. 实验内容及步骤

实验电路如图 3 - 4 所示。

(1)按图 3 - 4 电路接线，取 $U_1 = +12$ V，U_2 为可调直流稳压电源，调至 +6 V。

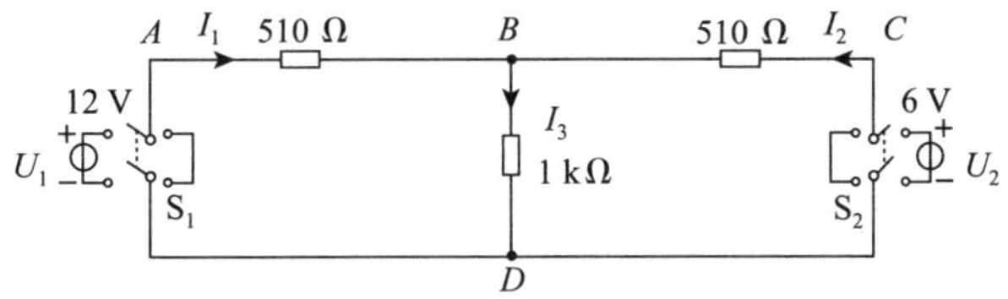

图 3 - 4　实验电路

(2)将直流数字毫安表按电流的参考方向，依次接入三条支路当中，测量各支路电流；使用数字万用表测量各电阻元件两端电压，将数据记入表 3 - 6。测量时应注意仪表量程的及时更换和仪表的极性。

表 3 - 6　数据记录

测量项目 / 实验内容	U_1(V)	U_2(V)	I_1(mA)	I_2(mA)	I_3(mA)	U_{AB}(V)	U_{BC}(V)	U_{BD}(V)
测量值								
计算值								

5. 实验报告及思考题

(1)根据实验数据，选定 B 节点进行分析，并验证基尔霍夫定律。

(2)试用上述实验数据进行计算并得出结论。

实验3　叠加原理的验证

1. 实验目的

验证线性电路叠加原理的正确性，从而加深对线性电路的叠加性和齐次性的认识和理解。

2. 实验仪器

(1)直流稳压电源(+6 V、+12 V 切换)，1 台。

(2)可调直流稳压电源(0 ~ 10 V)，1 台。

(3)直流数字电压表，1 块。

(4)直流数字毫安表，1 块。

3. 实验原理

叠加原理指出：在有几个独立源共同作用下的线性电路中，通过每一个元件的电流或其两端的电压，可以看成由每一个独立源单独作用时在该元件上所产生的电流或电压的代数和。

线性电路的齐次性是指当激励信号(某独立源的值)增加到 K 倍或减小到 $1/K$ 时，电路的响应(即在电路其他各元件上所产生的电流和电压值)也将增加到 K 倍或减小到 $1/K$。

4. 实验内容及步骤

实验电路如图 3 -5 所示。

(1)按图 3 -5 电路接线，U_1 为 +12 V、+6 V 切换电源，取 U_1 = +12 V，U_2 为可调直流稳压电源，调至 +6 V。

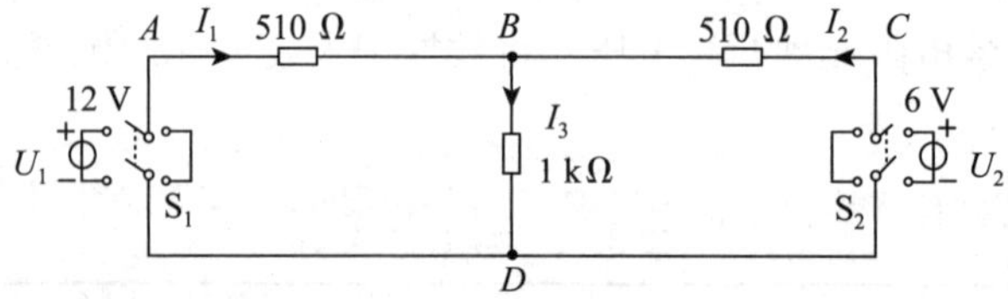

图 3 -5　实验电路

(2)令 U_1 电源单独作用(将开关 S_1 投向 U_1 侧，开关 S_2 投向短路侧)，用直流数字电压表和毫安表(接电流插头)测量各电阻元件两端电压及各支路电流，数据记入表 3 -7。测量时应注意仪表量程的及时更换和仪表的极性。

表 3 -7　数据记录

测量项目 / 实验内容	U_1(V)	U_2(V)	I_1(mA)	I_2(mA)	I_3(mA)	U_{AB}(V)	U_{BC}(V)	U_{CD}(V)	U_{DA}(V)	U_{BD}(V)
U_1 单独作用										

续表

测量项目 / 实验内容	U_1(V)	U_2(V)	I_1(mA)	I_2(mA)	I_3(mA)	U_{AB}(V)	U_{BC}(V)	U_{CD}(V)	U_{DA}(V)	U_{BD}(V)
U_2 单独作用										
U_1、U_2 共同作用										
$2U_2$ 单独作用										

(3)令 U_2 电源单独作用(将开关 S_1 投向短路侧，开关 S_2 投向 U_2 侧)，重复上述的测量和记录。

(4)令 U_1 和 U_2 共同作用(开关 S_1 和 S_2 分别投向 U_1 和 U_2 侧)，重复上述的测量和记录。

(5)将 U_2 的数值调至 +12 V，重复上述三项的测量并记录。

5. 实验报告及思考题

(1)叠加原理中，U_1、U_2 分别单独作用，在实验中应如何操作？可否直接将不作用的电源(U_1 或 U_2)置零(短接)？

(2)实验电路中，若有一个电阻改为二极管，试问叠加原理的叠加性与齐次性还成立吗？为什么？

(3)根据实验数据验证线性电路的叠加性与齐次性。

(4)各电阻所消耗的功率能否用叠加原理计算？试用上述实验数据进行计算并得出结论。

实验 4　戴维南定理——有源二端网络等效参数的测定

1. 实验目的

(1)验证戴维南定理的正确性。

(2)掌握测量有源二端网络等效参数的一般方法。

2. 实验仪器

(1)可调直流稳压电源(0 ~ 10 V)，1 台。

(2)可调直流恒流源(0 ~ 200 mA)，1 台。

(3)直流数字电压表，1 块。

(4)直流数字毫安表，1 块。

(5)万用表，1 块。

(6)电位器(1 kΩ/1 W)，1 个。

3. 实验原理

(1)任何一个线性含源网络，如果仅研究其中一条支路的电压和电流，则可将电路的其余部分看成一个有源二端网络(或称为含源二端网络)。

戴维南定理指出：任何一个线性有源网络，总可以用一个等效电压源来代替，此电压源的电动势 E_S 等于这个有源二端网络的开路电压 U_{OC}，其等效内阻 R_0 等于该网络中所有独立源均置零(理想电压源视为短接，理想电流源视为开路)时的等效电阻。

U_{OC}和 R_0 称为有源二端网络的等效参数。用万用表直接测 R_0 时，网络内的独立源必须先置零，以免损坏万用表；其次，欧姆挡必须经调零后再进行测量。

(2)有源二端网络等效参数的测量有以下几种方法。测量时应注意电流表量程的更换，且改接线路一定要关掉电源。

① 开路电压、短路电流法：在有源二端网络输出端开路时，用电压表直接测其输出端的开路电压 U_{OC}，然后将其输出端短路，用电流表测其短路电流 I_{SC}，则内阻为

$$R_0=\frac{U_{OC}}{I_{SC}}$$

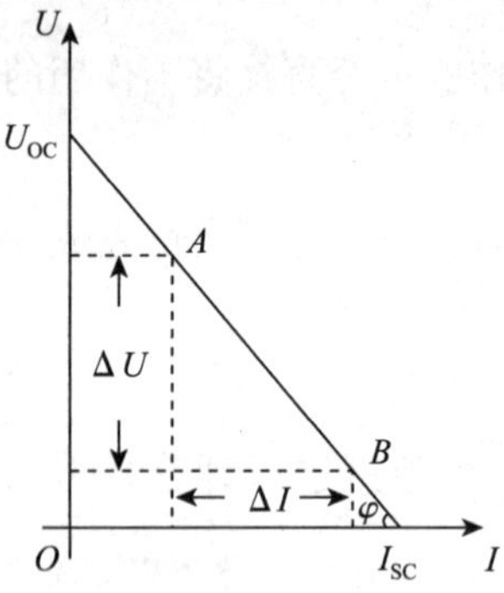

图 3-6　有源二端网络外特性

② 伏安法：用电压表、电流表测出有源二端网络的外特性如图 3-6 所示，根据外特性曲线求出斜率 tan φ，则内阻为

$$R_0=\tan\varphi=\frac{\Delta U}{\Delta I}=\frac{U_{OC}}{I_{SC}}$$

用伏安法主要是测量开路电压及电流为额定值 I_n 时的输出端电压 U_n，则内阻为

$$R_0=\frac{U_{OC}-U_n}{I_n}$$

若二端网络的内阻值很低，则不宜测其短路电流。

③ 半电压法：如图 3-7 所示，当负载电压为被测网络开路电压的一半时，负载电阻(由电阻箱的读数确定)即为被测有源二端网络的等效内阻值。

④ 零示法：在测量具有高内阻的有源二端网络的开路电压时，用电压表直接测量会造成较大的误差，为了消除电压表内阻的影响，往往采用零示法，如图 3-8 所示。

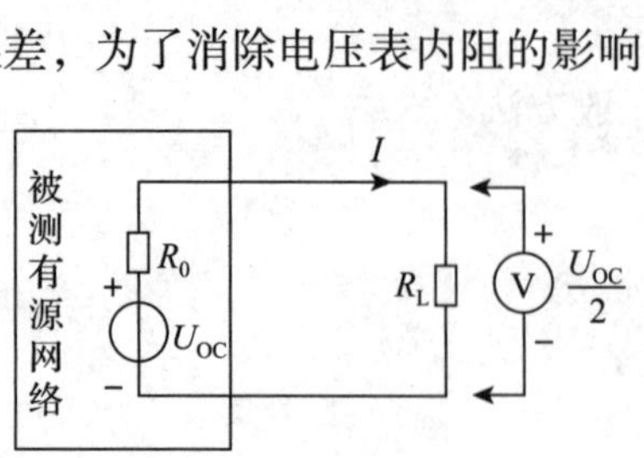

图 3-7　半电压法测试电路

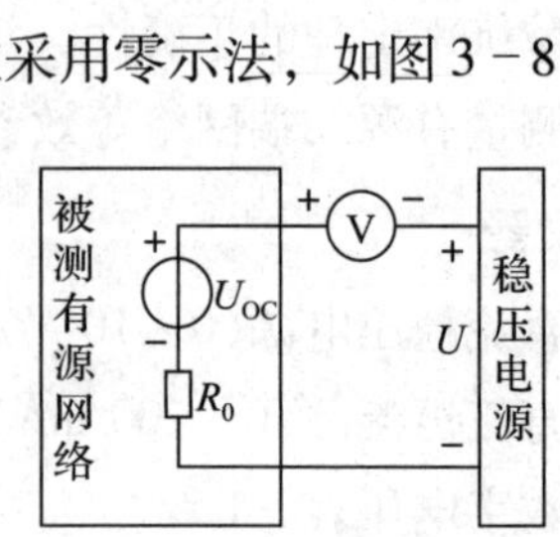

3-8　零示法测试电路

零示法测量原理是用一低内阻的稳压电源与被测有源二端网络进行比较，当稳压电源的输出电压与有源二端网络的开路电压相等时，电压表的读数将为“0”，然后将电路断开，测量此时稳压电源的输出电压，即为被测有源二端网络的开路电压。

4. 实验内容及步骤

被测有源二端网络如图 3－9(a)所示。

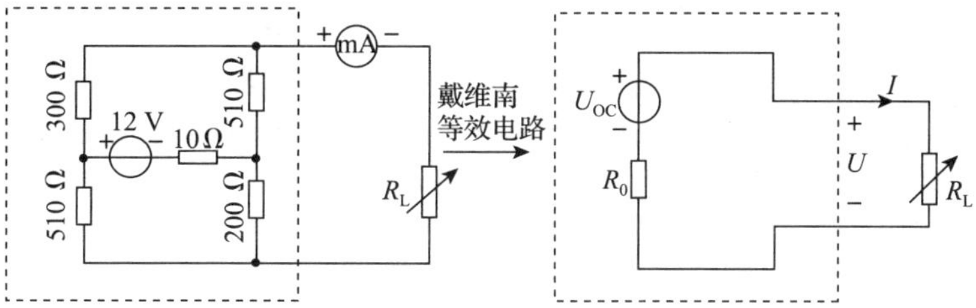

图 3－9　有源二端网络

(a)电路图　(b)等效图

(1)用开路电压、短路电流法测定戴维南等效电路的 U_{OC} 和 R_0。

按图 3－9(a)接入稳压电源 U_S 及可变电阻箱 R_L，测定 U_{OC} 和 R_0 并记入表 3－8 中。

表 3－8　开路电压、短路电流法测试数据

U_{OC}(V)	I_{SC}(mA)	$R_0 = U_{OC}/I_{SC}$(Ω)

(2)负载实验。按图 3－9(a)改变 R_L 的阻值，测量有源二端网络的外特性，记入表 3－9中。

表 3－9　有源二端网络的外特性测试数据

R_L(Ω)	0							∞
U(V)								
I(mA)								

(3)验证戴维南定理。用一只 1 kΩ 的电位器，将其阻值调整到等于按步骤(1)所得的等效电阻 R_0 的位置，然后令其与直流稳压电源(调到步骤(1)时所测得的开路电压 U_{OC}之值)串联，如图 3－9(b)所示，按步骤(2)测其外特性，对戴维南定理进行验证，并将数据记入表 3－10 中。

表 3－10　验证戴维南定理测试数据

R_L(Ω)	0							∞

续表

U(V)									
I(mA)									

(4)测定有源二端网络等效电阻(又称入端电阻)的其他方法：将被测有源网络内的所有独立源置零(将电流源断路，电压源短路)，然后用伏安法或者直接用万用表的欧姆挡测定负载 R_L 开路后输出端两点间的电阻，即被测网络的等效内阻 R_0 或称为网络的入端电阻 R_i，记录下 R_0 的数据。注意：电源置零时不可将稳压源短接。

(5)用半电压法和零示法测量被测网络的等效内阻 R_0 及其开路电压 U_{OC}，线路及数据表格自拟。

5. 实验报告及思考题

(1)在求戴维南等效电路时，做短路实验，测 I_{SC} 的条件是什么？在本实验中可否直接做负载短路实验？实验前请对图 3-9(a)预先做好计算，以便调整实验线路，保证测量时可准确地选取电表的量程。

(2)说明测有源二端网络开路电压及等效内阻的几种方法，并比较其优缺点。

(3)根据步骤(2)和步骤(3)，分别绘出曲线，验证戴维南定理的正确性，并分析产生误差的原因。

(4)根据步骤(1)、步骤(4)和步骤(5)几种方法测得的 U_{OC} 与 R_0，与预习时电路计算的结果比较，能得出什么结论？

实验 5　受控源实验

1. 实验目的

(1)了解用运算放大器组成四种类型受控源的线路原理。

(2)测试受控源转移特性及负载特性。

2. 实验仪器

(1)可调直流稳压电源（0～10 V)，1 台。

(2)可调直流恒流源(0～200 mA)，1 台。

(3)直流数字电压表，1 台。

(4)直流数字毫安表，1 台。

3. 实验原理

(1)运算放大器(简称运放)的电路符号及其等效电路如图 3-10 所示。

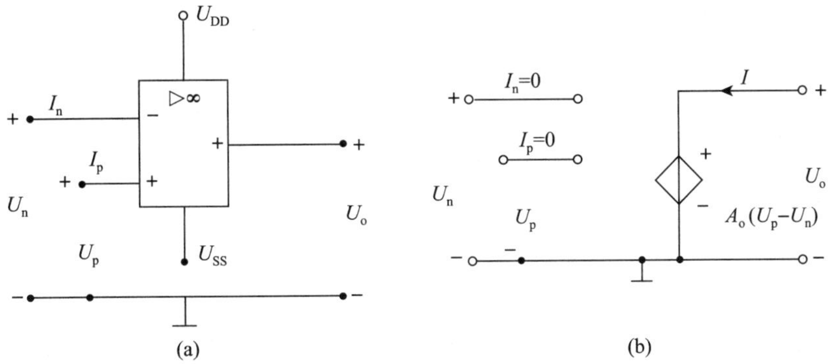

图 3-10　运放的电路符号及其等效电路

(a)电路符号　(b)等效电路

运算放大器是一个有源三端器件，它有两个输入端和一个输出端，若信号从“+”端输入，则输出信号与输入信号相位相同，故称为同相输入端；若信号从“-”端输入，则输出信号与输入信号相位相反，故称为反相输入端。运算放大器的输出电压为

$$U_o = A_o(U_p - U_n)$$

其中，A_o 是运放的开环电压放大倍数。在理想情况下，A_o 与运放的输入电阻 R_i 均为无穷大，因此有

$$U_p = U_n$$

$$I_p = \frac{U_p}{R_{ip}} = 0 \qquad I_n = \frac{U_n}{R_{in}} = 0$$

这说明理想的运放具有下列三大特征：

①运放的“+”端与“-”端电位相等，通常称为“虚短路”；

②运放输入端电流为零，即其输入电阻为无穷大；

③运放的输出电阻为零。

以上三个重要的性质是分析所有具有运放的网络的重要依据。要使运放工作，还须接有正、负直流工作电源(称双电源)，有的运放可用单电源工作。

(2)理想运放的电路模型是一个受控源——电压控制电压源(即 VCVS)，如图 3-10(b) 所示，在它的外部接入不同的电路元件，可构成四种基本受控源电路，以实现对输入信号的各种模拟运算或模拟变换。

(3)所谓受控源，是指其电源的输出电压或电流受电路另一支路的电压或电流所控制。当受控源的电压(或电流)与控制支路的电压(或电流)成正比时，则该受控源为线性的。根据控制变量与输出变量的不同受控源可分为四类，即电压控制电压源(VCVS)、电压控制电流源(VCCS)、电流控制电压源(CCVS)、电流控制电流源(CCCS)。四类受控源电路符号如图 3-11 所示。理想受控源的控制支路中只有一个独立变量(电压或电流)，另一个变量为零，即从输入口看，理想受控源或是短路(即输入电阻 $R_i=0$，因而 $U_1=0$)或是开路(即输入电导 $G_i=0$，因而输入电流 $I_1=0$)；从输出口看，理想受控源或是一个理想电压源或是一个理想电流源。

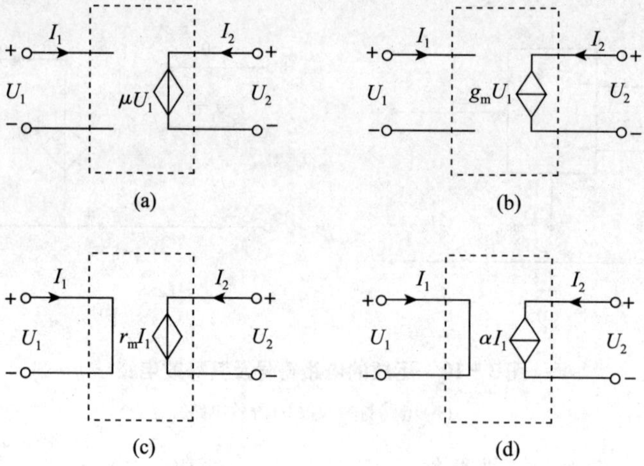

图 3－11　四类受控源电路符号

（a）VCVS　（b）VCCS　（c）CCVS　（a）CCCS

（4）受控源的控制端与受控端的关系称为转移函数。

四种受控源转移函数参量的定义如下。

①压控电压源（VCVS）：$U_2=f(U_1)$，$\mu=U_2/U_1$，称为转移电压比（或电压增益）。

②压控电流源（VCCS）：$I_2=f(U_1)$， $g_m=I_2/U_1$，称为转移电导。

③流控电压源（CCVS）：$U_2=f(I_1)$， $r_m=U_2/I_1$，称为转移电阻。

④流控电流源（CCCS）：$I_2=f(I_1)$， $\alpha=I_2/I_1$，称为转移电流比（或电流增益）。

（5）用运放构成四种类型基本受控源的线路原理分析。

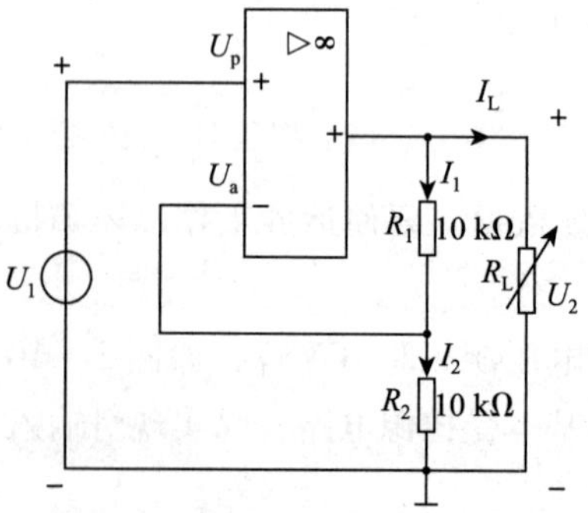

图 3－12　压控电压源电路

①压控电压源（VCVS），如图 3－12 所示。

由于运放的虚短路特性，有

$$U_p=U_n=U_1 \qquad I_2=\frac{U_n}{R_2}=\frac{U_1}{R_2}$$

又因运放内阻为∞，有

$$I_1=I_2$$

因此

$$U_2=I_1R_1+I_2R_2=I_2(R_1+R_2)=\frac{U_1}{R_2}(R_1+R_2)=\left(1+\frac{R_1}{R_2}\right)U_1$$

即运放的输出电压 U_2 只受输入电压 U_1 的控制，与负载 R_L 大小无关，电路模型如图3－11（a）所示。

转移电压比

$$\mu=\frac{U_2}{U_1}=1+\frac{R_1}{R_2}$$

其中，μ 为电压放大系数，无量纲。

这里的输入、输出有公共接地点，这种连接方式称为共地连接。

②压控电流源(VCCS)，将图 3－12 的 R_1 看成一个负载电阻 R_L，即成为压控电流源(VCCS)，如图 3－13 所示。

此时，运放的输出电流

$$I_L = I_R = \frac{U_n}{R} = \frac{U_1}{R}$$

即运放的输出电流 I_L 只受输入电压 U_1 的控制，与负载 R_L 的大小无关，电路模型如图 3－11（b）所示。

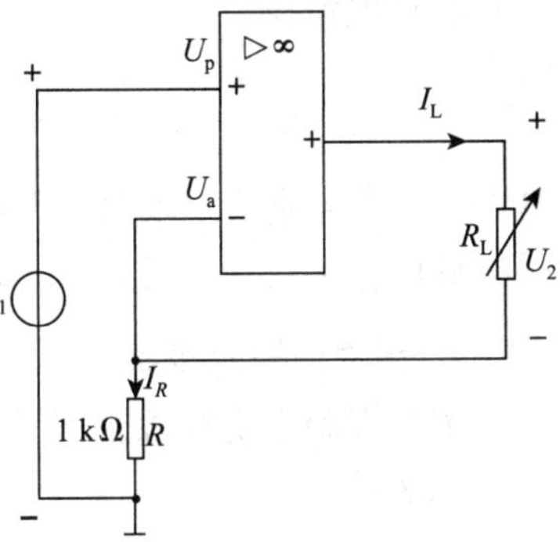

图 3－13　压控电流源电路

转移电导

$$g_m = \frac{I_L}{U_1} = \frac{1}{R}(\mathrm{S})$$

这里的输入、输出无公共接地点，这种连接方式称为浮地连接。

③流控电压源(CCVS)，如图 3－14 所示。

由于运放的“＋”端接地，所以 $U_p = 0$，“－”端电压 U_n 也为零，此时运放的“－”端称为虚地点。显然，流过电阻 R 的电流 I_1 就等于网络的输入电流 I_S。

此时，运放的输出电压 $U_2 = -I_1R = -I_SR$，即输出电压 U_2 只受输入电流 I_S 的控制，与负载 R_L 的大小无关，电路模型如图 3－11(c)所示。

转移电阻

$$r_m = \frac{U_2}{I_S} = -R(\Omega)$$

此电路为共地连接。

④流控电流源(CCCS)，如图 3－15 所示。

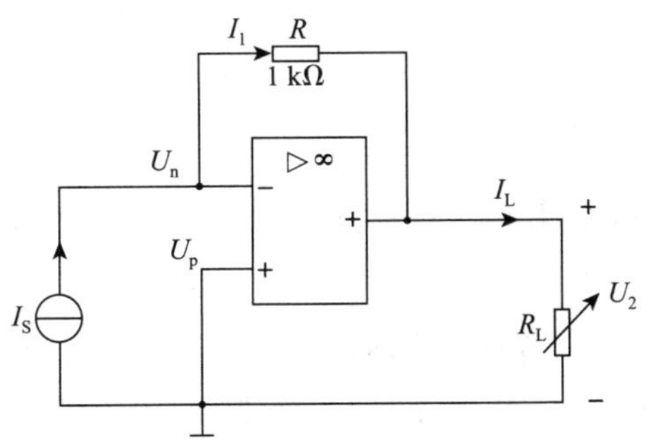

图 3－14　流控电压源电路

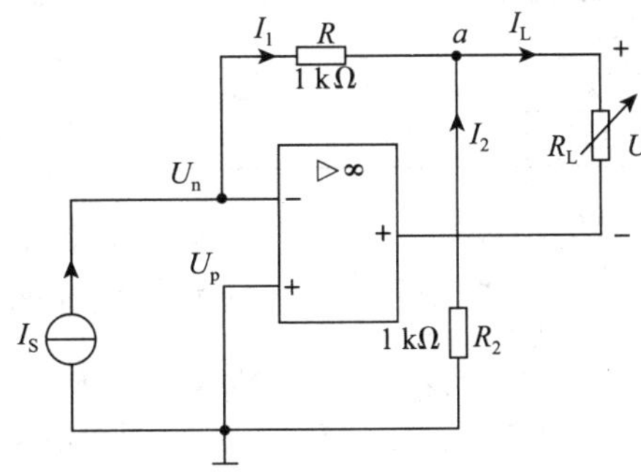

图 3－15　流控电流源电路

$$U_a = -I_2R_2 = -I_1R_1$$

$$I_L = I_1 + I_2 = I_1 + \frac{R_1}{R_2}I_1 = \left(1 + \frac{R_1}{R_2}\right)I_1 = \left(1 + \frac{R_1}{R_2}\right)I_S$$

即输出电流 I_L 只受输入电流 I_S 的控制，与负载 R_L 的大小无关，电路模型如图 3－11(d)所示。

转移电流比

$$\alpha = \frac{I_L}{I_S} = 1 + \frac{R_1}{R_2}$$

其中，α 为电流放大系数，无量纲。

此电路为浮地连接。

4. 实验内容及步骤

本次实验中受控源全部采用直流电源激励，对于交流电源或其他电源激励，实验结果是一样的。

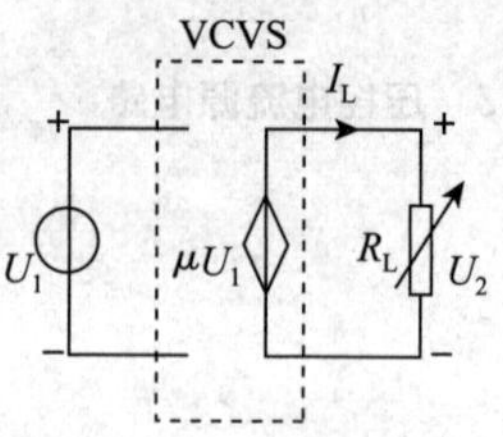

图 3－16　受控源 VCVS

1）测量受控源 VCVS 的转移特性 $U_2=f(U_1)$ 及负载特性 $U_2=f(I_L)$

实验电路如图 3－16 所示。U_1 为可调直流稳压电源，R_L 为可调电阻箱。

(1) 固定 $R_L=2\ \text{k}\Omega$，调节直流稳压电源输出电压 U_1，使其在 0～6 V范围内取值，测量 U_1 及相应的 U_2 值，绘制 $U_2=f(U_1)$ 曲线，并由其线性部分求出转移电压比 μ，数据记入表 3－11 中。

表 3－11　受控源 VCVS 的转移特性数据

测量值	U_1(V)	
	U_2(V)	
实验计算值	μ	
理论计算值	μ	

(2) 保持 $U_1=2$ V，令 R_L 阻值从 1 kΩ 增至∞，测量 U_2 及 I_L，绘制 $U_2=f(I_L)$ 曲线，数据记入表 3－12 中。

表 3－12　受控源 VCVS 的负载特性数据

R_L(kΩ)	
U_2(V)	
I_L(mA)	

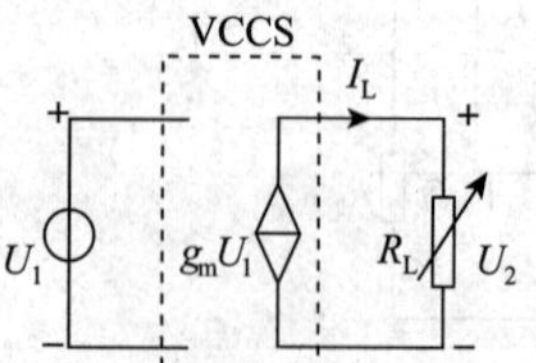

图 3－17　受控源 VCCS

2) 测量受控源 VCCS 的转移特性 $I_L=f(U_1)$ 及负载特性 $I_L=f(U_2)$

实验电路如图 3－17 所示。

(1) 固定 $R_L=2\ \text{k}\Omega$，调节直流稳压电源输出电压 U_1，使其在 0～5 V 范围内取值。测量 U_1 及相应的 I_L，绘制 $I_L=f(U_1)$ 曲线，并由其线性部分求出转移电导 g_m，数据记入表 3－13 中。

表 3－13　受控源 VCCS 的转移特性数据

测量值	U_1(V)	
	I_L(mA)	
实验计算值	g_m(S)	
理论计算值	g_m(S)	

(2)保持 $U_1=2$ V，令 R_L 从 0 增至 5 kΩ，测量相应的 I_L 及 U_2，绘制 $I_L=f(U_2)$ 曲线，数据记入表 3－14 中。

表 3－14　受控源 VCCS 的负载特性数据

R_L(kΩ)	
I_L(mA)	
U_2(V)	

3)测量受控源 CCVS 的转移特性 $U_2=f(I_S)$ 及负载特性 $U_2=f(I_L)$

实验电路如图 3－18 所示。I_S 为可调直流恒流源，R_L 为可调电阻箱。

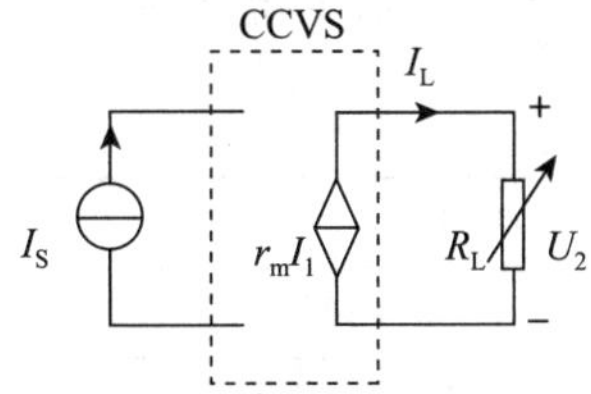

图 3－18　受控源 CCVS

(1)固定 $R_L=2$ kΩ，调节直流恒流源输出电流 I_S，使其在 0～0.8 mA 范围内取值，测量 I_S 及相应的 U_2 值，绘制 $U_2=f(I_S)$ 曲线，并由其线性部分求出转移电阻 r_m，数据记入表 3－15中。

表 3－15　受控源 CCVS 的转移特性数据

测量值	I_S(mA)	
	U_2(V)	
实验计算值	r_m(kΩ)	
理论计算值	r_m(kΩ)	

(2) 保持 $I_S=0.3$ mA，令 R_L 从 1 kΩ 增至∞，测量 U_2 及 I_L 值，绘制负载特性曲线 $U_2=f(I_L)$，数据记入表 3－16 中。

表 3－16　受控源 CCVS 的负载特性数据

R_L(kΩ)	
U_2(V)	
I_L(mA)	

4)测量受控源 CCCS 的转移特性 $I_L=f(I_S)$ 及负载特性 $I_L=f(U_2)$

实验电路如图 3－19 所示。

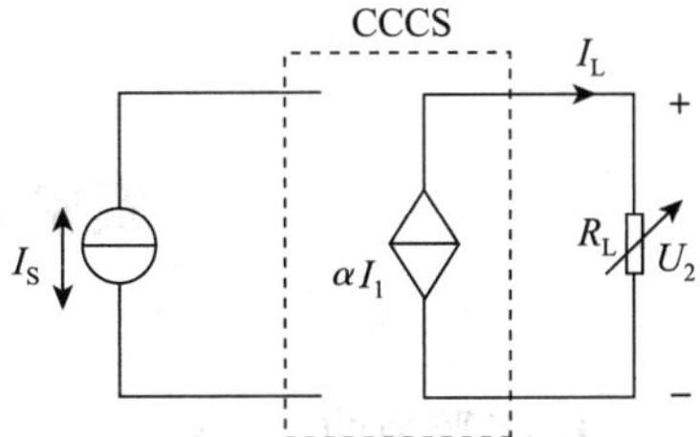

图 3－19　受控源 CCCS

(1)固定 $R_L=2$ kΩ，调节直流恒流源输出电流 I_S，使其在 0～0.8 mA 范围内取值，测量 I_S 及相应的 I_L 值，绘制 $I_L=f(I_S)$ 曲线，并由其线性部分求出转移电流比 α，数据记入表 3－17 中。

表 3-17　受控源 CCCS 的转移特性数据

测量值	I_S(mA)	
	I_L(mA)	
实验计算值	α	
理论计算值	α	

(2)保持 $I_S=0.3$ mA，令 R_L 从 0 增至 4 kΩ，测量 I_L 及 U_2 值，绘制负载特性曲线 $I_L=f(U_2)$，数据记入表 3-18 中。

表 3-18　受控源 CCCS 的负载特性数据

R_L(kΩ)	
I_L(mA)	
U_2(V)	

5. 实验报告及思考题

(1)根据实验数据，在方格纸上分别绘出四种受控源的转移特性和负载特性曲线，并求出相应的转移参量。

(2)对实验结果进行分析，并得出结论，总结对四类受控源的认识和理解。

注：不同类型的受控源可以进行级联以形成等效的另一类型的受控源。如受控源 CCVS 与 VCCS 进行适当的连接可组成 CCCS 或 VCVS。

图 3-20 及图 3-21 为由 CCVS 及 VCCS 级联后组成的 CCCS 及 VCVS 电路图。

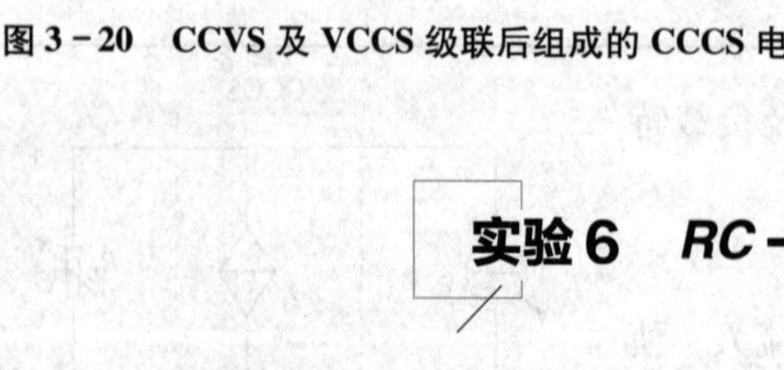

图 3-20　CCVS 及 VCCS 级联后组成的 CCCS 电路

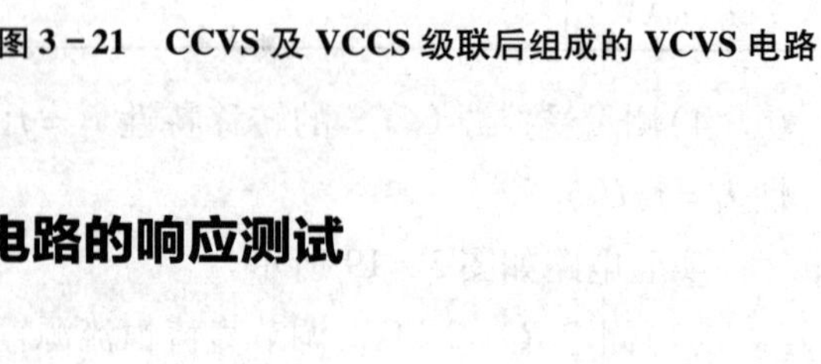

图 3-21　CCVS 及 VCCS 级联后组成的 VCVS 电路

实验 6　*RC* 一阶电路的响应测试

1. 实验目的

(1)测定 *RC* 一阶电路的零输入响应、零状态响应及完全响应。

(2)学习电路时间常数的测定方法。

(3)掌握有关微分电路和积分电路的概念。

(4)进一步学会用示波器测绘图形。

2. 实验设备

(1)函数信号发生器，1台。

(2)双踪示波器，1台。

3. 实验原理

(1)动态网络的过渡过程是十分短暂的单次变化过程，对时间常数 τ 较大的电路，可用长余辉慢扫描示波器观察光点移动的轨迹。要用一般的双踪示波器观察过渡过程和测量有关的参数，必须使这种单次变化的过程重复出现。为此，利用信号发生器输出的方波来模拟阶跃激励信号，即令方波输出的上升沿作为零状态响应的正阶跃激励信号，方波下降沿作为零输入响应的负阶跃激励信号。只要选择方波的重复周期远大于电路的时间常数 τ，电路在这样的方波序列脉冲信号的激励下，它的影响和直流电源接通与断开的过渡过程是基本相同的。

(2)RC 一阶电路的零输入响应和零状态响应分别按指数规律衰减和增长，其变化的快慢取决于电路的时间常数 τ。

(3)时间常数 τ 的测定方法。

如图 3－22（a）所示电路，用示波器测得零输入响应的波形如图 3－22（b）所示。

根据一阶微分方程的求解得知

$$u_C = Ee^{-t/RC} = Ee^{-t/\tau}$$

当 $t=\tau$ 时，$u_C(\tau)=0.368E$，此时所对应的时间就等于 τ，亦可用零状态响应波形增长到 $0.632E$ 所对应的时间测得，如图 3－22（c）所示。

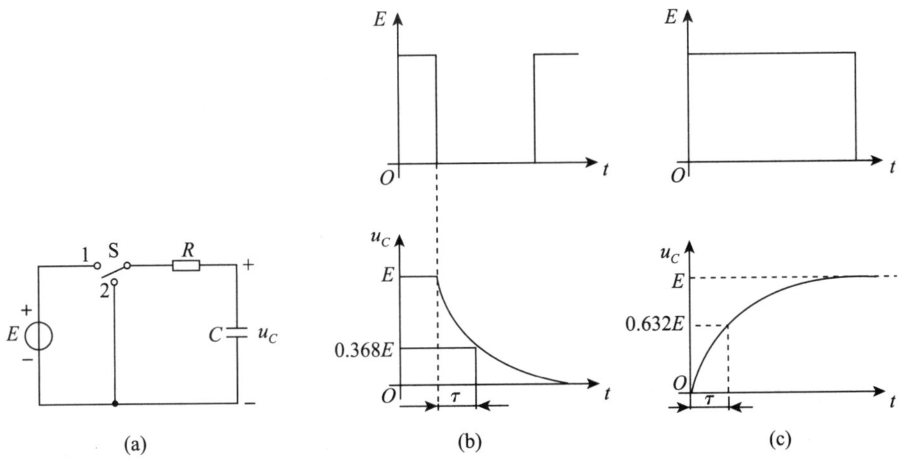

图 3－22　时间常数 τ 的测试电路及波形

（a）RC 一阶电路　（b）零输入响应　（c）零状态响应

(4)微分电路和积分电路是 RC 一阶电路中较典型的电路，其对电路元件参数和输入信号的周期有着特定的要求。一个简单的 RC 串联电路，在方波序列脉冲的重复激励下，当满足 $\tau = RC \ll T/2$ 时（T 为方波脉冲的重复周期），且由 R 端作为响应输出，如图 3－23（a）所示，就构成了一个微分电路，因为此时电路的输出信号电压与输入信号电压的微分成正比。

若将图 3－23（a）中的 R 与 C 位置调换一下，即由 C 端作为响应输出，且当电路参数的选择满足 $\tau = RC \ll T/2$ 条件时，如图 3－23（b）所示即构成积分电路，因为此时电路的输出信号电压与输入信号电压的积分成正比。

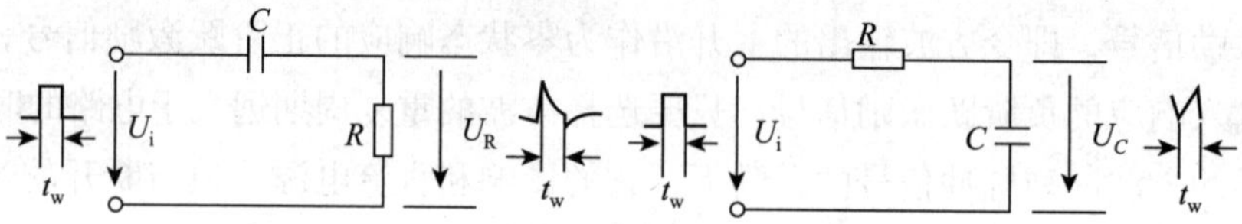

图 3－23　微分电路和积分电路

（a）微分电路　（b）积分电路

从输出波形来看，上述两个电路均起着波形变换的作用，请在实验过程中仔细观察与记录。

4. 实验内容及步骤

实验线路如图 3－22（a）所示，认清 R、C 元件的布局及其标称值、各开关的通断位置等。

(1)选择动态线路板上 R、C 元件，令 $R = 10\ \text{k}\Omega$，$C = 1\ 000\ \text{pF}$。组成如图 3－22（a）所示的 RC 充放电电路，E 为函数信号发生器输出，取 $u_E = 3\ \text{V}$，$f = 1\ \text{kHz}$ 的方波电压信号，并通过两根同轴电缆线将激励源 u_E 和响应 u_C 的信号分别连至示波器的两个输入口 Y_A 和 Y_B，这时可在示波器的屏幕上观察到激励与响应的变化规律，求测时间常数 τ，并描绘 u_E 及 u_C 波形。少量改变电容值或电阻值，定性观察对响应的影响，并记录观察到的现象。

(2) 令 $R = 10\ \text{k}\Omega$，$C = 3\ 300\ \text{pF}$，观察并描绘响应波形，然后继续增大 C 值，定性观察对响应的影响。

(3)选择动态线路板上 R、C 元件，组成如图 3－23（a）所示的微分电路，令 $C = 3\ 300\ \text{pF}$，$R = 30\ \text{k}\Omega$。在同样的方波激励信号（$U_E = 3\ \text{V}$，$f = 1\ \text{kHz}$）作用下，观测并描绘激励与响应的波形。增减 R 值，定性观察对响应的影响，并记录。当 R 增至 ∞ 时，输入输出波形有何本质上的区别？

5. 实验报告及思考题

(1)根据实验观测结果，在方格纸上绘出 RC 一阶电路充放电时 u_C 的变化曲线，由曲线测得 τ 值，并与参数值的计算结果做比较，分析误差原因。

(2)根据实验观测结果，归纳、总结积分电路和微分电路的形成条件，并阐明波形变换的特征。

(3)什么样的电信号可作为 RC 一阶电路零输入响应、零状态响应和完全响应的激励信号?

(4)已知 RC 一阶电路 $R=10\ \text{k}\Omega$，$C=0.1\ \mu\text{F}$，试计算时间常数 τ，并根据 τ 值的物理意义拟订测定 τ 的方案。

(5)何谓积分电路和微分电路?它们必须具备什么条件?它们在方波序列脉冲的激励下，其输出信号波形的变化规律如何?这两种电路有何功用?

实验7 RC选频网络特性测试

1. 实验目的

(1)熟悉文氏电桥电路的结构特点及其应用。

(2)学会用交流毫伏表和示波器测定文氏电桥电路的幅频特性和相频特性。

2. 实验仪器

(1)函数信号发生器，1台。

(2)双踪示波器，1台。

(3)交流毫伏表，1块。

3. 实验原理

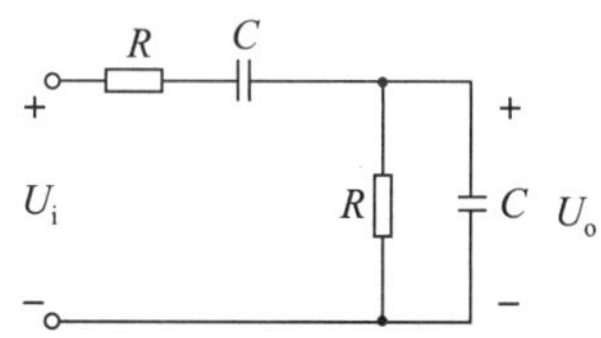

图3-24 文氏电桥电路

文氏电桥电路是一个 RC 串并联电路，如图3-24所示。该电路结构简单，被广泛用于低频振荡电路中，作为选频环节，可以获得高纯度的正弦波电压。

(1)用函数信号发生器的正弦输出信号作为图3-24的激励信号 U_i，并在 U_i 值保持不变的情况下，改变输入信号的频率 f。用交流毫伏表或示波器测出输出端对应于各个频率点的输出电压 U_o 的值，将这些数据画在以频率 f 为横轴、U_o 为纵轴的坐标纸上，用一条光滑的曲线连接这些点，即为此电路的幅频特性曲线。由于信号源内阻的影响，注意在调节输出频率时应同时调节输出幅度，使实验电路的输入电压保持不变。

文氏电桥电路的一个特点是其输出电压幅度不仅会随输入信号的频率而变，而且会出现一个与输入电压同相位的最大值，如图3-25所示。

分析得知，该网络的传递函数为

$$\beta=\frac{1}{3+\text{j}(\omega RC-1/\omega RC)}$$

当角频率 $\omega=\omega_0=\frac{1}{RC}$，即 $f=f_0=\frac{1}{2\pi RC}$（f_0 称为电路的固有频率）时，$|\beta|=\frac{U_o}{U_i}=\frac{1}{3}$，此时 U_o 与 U_i 同相位。

由图 3－25 可知，RC 串并联电路具有带通特性。

(2)将上述电路的输入和输出分别接到双踪示波器的 Y_A 和 Y_B 两个输入端，改变输入正弦信号的频率，观测相应的输入和输出波形间的时延 τ 及信号的周期 T，则两波形间的相位差为

$$\varphi=\frac{t}{T}\times 360°=\varphi_o-\varphi_i$$

测出不同频率下的相位差 φ，即可绘出被测电路的相频特性曲线，如图 3－26 所示。

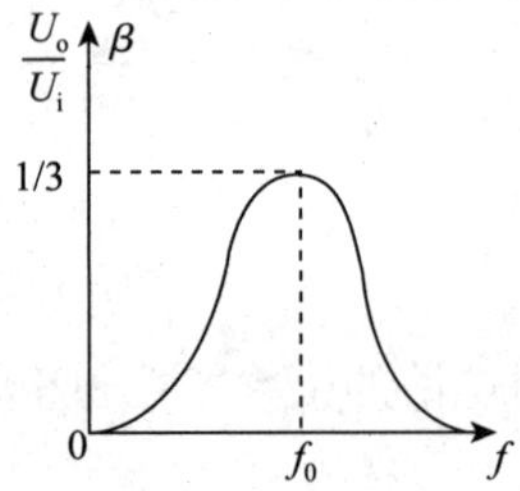

图 3－25　文氏电桥幅频特性

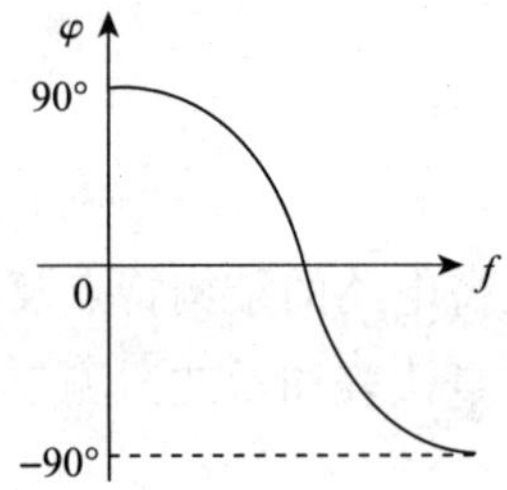

图 3－26　文氏电桥相频特性

4. 实验内容及步骤

1)测量 RC 串并联电路的幅频特性

(1) 在实验板上按图 3－24 接线，选取一组参数(如 $R=1\ k\Omega$，$C=0.1\ \mu F$)。

(2) 调节信号源输出电压为 3 V 的正弦信号，按图 3－24 接入输入端。

(3) 改变信号源的频率 f(由频率计读得)，并保持 $U_i=3$ V 不变，测量输出电压 U_o(可先测量 $\beta=1/3$ 时的频率 f_0，然后在 f_0 左右设置其他频率点测量 U_o)，并将其记入表 3－19中。

(4) 选另外一组参数(如 $R=200\ \Omega$，$C=2\ \mu F$)，重复测量一组数据，并将其记入表 3－19中。

表 3－19　幅频特性测试数据

$R=1\ k\Omega$，$C=0.1\ \mu F$						
f(Hz)						
U_o(V)						
$R=200\ \Omega$，$C=2\ \mu F$						
f(Hz)						
U_o(V)						

2）测量 *RC* 串并联电路的相频特性

按实验原理说明（2)的内容、方法步骤进行，选定两组电路参数进行测量，并将测量结果记入表 3－20 中。

表 3－20　相频特性测试数据

$R=1\text{k}\Omega$，$C=0.1\mu\text{F}$						
f(Hz)						
T(ms)						
τ(ms)						
φ						
$R=200\ \Omega$，$C=2\ \mu\text{F}$						
f(Hz)						
T(ms)						
τ(ms)						
φ						

5. 实验报告及思考题

(1)根据电路参数，估算电路取两组参数时的固有频率 f_0。

(2)推导 *RC* 串并联电路的幅频、相频特性的数学表达式。

(3)根据实验数据，绘制幅频特性和相频特性曲线，找出两曲线的最大值，并与理论计算值比较。

(4)讨论实验结果。

实验 8　*RLC* 串联谐振电路的研究

1. 实验目的

(1)学习用实验方法测试 *RLC* 串联谐振电路的幅频特性曲线。

(2)深入理解电路发生谐振的条件和特点，掌握电路品质因数的物理意义及其测定方法。

2. 实验仪器

(1)函数信号发生器，1 台。

(2)交流毫伏表，1 块。

(3)双踪示波器，1 台。

(4)频率计，1 个。

3. 实验原理

(1)在图 3-27 所示的 *RLC* 串联电路中，当正弦交流信号源的频率 f 改变时，电路中的感抗、容抗随之而变，电路中的电流也随 f 而改变。取电路电流 I 作为响应，当输入电压 U_i 维持不变时，在不同信号频率的激励下，测出 R 两端的电压值 U_o，则 $I=U_o/R$，然后以 f 为横坐标，以 I 为纵坐标，绘出光滑的曲线，即为幅频特性，亦称电流谐振曲线，如图 3-28 所示。

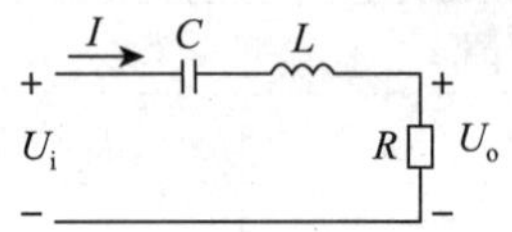

图 3-27　*RLC* 串联电路

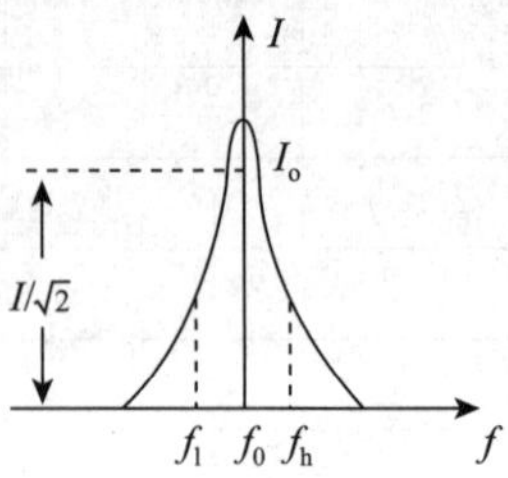

图 3-28　幅频特性曲线

(2)$f=f_0=\dfrac{1}{2\pi\sqrt{LC}}(X_L=X_C)$为幅频特性曲线尖峰对应的频率，该频率称为谐振频率。此时电路呈纯阻性，电路阻抗的模最小，在输入电压 U_i 为定值时，电路中的电流 I 达到最大值，且与输入电压 U_i 同相位。从理论上讲，此时 $U_i=U_R=U_o$，$U_L=U_C=QU_i$。其中，Q 称为电路的品质因数。

(3)电路品质因数 Q 值的两种测量方法如下。

① 根据公式

$$Q=\frac{U_L}{U_i}=\frac{U_C}{U_i}$$

其中，U_C 与 U_L 分别为谐振时电容 C 和电感线圈 L 上电压的有效值。

② 通过测量谐振曲线的通频带宽度 $\Delta f=f_h-f_l$，再根据

$$Q=\frac{f_0}{f_h-f_l}$$

其中，f_0 为谐振频率，f_h 和 f_l 为失谐时幅度下降到最大值的 $1/\sqrt{2}$(≈ 0.707)时的上、下频率。

Q 值越大，曲线越尖锐，通频带越窄，电路的选择性越好。在恒压源供电时，电路的品质因数、选择性与通频带只取决于电路本身的参数，而与信号源无关。

4. 实验内容及步骤

(1)按图 3-29 接线，取 $C=0.01\ \mu F$，$R=200\ \Omega$，调节信号源输出电压为 1 V 的正弦信号，并在整个实验过程中保持不变。

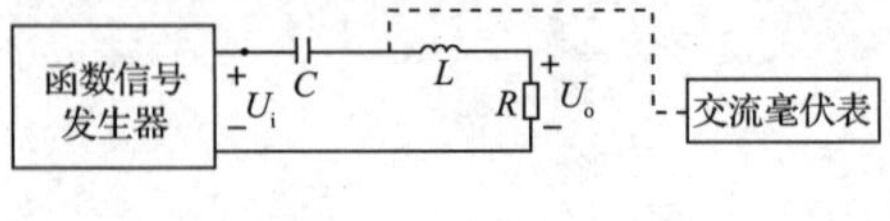

图 3-29　实验电路

(2)找出电路的谐振频率 f_0。将交流毫伏表跨接在电阻 R 两端，令信号源的频率由小逐渐变大

（注意维持信号源的输出幅度不变），当 U_o 的读数为最大值时，频率计上的频率值即为电路的谐振频率f_0。测量 U_o、U_L、U_C 的值，并将其记入表 3－21 中。最后，计算出 Q 值。

实验过程中交流毫伏表电源线采用两线插头。测量 U_C 和 U_L 时，应及时更换毫伏表的量程，毫伏表的“＋”端接 C 与 L 的公共点，接地端分别接触 L 和 C 的近地端。实验时电感 L 用 30 mH。

表 3－21　*RLC* 谐振实验测试数据(一)

R(kΩ)	f_0(kHz)	U_o(V)	U_L(V)	U_C(V)	I(mA)	Q
0.2						
1						

(3)在谐振点两侧先测出下限频率 f_l 和上限频率 f_h 及对应的 U 值，然后逐点测出不同频率下的 U_o 值，并记入表 3－22 中。

表 3－22　*RLC* 谐振实验测试数据(二)

R(kΩ)	f	
0.2	f(kHz)	
	U_o(V)	
	I(mA)	
1	f(kHz)	
	U_o(V)	
	I(mA)	

(4)取 $C=0.1$ μF，$R=1$ kΩ，重复步骤(2)和步骤(3)的测量过程。

5. 实验报告及思考题

(1)根据实验电路板给出的元件参数值，估算电路的谐振频率。

(2)改变电路的哪些参数可以使电路发生谐振？电路中 R 的数值是否影响谐振频率值？

(3)如何判别电路是否发生谐振？测试谐振点的方案有哪些？

(4)电路发生串联谐振时，为什么输入电压不能太大？如果信号源给出 1 V 的电压，电路谐振时，用交流毫伏表测 U_L 和 U_C，应该选择多大的量程？

(5)要提高 *RLC* 串联电路的品质因数，电路参数应如何变化？

(6)谐振时，输出电压 U_o 与输入电压 U_i 是否相等？试分析原因。

(7)谐振时，对应的 U_C 与 U_L 是否相等？如有差异，原因是什么？

(8)根据测量数据，绘出 Q 取不同值时的幅频特性曲线。

(9)计算出通频带与 Q 值，说明 R 取不同值时对电路通频带与品质因数的影响。

(10)对测量 Q 值的两种方法进行比较，分析误差原因。

(11)通过本次实验，总结归纳串联谐振电路的特性。

实验9　用三表法测量交流电路的等效参数

1. 实验目的

(1)掌握用交流电压表、交流电流表和功率表测量元件的交流等效参数的方法。

(2)掌握功率表的使用方法。

2. 实验仪器

(1)交流电压表，1台。

(2)交流电流表，1台。

(3)功率表，1台。

(4)自耦调压器，1个。

(5)电感线圈(15 W日光灯配用)，1个。

(6)电容(4.7 μF/500 V)，1只。

(7)白炽灯(15 W/220 V)，3个。

3. 实验原理

(1)正弦交流激励下的元件值或阻抗值，可以用交流电压表、交流电流表和功率表分别测量出元件两端的电压 U、流过该元件的电流 I 和它所消耗的功率 P，然后通过计算得到所求的值，这种方法称为三表法，是测量50 Hz交流电路参数的基本方法。

基本计算公式如下。

阻抗的模为

$$|Z| = \frac{U}{I}$$

电路的功率因数为

$$\cos\varphi = \frac{P}{UI}$$

等效电阻

$$R = \frac{P}{I^2} = |Z|\cos\varphi$$

等效电抗

$$X = |Z|\sin\varphi$$

或

$$X = X_L = 2\pi fL$$

或

$$X = X_C = \frac{1}{2\pi fC}$$

(2)通常在被测元件两端并联电容或串联电容来判别阻抗的性质，其方法与原理如下。

①在被测元件两端并联一只容量适当的实验电容，若串接在电路中的电流表的读数增大，则被测阻抗为容性，反之则为感性。

图 3-30(a)中，Z 为待测元件，C'为试验电容。图 3-30(b)是图 3-30(a)的等效电路图，其中，G 和 B 为待测阻抗 Z 的电导和电纳，B'为并联电容 C'的电纳。在端电压有效值不变的条件下，按下面两种情况分别进行分析。

a. 设 $B+B'=B''$，若 B' 增大，B''也增大，则电路中电流 I 将单调上升，则 B 为容性元件。

b. 设 $B+B'=B''$，若 B' 增大，B''先减小后增大，电流 I 也是先减小后增大，如图 3-31所示，则 B 为感性元件。

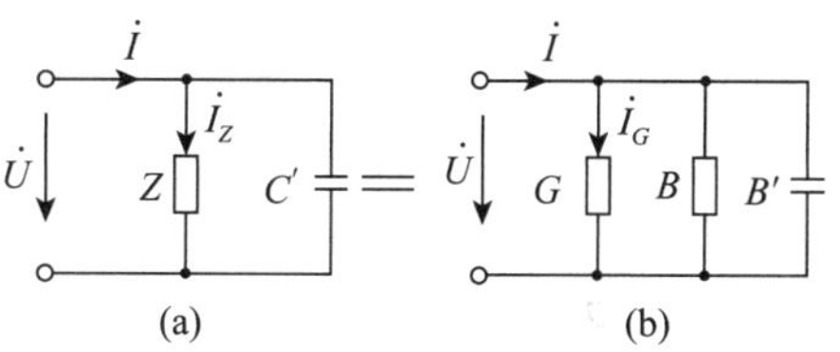

图 3-30　并联电容测量法

(a) 并联电容电路　(b) 等效电路

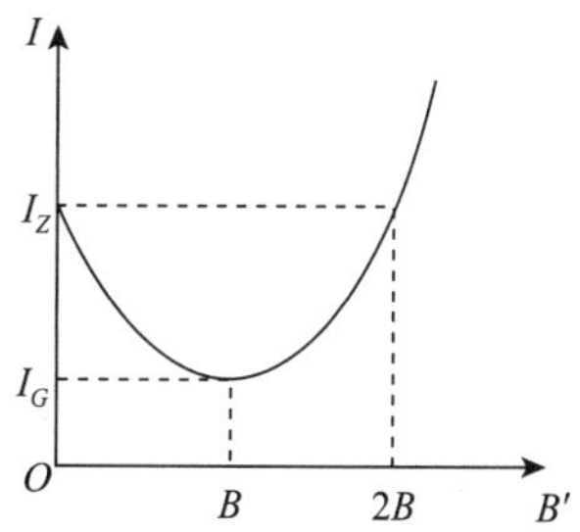

图 3-31　$I-B'$关系曲线

由此可见，当 B 为容性元件时，对并联电容 C'值无特殊要求；当 B 为感性元件时，只有 $B'<|2B|$才有判定为感性的意义。$B'>|2B|$时，电流单调上升，与 B 为容性时相同，并不能说明电路是感性的。因此，$B'<|2B|$是判断电路性质的可靠条件，即

$$C'<\left|\frac{2B}{\omega}\right|$$

②给被测元件串联一个容量适当的实验电容，若被测阻抗的端电压下降，则被测元件判为容性，反之则为感性，判定条件为

$$\frac{1}{\omega C'}<|2X|$$

其中，X 为被测阻抗的电抗值；C'为串联实验电容值。此关系式可自行证明。

判断待测元件的性质，除上述借助于实验电容 C' 测定法外，还可以利用该元件电流、电压间的相位关系。若 I 超前于 U，则为容性；反之，则为感性。

(3)功率表的结构、接线与使用方法。功率表(又称瓦特表)是一种动圈式仪表，其电流线圈与负载串联(两个电流线圈可串联也可并联，因而可得两个电流量程)，电压线圈与负载并联。电压线圈可以与电源并联使用，也可和负载并联使用，即为并联电压线圈的前接法与后接法。后接法测量会使读数产生较大的误差，因为并联电压线圈所消耗的功率也计入了功率表的读数之中。图 3-32 是功率表并联电压线圈前接法的外部连接线路。

功率表不能单独使用，一定要有电压表和电流表监测，使电压表和电流表的读数不超过功率表中电压和电流的量程。本实验直接用市电 220 V 交流电源供电，实验中应特别注意人身安全，不可用手直接接触摸通电线路的裸露部分，以免触电。进入实验室应穿绝缘鞋。合上开关前，应确定引入的三相交流电压为最小。实验时使引入的电压从零开始逐渐升高，每次改接实验电路或实验完毕都必须先断开开关再拆线，必须严格遵守安全操作规程。

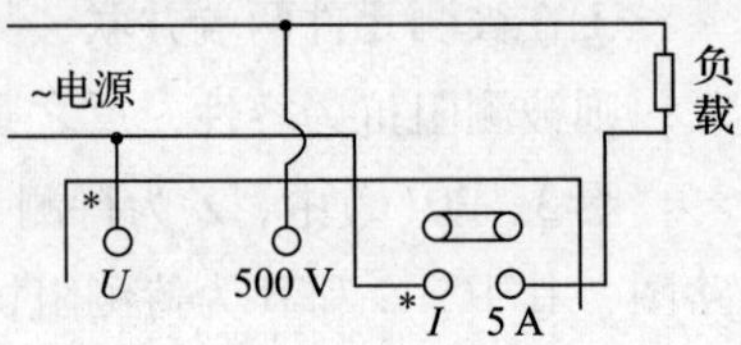

图 3-32　功率表并联电压线圈前接法

4. 实验内容及步骤

(1)按图 3-33 接线，并经指导教师检查无误后，方可接通电源。

(2)分别测量 15 W 白炽灯(R)、15 W 日光灯镇流器(L)和 4.7 μF 电容的等效参数，并记入表 3-23 中。测量时，将电路中的 Z 分别换成 15 W 白炽灯、15 W 日光灯镇流器、4.7 μF 电容分别测量，电感线圈 L 中流过的电流不得超过 0.3 A。

(3)测量 L、C 串联与并联后的等效参数，将图3-33 中的 Z 接镇流器，分别测量镇流器电感并联电容 4.7 μF 和串联电容 4.7 μF 的参数，并记入表 3-23 中。

(4)用并接实验电容的方法来判别 LC 串联和并联后阻抗的性质。

(5)观察并测定功率表电压并联线圈前接法与后接法对测量结果的影响。

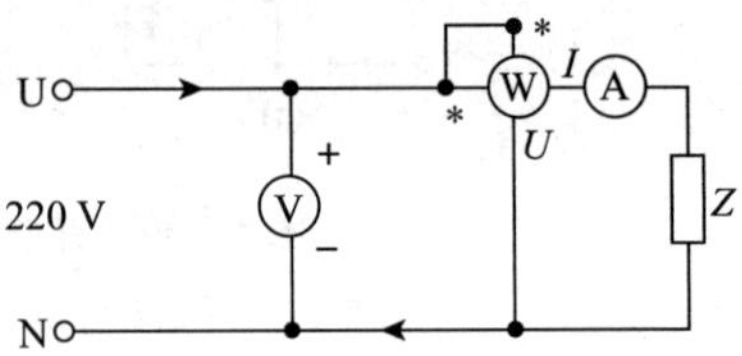

图 3-33　功率表的使用实验电路

表 3-23　三表法测量交流电路等效参数测试数据

被测阻抗	测量值				计算值		电路等效参数		
	U(V)	I(A)	P(W)	cos φ	Z(Ω)	cos φ	R(Ω)	L(mH)	C(μF)
15 W 白炽灯(R)									
电感线圈 L									
电容 C									
L 与 C 串联									
L 与 C 关联									

5. 实验报告及思考题

(1)在 50 Hz 的交流电路中，已知一个铁芯线圈的 P、I 和 U，如何计算它的阻值及电感量?

(2)如何用串联电容的方法来判别阻抗的性质？试用 I 随 X'（串联容抗）的变化关系做定性分析，证明串联实验时 C' 满足 $1/\omega C' < |2X|$。

(3)根据实验数据，完成各项计算。

(4)分析功率表并联电压线圈前后接法对测量结果的影响。

(5)总结功率表（智能功率表）的使用方法。

实验 10　三相交流电路的研究

1. 实验目的

(1)掌握三相负载做星形连接和三角形连接的方法，验证这两种接法下线、相电压以及线、相电流之间的关系。

(2)充分理解三相四线供电系统中中线的作用。

2. 实验仪器

(1)交流电压表，1 台。

(2)交流电流表，1 台。

(3)万用表，1 块。

(4)三相自耦调压器，1 个。

(5)三相灯组负载(220 V/15 W 的白炽灯)，6 个。

(6)电门插座，3 个。

3. 实验原理

(1)三相负载可接成星形（又称 Y 连接）或三角形（又称△连接），当三相对称负载做 Y 连接时，线电压 U_l 是相电压 U_p 的$\sqrt{3}$倍，线电流 I_l 等于相电流 I_p，即

$$U_l = \sqrt{3}U_p \quad I_l = I_p$$

采用三相四线制接法时，流过中线的电流 $I_0 = 0$ A，可以省略中线。

三相对称负载做△连接时，有

$$I_l = \sqrt{3}I_p \quad U_l = U_p$$

(2)三相不对称负载做 Y 连接时，必须采用三相四线制接法，即 Y_0 接法，而且中线必须牢固连接，以保证三相不对称负载的每相电压维持对称不变。

中线倘若断开，会导致三相负载电压的不对称，致使负载轻的那一相的相电压过高，使负载遭受损坏；负载重的那一相的相电压过低，使负载不能正常工作。尤其是对于三相照明负载，一律采用三相四线制接法。

(3)对于三相不对称负载做△连接时，$I_l \neq \sqrt{3}I_p$，但只要电源的线电压 U_l 对称，加在三相负载上的电压仍是对称的，对各相负载工作没有影响。

本实验采用三相交流市电，线电压为 220 V，应穿绝缘鞋进入实验室。实验时要注意人身安全，不可触及导电部件裸露部位，防止意外事故发生。

4. 实验内容及步骤

(1)三相负载三相四线制连接。按图 3－34 连接实验电路，即三相灯组负载经三刀双掷开关接通三相对称电源，并将上部引入电源电压调至0 V输入，经指导教师检查合格后，方可合上三相电源开关 S_1，然后调节调压器的输出，使输出的三相线电压为 220 V，并按以下步骤完成各项实验。分别测量三相负载的线电流、线电压、相电压、中线电流、电源与负载中点间的电压，将所得的数据记入表 3－24 中。观察各相灯组亮暗的变化程度，特别要注意观察中线的作用。

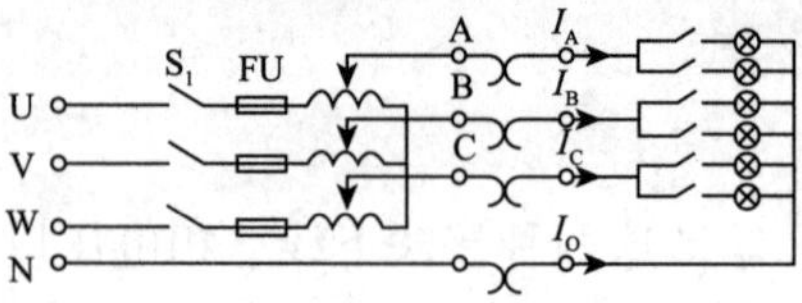

图 3－34　三相四线制电路

表 3－24　星形连接的测量数据

测量数据实验内容(负载情况)	开灯盏数			线电流			线电压			相电压			中线电流 I_O(A)	中点电压 U_{NO}(V)
	A 相	B 相	C 相	I_A	I_B	I_C	U_{AB}	U_{BC}	U_{CA}	U_{AO}	U_{BO}	U_{CO}		
Y_O 接平衡负载	2	2	2											
Y 接平衡负载	2	2	2											
Y_O 接不平衡负载	1	2	2											
Y 接不平衡负载	1	2	2											
Y_O 接 B 相断开	1		2											
Y 接 B 相断开	1		2											
Y 接 B 相短路	1		2											

(2)三相负载三角形连接(三相三线制)。按图 3－35 改接电路，经指导教师检查合格后接通三相电源，并调节调压器，使其输出线电压为 220 V，并按表 3－25 中的内容进行测试。

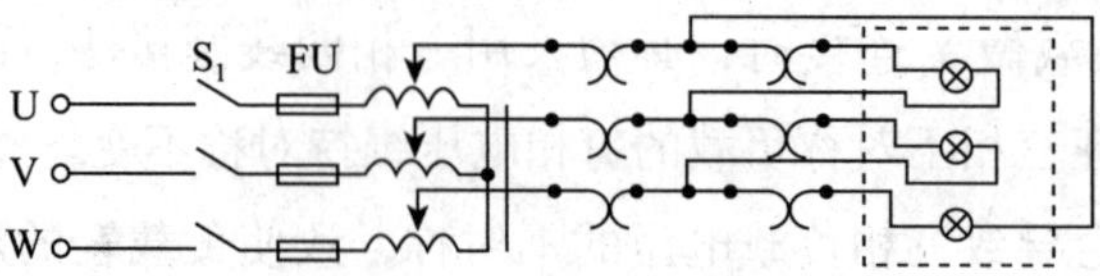

图 3－35　三相三线制电路

表 3-25 三角形连接的测量数据

测量数据 负载情况	开灯盏数			线电压 = 相电压(V)			线电流(A)			相电流(A)		
	A-B 相	B-C 相	C-A 相	U_{AB}	U_{BC}	U_{CA}	I_A	I_B	I_C	I_{AB}	I_{BC}	I_{CA}
三相平衡	2	2	2									
三相不平衡	1	2	2									

5. 实验报告及思考题

(1)三相不对称负载星形连接在无中线情况下，当某相负载开路或短路时会出现什么情况？如果接上中线，情况又如何？

(2)用实验测得的数据验证对称三相电路中的$\sqrt{3}$倍关系。

(3)用实验数据和观察到的现象，总结三相四线供电系统中中线的作用。

(4)三相不对称负载三角形连接，能否正常工作？实验是否能证明这一点？

(5)根据三相不对称负载三角形连接时的相电流值作相量图，并求出线电流值，然后与实验测得的线电流值做比较，并进行分析。

第4章 模拟电子技术实验

实验1 单级共射放大电路

1. 实验目的

(1)加深对放大器工作原理的理解。

(2)掌握放大器工作点的调整和测试方法。

2. 实验仪器

(1)通用电学实验台，1台。

(2)数字示波器(UT-2062C)，1台。

(3)数字万用表(UT51)，1块。

3. 实验原理

1)参考实验电路

图4-1为电阻分压式工作点稳定单级共发射极放大电路（简称“单级共射放大电路”)，它的偏置电路采用由 R_p 和 R_b 组成的分压电路，并在发射极中接有电阻 R_e，以稳定放大器的静态工作点。当在放大器的输入端加入输入信号 u_i 后，在放大器的输出端便可得到一个与 u_i 相位相反、幅值被放大了的输出信号 u_o，从而实现电压的放大。

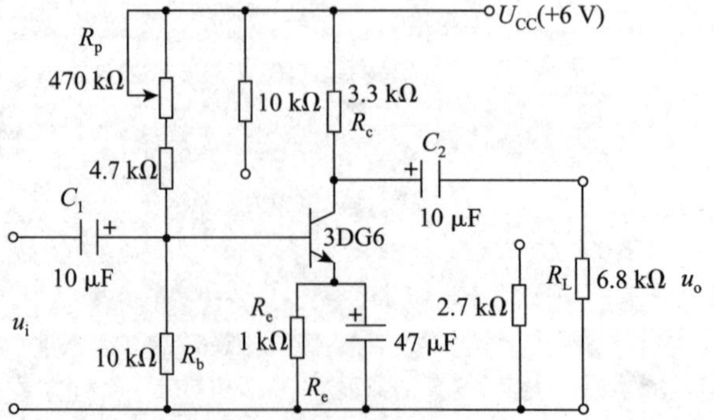

图4-1 单级共射放大电路

(1)输入电阻 r_i 为电路的输入电压 u_i 与输入电流 i_i 之比，即 $r_i=u_i/i_i$。r_i 为从电路输入端看进去的交流等效电阻，r_i 越大，电路从信号源取得的电流 i_i 越小，电路获得的 u_i 越大。

(2)输出电阻为负载 R_L 开路且信号源电压 $U_S=0$(但保留其内阻 R_S)，从输出端看进去的等效电阻。即输出端开路时，采用戴维南定理求得等效电源内阻，$r_o=u_o/i_o$($U_S=0$，$R_L=\infty$)，其中 r_o 为从电路输出端看进去的交流等效电阻，r_o 越小，电路接上负载后输出电压下降越少，带负载能力越强。

2)静态工作点的测量

输入交流信号为零($u_i=0$ 或 $i_i=0$)时，电路处于静态，三极管各电极有确定不变的电压、电流，在特性曲线上表现为一个确定点，称为静态工作点，即 Q 点。一般用 I_B、I_C 和 U_{CE}(或 I_{BQ}、I_{CQ}和 U_{CEQ})表示。

在实际应用中，直接测量 I_{CQ}需要断开集电极回路，比较麻烦，所以通常的做法是采用电压测量的方法来换算电流：先测出发射极对地电压 U_E，再利用公式 $I_{CQ}\approx I_{EQ}=U_E/R_e$，算出 I_{CQ}(此法应选用内阻较高的电压表)。

在半导体三极管放大器的图解分析中已经学习到，为了获得最大不失真的输出电压，静态工作点应该选在输出特性曲线上交流负载线的中点。若静态工作点选得太高，容易引起饱和失真；反之又引起截止失真(图 4-2)。对于线性放大电路，这两种工作点都是不合适的，必须对其进行调整。此实验电路中，即通过调节电位器 R_p 来实现静态工作点的调整：R_p 调小，工作点增高；R_p 调大，工作点降低。值得注意的是，实验过程中应避免输入信号过大导致三极管工作在非线性区，否则即使工作点选择在交流负载线的中点，输出电压波形仍可能出现双向失真。

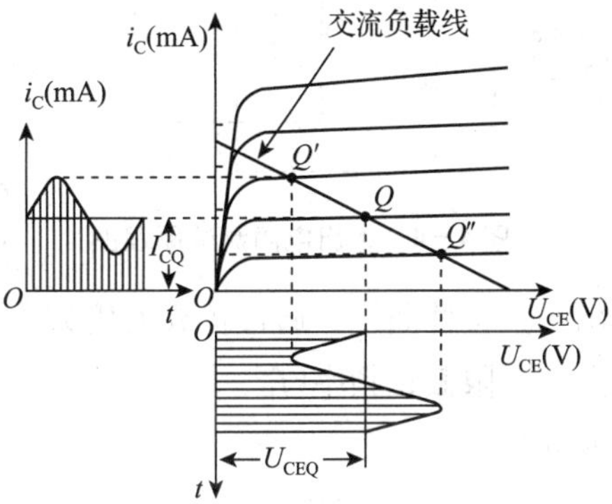

图 4-2　放大电路有输入信号时的图解分析

3)电压放大倍数的测量

电压放大倍数 A_U 是指输出电压与输入电压的有效值之比：$A_U=U_o/U_i$。实验中可以用万用表分别测量出输入、输出电压，从而计算出输出波形不失真时的电压放大倍数。

同时，对于图 4-1 所示电路参数，其电压放大倍数 $\dot{A}_U$ 和三极管输入电阻 r_{be}分别为

$$\dot{A}_U=-\frac{\beta(R_c /\!/ R_L)}{r_{be}+(1+\beta)R_e};$$

$$r_{be}=300+(1+\beta)\ \frac{26(\mathrm{mV})}{I_{EQ}(\mathrm{mA})}$$

4)输入电阻的测量

输入电阻的测量原理如图 4-3 所示。

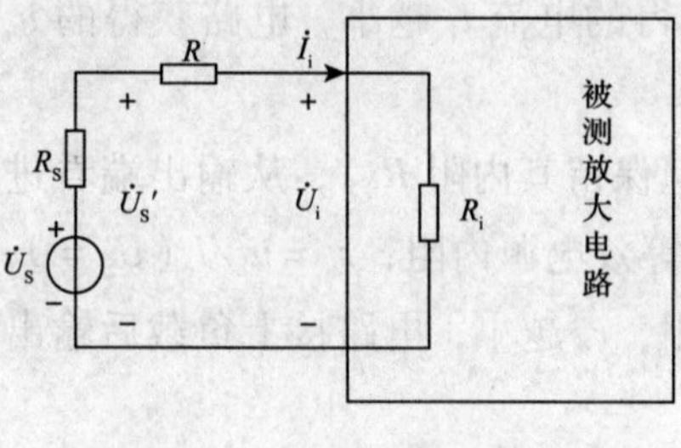

图 4-3 输入电阻测试原理图

电阻 R 的阻值已知，只需用万用表分别测出 R 两端的电压 $\dot{U}_S'$ 和 $\dot{U}_i$，即有

$$r_i = \frac{U_i}{I_i} = \frac{U_i}{(U_S' - U_i)/R} = \frac{U_i}{U_S' - U_i}R$$

R 的阻值最好选取和 r_i 同一个数量级，过大易引入干扰，太小则易引起较大的测量误差。

5）输出电阻的测量

输出电阻的测量原理如图 4-4 所示。

令 R_L 开路，用万用表分别测出输出端开路电压 U_o 和负载电阻 R_L 上的电压 U_{oL}，则输出电阻 r_o 可通过计算求得。（取 R_L 和 r_o 的阻值为同一数量级，以使测量值尽可能精确）

$$U_{oL} = \frac{U_o}{R_o + R_L} \cdot R_L \qquad r_o = \frac{U_o - U_{oL}}{U_{oL}} \cdot R_L$$

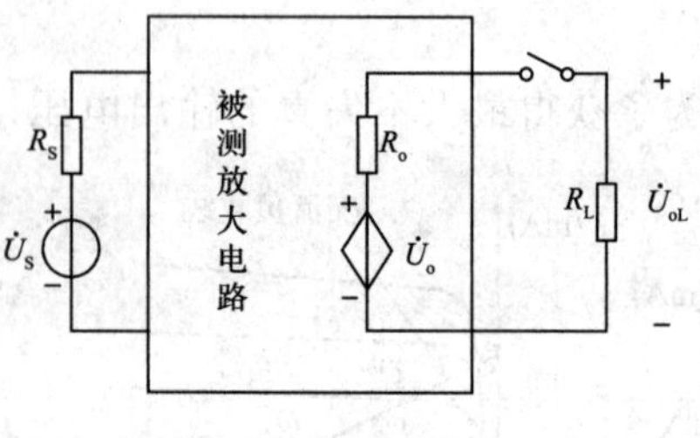

图 4-4 输出电阻测试原理图

6）幅频特性的测量

在输入正弦信号的情况下，放大电路输出随输入信号频率连续变化的稳态响应，称为该电路的频率响应。其幅频特性即指放大器的增益与输入信号频率之间的关系曲线，一般采用逐点法进行测量。在保持输入信号幅度不变的情况下，改变输入信号的频率，逐点测量对应于不同频率的电压增益，用对数坐标纸画出幅频特性曲线。通常将放大倍数下降到中频电压放大倍数的 0.707 时所对应的频率称为上、下限截止频率（f_H、f_L）。

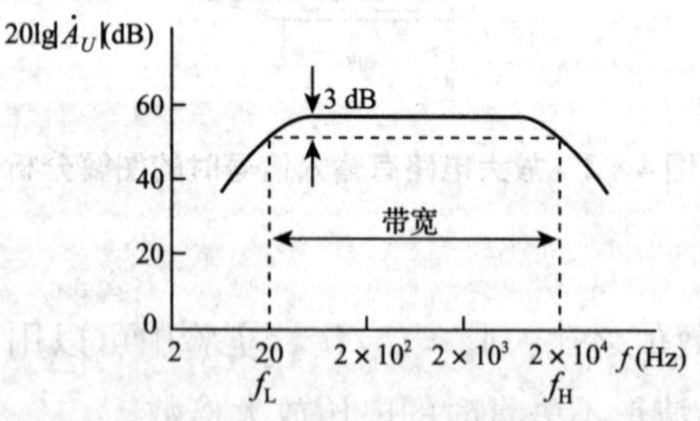

图 4-5 幅频特性

$BW = f_H - f_L \approx f_H$ 称为带宽，如图 4-5 所示。

4. 实验内容及步骤

（1）按图 4-1 连线，稳压电源输出电压 6 V，正弦波频率 1 kHz，电压 10 mV，集电极电阻 3.3 kΩ，负载电阻 6.8 kΩ。

（2）调整静态工作点：缓慢调整函数发生器输出电压，从示波器上仔细观察放大器输出的电压波形。当 u_i 大到某一值后输出波形出现失真，此时调整上偏置电阻 R_p 的值，使输出波形恢复，然后再增大 u_i，重复上述步骤，直到输出波形幅值最大为止。这时放大器的工作点是最合适的。

（3）测量静态工作点：断开函数发生器将放大器输入端对地短路，用万用表测出 U_{CE}、U_{BE} 及 I_C（I_C 由 U_C 除以 R_c 得到），数据记入表 4-1 中。

表 4-1　测量静态工作点

U_E(V)	I_{CQ}(mA)($\approx U_E/R_e$)	U_{CEQ}(V)	U_{BE}(V)

(4)测试电压放大倍数 A_U。

①从信号发生器送入 $f=1$ kHz、$U_i=10$ mV 的正弦电压，用万用表测量输出电压 U_o，计算电压放大倍数 $A_U=U_o/U_i$。

②用示波器观察 U_i 和 U_o 的幅值和相位。

把 U_i 和 U_o 分别接到双踪示波器的 CH1 和 CH2 通道上，在荧光屏上观察它们的幅值大小和相位。

(5)了解由于静态工作点设置不当给放大电路带来的非线性失真现象。

调节电位器 R_p，分别使其阻值减少或增加，观察输出波形的失真情况，分别测出相应的静态工作点，测量方法同实验内容(2)，将结果记入表 4-2 中。

表 4-2　静态工作点设置不当时输出波形失真情况

工作状态	输出波形	静态工作点		
		I_{CQ}(mA)	U_{CEQ}(V)	U_{BE}(V)

5. 实验报告及思考题

(1)总结放大电路静态和动态测量方法。

(2)整理实验数据，分析实验结果。

(3)分析测量值与理论值存在误差的原因。

(4)增大输入信号 U_i 时，输出波形可能会出现哪几种失真？分别是由什么原因引起的？

(5)影响放大器低频特性 f_L 的因素有哪些？可采取什么措施使 f_L 降低？

(6)提高电压放大倍数 A_U 会受到哪些因素限制？

(7)测量输入电阻 r_i、输出电阻 r_o 时，为什么测试电阻 R 的阻值要与 r_i 或 r_o 的阻值相接近？

实验 2　射极跟随电路

1. 实验目的

(1)掌握射极跟随电路的特性及测试方法。

(2)进一步学习放大器各项参数的测试方法。

2. 实验仪器

(1)通用电学实验台，1 台。

(2)双踪示波器(UT－2062C)，1 台。

(3)数字万用表(UT51)，1 块。

3. 实验原理

图 4－6 是共集电极放大电路的原理图。由交流通路可见，三极管的负载加在发射极上，其输入电压加在基极和地（即集电极）之间，而输出电压取自发射极和地之间，所以集电极是输入、输出电路的共同端点。因为是发射极把信号输出去，所以共集电极电路又称为射极跟随电路。

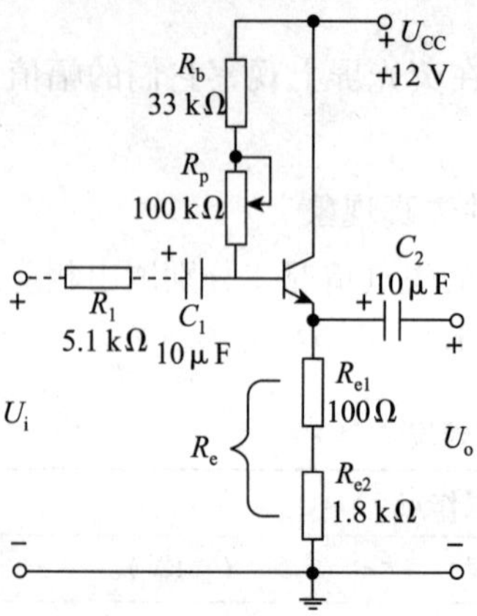

图 4－6　共集电极放大电路

射极跟随电路是一个电压串联负反馈放大电路，它具有输入阻抗高、输出阻抗低、输出电压能在较大范围内跟随输入电压做线性变化、输入输出信号同相位等特点。

1)电压放大倍数 A_U 接近于 1

$$A_U = \frac{U_o}{U_i} = \frac{(1+\beta)(R_e /\!/ R_L)}{r_{be} + (1+\beta)(R_e /\!/ R_L)}$$

一般 $(1+\beta)(R_e /\!/ R_L) >> r_{be}$，故射极输出电路的电压放大倍数接近于 1 且略小于 1，这是深度电压负反馈的结果。但它的射极电流仍然比基极电流大 β 倍，所以它具有一定的电流和功率放大作用。输出电压和输入电压基本同相，具有良好的跟随特性。

2)输入电阻高

根据射极跟随电路的输入电阻的小信号等效电路，可计算出其输入电阻为

$$r_i = (R_b + R_p) /\!/ [r_{be} + (1+\beta)R'_L]$$

一般情况下，$r_{be} << \beta R'_L$，则

$$r_i \approx (R_b + R_p) /\!/ \beta R'_L$$

由此可见，与共发射极基本放大电路相比，射极跟随电路的输入电阻高得多，其物理本质是输入回路中除了信号电压 U_i 外，还有输出电压 U_o，因此从三极管的发射结来看，所得的净输入电压 $\dot{U}_{be} = \dot{U}_i - \dot{U}_o$，比无射极电阻时减少了，所以尽管 U_i 很大，但在放大电路输入回路中产生的基极电流依然很小，因此从放大电路输入端来看，就呈现出一个很大的输入电阻。

3)输出电阻低

将电压源头 U_S 置零，保留其内阻 R_S，不要负载 R_L，在输出端加一个电压 U，求出其电流后可得到输出电阻。

$$r_o = R_e // \frac{R_S // R_b + r_{be}}{1+\beta}$$

通常有

$$\beta \gg 1$$

$$R_e \gg \frac{R'_S + r_{be}}{1+\beta}$$

所以

$$r_o = \frac{R_S // R_b + r_{be}}{\beta}$$

这表明，射极跟随电路的输出电阻是很低的，一般在几十欧到几百欧的范围内，为了降低输出电阻，应选用β较大的三极管。

4. 实验内容及步骤

按照图4－6接线，5.1 kΩ 电阻可不接，并按照下列公式计算Q点，然后计算出三极管各极对地的电压。

$$I_B \approx \frac{U_{CC}}{R_b + (1+\beta)R_e}$$

$$I_C = \beta I_B$$

$$U_{CE} = U_{CC} - I_C R_e$$

(1)用直流电压表测量三极管各极对地的电压，将测量结果记入表4－3中，在整个测试过程中保持R_b值不变(I_E不变)。

表4－3　直流工作点调整记录表

U_B(V)	U_C(V)	U_E(V)	I_C(mA)($\approx U_E/R_e$)

(2)测量电压放大倍数。调信号源，使U_i=0.2 V(用毫伏表测量)，f=1 kHz，接上负载R_L，用交流毫伏表测U_{oL}，记入表4－4中。

表4－4　测量电压放大倍数记录表

U_i(V)	U_{oL}(V)	$A_U = U_{oL}/U_i$
0.2		

(3)测量输出电阻r_o。在上述条件下，断开负载R_L，用毫伏表测量U_o，完成表4－5。

表4－5　测量输出电阻记录表

U_o(V)	U_{oL}(V)	$r_o = \frac{U_o - U_{oL}}{U_{oL}} R_L$(kΩ)

(4)测量输入电阻r_i。在上述条件下，测量U_S，完成表4－6。

表 4－6　测量输入电阻记录表

U_S(V)	U_i(V)	$r_i = \frac{U_i}{U_S - U_i} \times R_S$(kΩ)

(5)测试跟随特性。接入负载 R_L，调节信号源使 U_i 的 $f=1$ kHz，逐步增大信号幅度，用示波器监视输出波形直至输出波形达最大，且不失真，测量对应的 U_{oL} 值，记入表 4－7中。

表 4－7　测试跟随特性记录表

U_i(V)	U_{oL}(V)	f(kHz)

(6)测试频率响应特性。输入信号 $U_i=0.2$ V，并保持不变，改变输入信号频率，用示波器监视输出波形，用交流毫伏表测量不同频率下的输出电压 U_{oL}值，完成表 4－8。

表 4－8　测试频率响应特性记录表

f(kHz)	
U_{oL}(V)	

5. 实验报告及思考题

(1)画出实验电路的直流电路和交流小信号等效电路。

(2)将实验数据列成表格，与计算值进行比较。

(3)画出图 4－6 的交流小信号等效电路，根据交流小信号电路求出图 4－6 的输出电阻表达式。

实验 3　电压串联负反馈放大电路

1. 实验目的

(1)深入理解负反馈对放大电路性能的影响。

(2)掌握放大电路开环与闭环特性的测试方法。

2. 实验仪器

(1)通用电学实验台，1 台

(2)双踪示波器(UT－2062C)，1 台。

(3)数字万用表(UT51)，1 块。

3. 实验原理

1)参考实验电路

负反馈放大电路如图 4-7 所示。负反馈有四种类型：电压串联负反馈、电压并联负反馈、电流串联负反馈、电流并联负反馈。本实验电路由两级共发射极放大电路引入电压串联负反馈，构成负反馈放大器。其中反馈电阻 $R_f = 10\ k\Omega$。

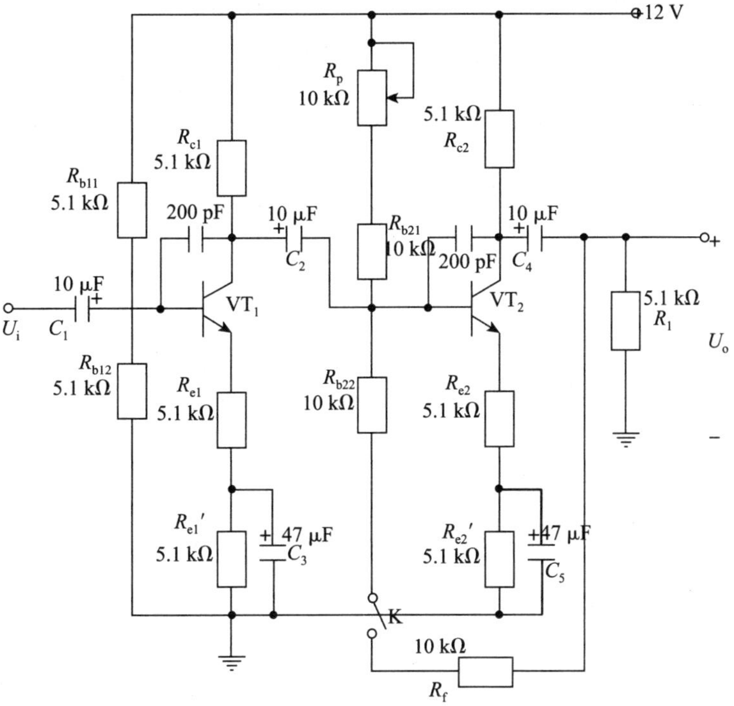

图 4-7　负反馈放大电路

2) 电压串联负反馈对放大器性能的影响

(1)引入负反馈降低了电压放大系数。

$$\dot{A}_{Uf} = \frac{\dot{A}_U}{1 + \dot{A}_U \dot{F}_U}$$

其中，$\dot{F}_U$ 为反馈系数，$\dot{F}_U = \frac{\dot{U}_f}{\dot{U}_o} = \frac{R_{e1}}{R_{e1} + R_f}$；$\dot{A}_U$ 为放大器不引入级间反馈时的电压放大倍数(即 $U_f = 0$，但要考虑反馈网络阻抗的影响)，其值可由图 4-8 所示的交流等效电路求出。

设 $(R_{b11} /\!/ R_{b12}) \gg R_S$，则有

$$\dot{A}_{U1} = -\frac{\beta_1 R'_{L1}}{R_S + r_{be1} + (1+\beta_1)\ R'_{e1}}$$

$$\dot{A}_{U2}=\frac{\beta_2 R'_{L2}}{r_{be2}}$$

$$\dot{A}_U=\dot{A}_{U1}\times\dot{A}_{U2}$$

上式中：第一级交流负载电阻

$$R'_{L1}=R_{c1}/\!/R_{i2}=R_{c1}/\!/R_{b21}/\!/R_{b22}/\!/r_{be2}$$

第二级交流负载电阻

$$R'_{L2}=R_{c2}/\!/(R_f+R_{e1})/\!/R_L$$

从$\dot{A}_{Uf}=\dfrac{\dot{A}_U}{1+\dot{A}_U\dot{F}_U}$可知，引入负反馈后，电压放大倍数$\dot{A}_{Uf}$是没有负反馈时的电压放大倍数的$1/(1+\dot{A}_U\dot{F}_U)$，并且$|1+\dot{A}_U\dot{F}_U|$越大，放大倍数降低越多。

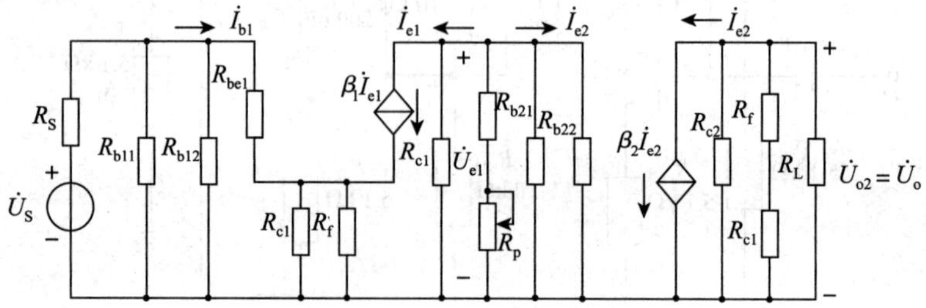

图4-8　交流等效电路

(2)负反馈可提高放大倍数的稳定性。

$$\frac{dA_f}{A_f}=\frac{1}{1+AF}\cdot\frac{dA}{A}$$

上式表明：引入负反馈后，放大器闭环放大倍数A_f的相对变化量$\dfrac{dA_f}{A_f}$减少到开环放大倍数的相对变化量的$1/(1+AF)$，即闭环增益的稳定性提高到原来的$(1+AF)$倍。

(3)负反馈可扩展放大器的通频带。

引入负反馈后，放大器闭环时的上、下截止频率分别为

$$f_{Hf}=|1+\dot{A}\dot{F}|f_H$$

$$f_{Lf}=\frac{f_L}{|1+\dot{A}\dot{F}|}$$

可见，引入负反馈后，f_{Hf}向高端扩展到$|1+\dot{A}\dot{F}|$倍，从而加宽了通频带。

(4)负反馈对输入阻抗、输出阻抗的影响。

负反馈对输入阻抗、输出阻抗的影响比较复杂。不同的反馈形式对阻抗的影响不一样。一般而言，串联负反馈可以增加输入阻抗，并联负反馈可以减小输入阻抗；电压负反馈可以减小输出阻抗，电流负反馈可以增加输出阻抗。引入的是电压串联负反馈，对整个放大器电路而言，输入阻抗增加了，输出阻抗降低了。它们的增加和降低程度与反馈深度

$(1+AF)$有关，在反馈环内满足

$$R_{if}=R_i(1+AF)$$

$$R_{of}\approx\frac{R_o}{1+AF}$$

(5)负反馈能减小反馈环内的非线性失真。

综上所述，在放大器引入电压串联负反馈后，不仅可以提高放大器放大倍数的稳定性，还可以扩展放大器的通频带，提高输入电阻和降低输出电阻，减小非线性失真。

4. 实验内容及步骤

(1)按图4－7组装电压串联负反馈电路，调整 Q_1、Q_2 静态工作点（方法同实验1）。输入端加 $f=1$ kHz、30 mV 的正弦电压，输出接示波器 CH2，观察输出电压波形是否有自激振荡，若有自激，可在 VT_2 的基极 b_2 和集电极 c_2 之间加消振电容，其容量约为200 pF。确认输出电压无自激，不失真，关闭信号源(使 $U_i=0$)，测量和记录 Q_1、Q_2 的静态工作点，记录表格自拟。

(2)研究负反馈对放大器性能的影响。

①观察负反馈对放大器电压放大倍数的影响。

将开关S接地或接 e_1 端，分别测量基本放大器的电压放大倍数 A_U 和负反馈放大器的电压放大倍数 A_{Uf}。

②研究负反馈对放大器电压放大倍数稳定性的影响。

当电源电压 U_{CC} 由＋12 V降低到＋9 V(或增加到＋15 V)时，其他条件同上，分别测量相应的 A_U 和 A_{Uf}，按下列公式计算电压放大倍数的稳定度，并进行比较。

$$\frac{\Delta A_U}{A_U}=\frac{(+12\ \mathrm{V})A_U-(+9\ \mathrm{V})\ A_U}{(+12\ \mathrm{V})A_U}\times100\%$$

$$\frac{\Delta A_{Uf}}{A_{Uf}}=\frac{(+12\ \mathrm{V})A_{Uf}-(+9\ \mathrm{V})\ A_{Uf}}{(+12\ \mathrm{V})A_{Uf}}\times100\%$$

③观察负反馈对非线性失真的影响。

开环状态下，保持输入信号频率 $f=1$ kHz，用示波器观察输出波形刚刚出现失真时的情况，记录 U_o 的幅值。然后加入负反馈形成闭环，并加大 U_i，使 U_o 幅值达到开环时相同值，再观察输出波形的变化情况。对比以上两种情况，得出结论。

5. 实验报告及思考题

(1)认真整理实验数据，填入自拟表格中。

(2)分析实验结果，总结电压串联负反馈对放大器性能的影响。

(3)分析测量值与理论值存在误差的原因。

(4)测量基本放大器的各项指标时，为什么只需将开关S接地？

(5)能否说 $|1+\dot{A}\dot{F}|$ 越大，负反馈效果越好？对多级放大器应从末级向输入级引负反馈，这样说对吗？为什么？

实验4 差动放大电路

1. 实验目的

(1)熟悉差动放大电路的工作原理。

(2)掌握差动放大电路的基本测试方法。

(3)掌握差动放大电路的动态参数测量方法。

(4)学会设计具有恒流源的差分放大电路及电路的调试。

2. 实验仪器

(1)通用电学实验台，1台。

(2)双踪示波器(UT-2062C)，1台。

(3)数字万用表(UT51)，1块。

3. 实验原理

实验电路如图4-9所示。这是一个典型的差动放大电路，用调零电位器R_p调节VT_1、VT_2管的静态工作点，使得输入信号$u_i=0$时，双端输出电压$u_o=0$。R_e为两管共同的发射极电阻，它对差模信号无负反馈，因此不影响差模电压放大倍数，但对共模信号有较强的负反馈作用，故可以有效地抑制零漂，稳定静态工作点。

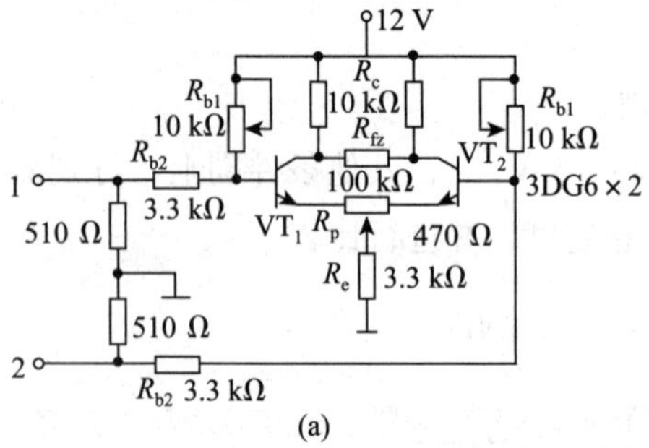

图4-9 差分放大电路

4. 实验内容及步骤

(1)按图4-10连线，稳压电源输出12 V作为放大器电源。

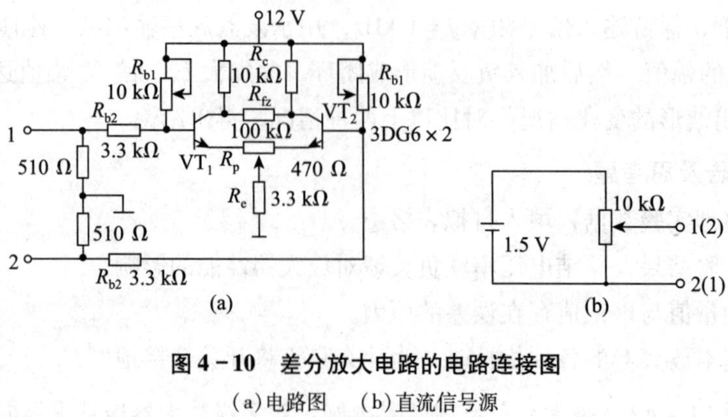

图4-10 差分放大电路的电路连接图

(a)电路图 (b)直流信号源

(2)接通电源后，用万用表监测两管集电极电阻R_c上的电压。调整R_{b1}，使R_c上的电压达到 5 V，即调整到两管工作电流均为 0.5 mA。

(3)将输入端 1、2 对地短路，即使 $U_i = 0$，然后调节发射极平衡电位器 R_p，使 $U_{R_{fz}} = 0$，此时的工作点就是差动放大器的静态工作点。零点调好以后，用万用表的直流电压挡测量 VT_1、VT_2 管各电极对地电压，并将数据填入表 4-9 中。

表 4-9　各极对地电压

对地电压	U_{c1}	U_{c2}	U_{c3}	U_{b1}	U_{b2}	U_{b3}	U_{e1}	U_{e2}	U_{e3}
测量值(V)									

(4)测算差模放大倍数：将简易直流信号源接到放大器输入端作为差模信号。调节 10kΩ 电位器使输入电压 $U_i = 0.1$ V，用万用表测量负载电阻 R_{fz} 两端的差模输出电压 $U_{R_{fz}}$，将图 4-9 中信号源的 1、2 端对调，即差模输入信号为 -0.1 V，再测 $U_{R_{fz}}$。

(5)测算共模放大倍数：将差动放大器输入 1、2 端并接，并在它们与地之间加入共模输入信号 $U_i = 0.5$ V。用万用表测出 $U_{R_{fz}}$，计算共模放大倍数。

5. 实验报告及思考题

(1)根据实测数据计算图 4-9 电路的静态工作点，并与预习计算结果比较。

(2)整理实验数据，计算各种接法的 A_d，并与理论计算结果相比较。

(3)总结差动放大电路的性能和特点。

(4)差动放大器的差模输出电压是与输入电压的差还是和成正比?

实验 5　*RC* 正弦波振荡电路

1. 实验目的

(1)掌握桥式 *RC* 正弦波振荡器的电路构成原理。

(2)熟悉正弦波振荡器的高速测试方法。

(3)观察 *RC* 参数对振荡频率的影响，学习振荡频率的测定方法。

2. 实验仪器

(1)通用电学实验台，1 台。

(2)双踪示波器(UT-2062C)，1 台。

(3)数字万用表(UT51)，1 块。

3. 实验原理

1)基本 *RC* 桥式振荡

电路如图 4-11 所示，它由两部分组成，即放大电路 $\dot{A}_U$ 和选频网络 $\dot{F}_U$。由图中可

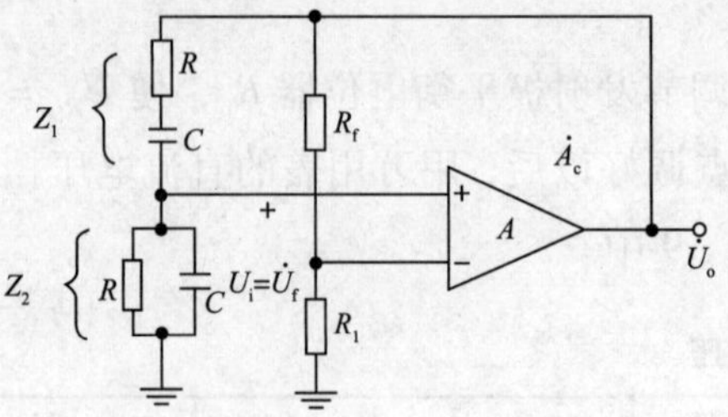

图 4-11　RC 桥式振荡电路 1

知，由于 Z_1、Z_2 和 R_1、R_f 正好形成一个四臂电桥，因此这种振荡电路常称为 RC 桥式振荡电路。

由图可知，在 $\omega=\omega_0=1/RC$ 时，经 RC 反馈网络传输到运放同相端的电压 $\dot{U}_f$ 与 $\dot{U}_o$ 同相，即有 $\Phi_f=0$ 和 $\Phi+\Phi_f=\pm 2n\pi$。这样，放大电路和由 Z_1、Z_2 组成的反馈网络刚好形成正反馈系统，可以满足相位平衡条件，因而有可能振荡。

实现稳幅的方法是使电路的 R_f/R_1 值随输出电压幅度增大而减小。起振时要求放大器的增益 $A_U=1+R_f/R_1>3$。例如，R_f 用一个具有负温度系数的热敏电阻代替，当输出电压 $|\dot{U}_o|$ 增加使 R_f 的功耗增大时，热敏电阻 R_f 减小，放大器的增益下降，使 $\dot{U}_o$ 的幅值下降。如果参数选择合适，可使输出电压幅值基本恒定，且波形失真较小。

由于集成运放接成同相比例放大电路，它的输出阻抗可视为零，而输入阻抗远比 RC 串并联网络的阻抗大得多，可忽略不计，因此，振荡频率即为 RC 串并联网络的 $f_0=\dfrac{1}{2\pi RC}$。RC 串并联网络构成正弦振荡电路的正反馈，在 $\omega=\omega_0$ 处，正反馈系数 $F_+=F_U=1/3$，而 R_1 和 R_f 构成电路中的负反馈，反馈系数 $F_-=\dfrac{R_1}{R_1+R_f}=\dfrac{1}{A_U}$。$F_+$ 与 F_- 的关系不同，导致输出波形的不同。

2) RC 桥式振荡

如图 4-12 所示，RC 桥式振荡电路由 RC 串并联网络和同相放大电路组成，图中 RC 选频网络形成正反馈电路，并由它决定振荡频率 f_0；R_3 和 R_p 形成负反馈回路，由它决定起振的幅值条件，调节波形的失真，进行稳幅控制。

在满足 $R_1=R_2=R$、$C_1=C_2=C$ 的条件下，该电路的振荡频率

$$f_0=\frac{1}{2\pi RC}$$

起振幅值条件

$$A_{Uf1}=\frac{R_a+R_b}{R_a}\geqslant 3$$

即

$$\frac{R_b}{R_a}\geqslant 2$$

式中，$R_b=R_4+R_3 /\!/ r_d$，r_d 为二极管的正向动态电阻。

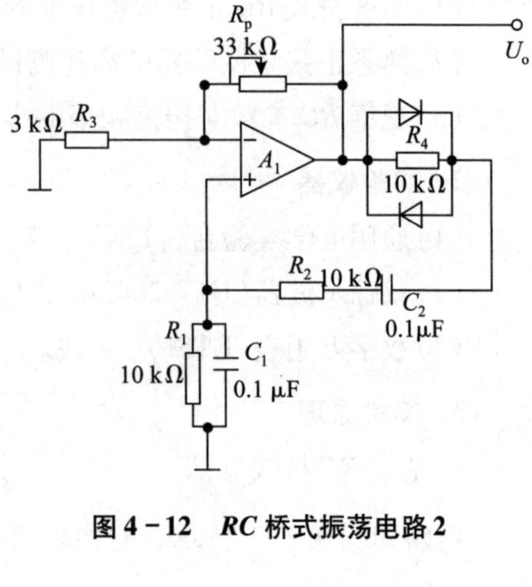

图 4-12　RC 桥式振荡电路 2

4. 实验内容及步骤

(1) 按图 4-12 所示电路接线。

(2) 用示波器观察输出波形。

(3) 按表 4 - 10 内容测试数据。

表 4 - 10　*RC* 桥式振荡电路测量值

R_1(kΩ)	C_1(μF)	f(Hz)	
		测量值	估算值
10	0.1		
10	0.047		
20	0.1		

(4)调整 R_p 观察波形的变化。

(5)解除两只二极管，再调整 R_p，观察波形变化，分析出现该现象的原因及二极管的作用。

图 4 - 12 所示电路中，改变振荡频率时为保持其振荡条件不被破坏，必须使两个电阻或两个电容同步调节，从而增加了工艺难度。采用图 4 - 13 所示电路，就可以只调一个电阻进行调频和保持振荡条件。

① 按图 4 - 13 接好电路。

② 调节 R_{p2}，使电路起振，输出电压为最大不失真正弦波。

③ 调整 R_{p1}，记录输出电压 U_o 的频率变化范围，同时观察波变化情况。

5. 实验报告及思考题

(1)根据实验数据，分析、比较两电路的优缺点。

(2)分析理论计算填写实验值误差的原因。

(3)分析反馈电位器及二极管的作用，用实验数据加以说明。

(4)图 4 - 14 中，正反馈电路由________组成，这个网络具有________特性，要改变振荡频率，只要改变________或________的数值即可。

(5)图 4 - 14 中，R_{p1} 和 R_1 组成________反馈，其中________用来调节放大器的放大倍数，使 $A_U > 3$。

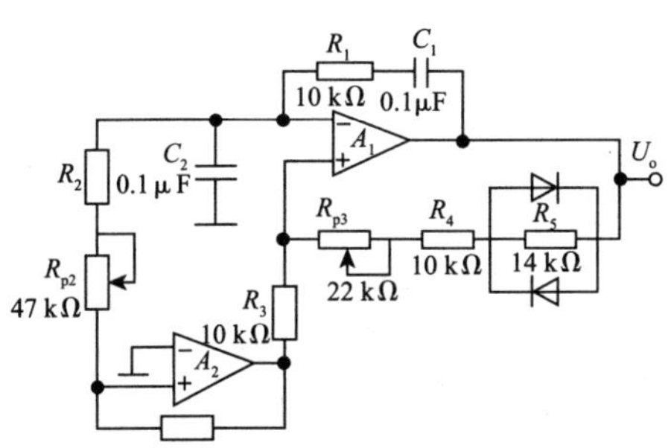

图 4 - 13　*RC* 桥式振荡电路 3

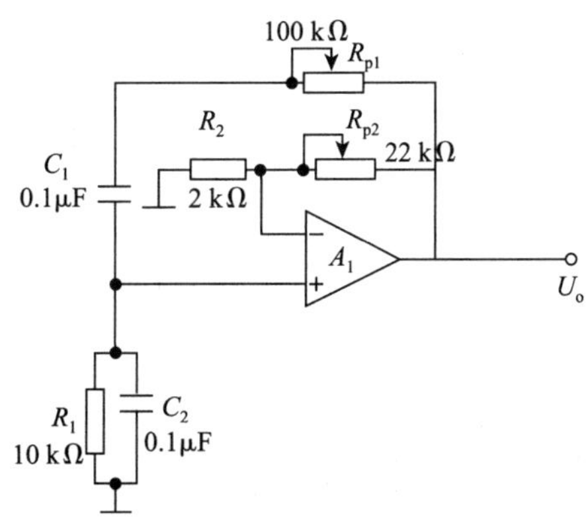

图 4 - 14　反馈电路

实验6　共射－共集（多级）放大电路

1. 实验目的

(1)进一步熟悉放大电路技术指标的测试方法。

(2)了解多级放大电路的级间影响。

(3)进一步学习和巩固通频带的测试方法和用示波器测量电压波形的幅值与相位。

2. 实验仪器

(1)通用电学实验台，1台。

(2)双踪示波器(UT－2062C)，1台。

(3)数字万用表(UT51)，1块。

3. 实验原理

1)参考电路

参考电路如图4－15所示。该电路为共射－共集组态的阻容耦合两级放大电路。第一级是共发射极放大电路，实验1中已经掌握。第二级是共集电极放大电路，其静态工作点可通过电位器 R_p 来调整。两级均采用NPN型硅三极管3DG6。

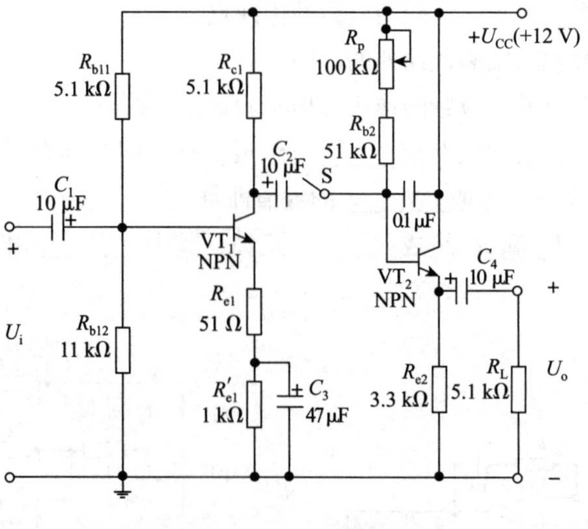

图4－15　共射－共集放大电路

由于级间耦合方式是阻容耦合，电容对直流有隔离作用，所以两级的静态工作点是彼此独立、互不影响的。实验时可分别调整各级的最佳工作点。对于交流信号，各级之间有着密切的联系：前级的输出电压是后级的输入信号，而后级的输入阻抗是前级的负载。第一级采用了共发射极电路，具有较高的电压放大倍数，但输出电阻较大。第二级采用共集电极电路，虽然电压放大倍数小(近似等于1)，但输入电阻大 $[R_{i2} \approx (R_{b2} + R_p) /\!/ \beta_2 R'_L]$，向第一级索取功率小，对第一级影响小；同时其输出电阻小，可弥补单级共发射极电路输出电阻大的缺点，使整个放大电路的带负载能力大大增强。

2)静态工作点的设置与调整

由于第一级共发射极电路需具备较大的电压放大倍数，静态工作点可适当设置得高一些。在图4－15所示电路参数中，上偏置电阻 R_{b11} 为待定电阻，若取 I_{CQ} 为1～1.3 mA，试通过计算选择 R_{b11} 的阻值范围。第二级共集电极电路，可通过调节电位器 R_p 改变静态工作点，使其达到输出电压波形最大不失真。分别设置好两级的静态工作点后，即可按实验1的测试方法分别测出两级的静态工作点。

3)电压放大倍数的测量

电压放大倍数 A_U 是指总的输出电压与输入电压的有效值之比，即

$$A_U = \frac{U_o}{U_i}$$

为了了解多级放大电路级与级之间的影响，还需分别测量出第一级的电压放大倍数 A_{U1}，第二级的电压放大倍数 A_{U2}，则总的电压放大倍数

$$A_U = A_{U1} \cdot A_{U2}$$

对图4－15所示电路参数，电压放大倍数

$$\dot{A}_U = \frac{-\beta_i (R_{c1} /\!/ R_{i2})}{r_{be1} + (1 + \beta_1) R_{e1}}$$

$$R_{i2} \approx (R_{b2} + R_p) /\!/ \beta_2 R'_L$$

$$\dot{A}_{U2} \approx 1$$

$$A_{U2} = \dot{A}_{U1} \cdot \dot{A}_{U2}$$

4)输入输出电阻的测量

该放大电路的输入电阻即第一级共发射极电路的输入电阻；输出电阻即第二级共集电极电路的输出电阻。

$$R_i = R_{i1} = R_{b11} /\!/ R_{b12} /\!/ [r_{be1} + (1 + \beta_1) R_{e1}]$$

$$R'_L = R_{o2} = \frac{r_{be2} + [R_{c1} /\!/ (R_{b2} + R_p)]}{1 + \beta_2}$$

$$R_L = \infty$$

R_i 和 R_o 的测量方法同实验2。

5)幅频特性的测量

多级放大电路的通频带要比任何一级放大电路的通频带窄，级数越多，通频带越窄。通频带的测量方法同实验1之逐点测量法。

4. 实验内容及步骤

(1)按图4－15电路所示参数计算第一级上偏置电阻 R_{b11} 的阻值范围(设 I_{CQ1} =1～1.3

mA)，并将其值标在电路图上。

(2)在实验台上组装共射－共集两级放大电路，接入 +12 V 直流电源。

(3)合上开关 S，调试出 $f=1$ kHz、$U_i=20$ mV 的正弦信号至放大器的输入端，用示波器观察输出电压 U_o 的波形。调节电位器 R_p，使 U_o 达到最大不失真。关闭信号源，用万用表分别测量第一级与第二级的静态工作点，将数据填入表 4－11 中。

表 4－11　第一级与第二级的静态工作点

Q / T	I_{CQ}(mA)	U_{CEQ}(V)	U_{BE}(V)
第一级			
第二级			

(4)打开信号源，调试出 $f=1$ kHz、$U_i=30$ mV 的正弦波信号，测试多级放大器总的电压放大倍数 A_U 和分级电压放大倍数 A_{U1}、A_{U2}，将数据填入表 4－12 中。

表 4－12　多级放大器的放大倍数

<table>
<tr><td rowspan="3">U_o / R_L / U_i</td><td colspan="3">U_{o1}</td><td colspan="2">U_{o2} (V_o)</td><td rowspan="3">$R_{L1}=R_{L2}$
$A_{U1}=U_{o1}/U_i$</td><td colspan="2">$R_{L1}=R_{L2}$，$R_L=1.5$ kΩ</td><td rowspan="3">R_o</td></tr>
<tr><td colspan="2">断开 S</td><td rowspan="2">合上 S
$R_{L1}=R_{L2}$</td><td rowspan="2">$R_L=\infty$</td><td rowspan="2">$R=5.1$ kΩ</td><td rowspan="2">$A_{U2}=U_{o2}/U_{o1}$</td><td rowspan="2">$A_U=U_{o2}/U_i$</td></tr>
<tr><td>$R_{L1}=\infty$</td><td>$R_{L1}=5.1$ kΩ</td></tr>
<tr><td>30 mV</td><td></td><td></td><td></td><td></td><td></td><td></td><td></td><td></td><td></td></tr>
</table>

(5)定性测绘 U_i、U_{o1}、U_{o2}、(U_o) 的波形。

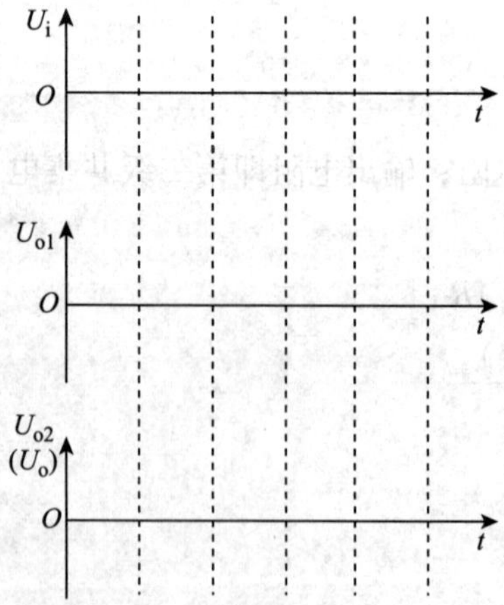

图 4－16　绘制各级电压波形

选用 U_{o2} 作外触发电压，送至示波器的外触发接线端。将双踪示波器的一个通道 CH1 接输入电压 U_i，而另一个通道 CH2 则分别接 U_{o1} 和 U_{o2}，用示波器分别观察它们的波形，定性将它们画在图 4－16 中，比较它们的相位关系。

(6)测试两级放大电路的通频带。

两级放大电路的通频带比任何一级单级放大电路的通频带要窄。测试通频带的方法同实验 1。

(7)测试多级放大电路的输出电阻 R_o 的方法同实验 1。

5. 实验报告及思考题

(1)认真记录实验数据和波形。

(2)利用所学模拟电子技术的理论知识，对测试结果进行误差分析，找出产生误差的原因，提出减少实验误差的措施。

(3)测量出 A_{U1}、A_{U2}以及 A_U 的数值，与理论计算值相比较，分析误差原因。

(4)测量放大器输出电阻时，利用公式 $R_o = \frac{U_o - U_{o1}}{U_{o1}} \cdot R_L$ 来计算 R_o。

如果负载电阻 R_L 改变，输出电阻 R_o 会变化吗？应如何选择 R_L 的阻值，使测量误差较小？

(5)在图 4－15 所示电路中，第二级的电压放大倍数 $\dot{A}_{U2} \approx 1$，为什么将 $R_L = 5.1$ kΩ 接到第二级输出端得到的输出电压比将 R_L 直接接到第一级输出端得到的输出电压要大些？

实验 7　比例求和运算电路

1. 实验目的

(1)掌握用集成运算放大器组成比例、求和运算电路的方法。

(2)掌握比例、求和运算电路的特点及性能。

(3)学会上述电路的测试和分析方法。

(4)掌握各电路的工作原理。

2. 实验仪器

(1)通用电学实验台，1 台。

(2)双踪示波器(UT－2062C)，1 台。

(3)数字万用表(UT51)，1 块。

3. 实验原理

1)比例运算电路

比例运算(包括反相比例运算与同相比例运算)是应用最广泛的一种基本运算电路。

(1)反相比例运算电路，通过最小输入信号 U_{imin} 等条件来选择运算放大器和确定外围电路元件参数，如图 4－17 所示。

输入电压 u_i 经电阻 R_1 加到集成运放的反相输入端，其同相输入端经电阻 R_2 接地。输出电压 u_o 经 R_f 接回到反相输入端。通常有 $R_2 = R_1 /\!/ R_f$。

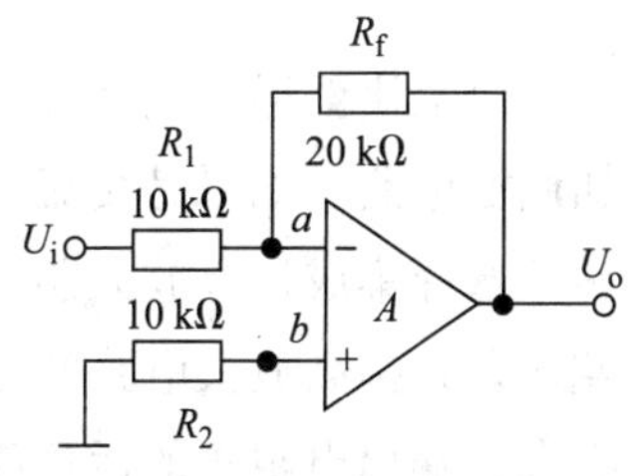

图 4－17　反相比例运算电路

由于“虚断”，有 $I_+ = 0$，则 $u_+ = -I_+ R_2 = 0$。又因“虚短”，可得

$$u_- = u_+ = 0$$

由于 $I_- = 0$，则有 $i_1 = i_f$，可得

$$\frac{u_i - u_-}{R_1} = \frac{u_- - u_o}{R_f}$$

由此可求得反相比例运算电路的电压放大倍数为

$$\begin{cases} A_{Uf} = \dfrac{u_o}{u_i} = -\dfrac{R_f}{R_1} \\ R_{if} = \dfrac{u_i}{i_i} = R_1 \end{cases}$$

反相比例运算电路的输出电阻为

$$R_{of} = 0$$

输入电阻为

$$R_{if} = R_1$$

(2)同相比例运算电路。同相比例运算电路如图 4－18 所示。

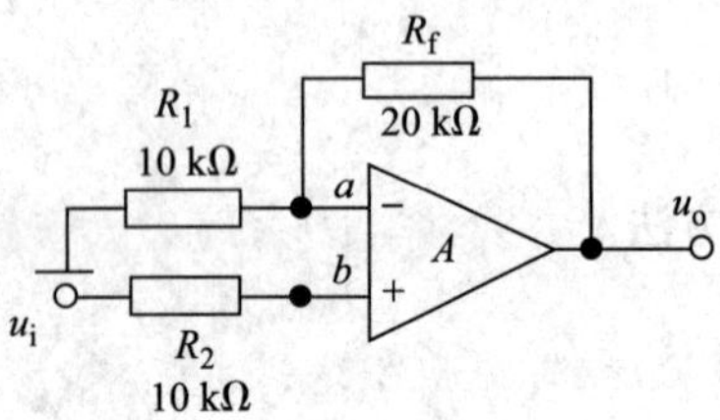

图 4－18　同相比例运算电路

输入电压 u_i 接至同相输入端，输出电压 u_o 通过电阻 R_f 仍接到反相输入端。R_2 的阻值应为

$$R_2 = R_1 // R_f$$

根据“虚短”和“虚断”的特点，可知 $I_- = I_+ = 0$，则有

$$u_- = \frac{R_1}{R_1 + R_f} \cdot u_o$$

且 $u_- = u_+ = u_i$，可得

$$\frac{R_1}{R_1 + R_f} \cdot u_o = u_i$$

$$A_{Uf} = \frac{u_o}{u_i} = 1 + \frac{R_f}{R_1}$$

同相比例运算电路输入电阻为

$$R_{if} = \frac{u_i}{i_i} = \infty$$

输出电阻

$$R_{of} = 0$$

以上比例运算电路可以是交流运算，也可以是直流运算。输入信号如果是直流，则需加调零电路。如果是交流信号输入，则输入、输出端要加隔直电容，而调零电路可省略。

选择集成运算放大器时，首先应查阅手册，了解运放主要参数。一般为了减小闭环增益误差，提高放大电路的工作稳定性，应尽量选用失调温漂小、开环电压增益高、输入电阻大、输出电阻小的运算放大器。特别是在交流放大时，为减小放大电路的频率失真和相位失真(动态误差)，集成运算放大器的增益——带宽积 $G \cdot B\omega$ 和转换速度 S_R 必须满足以下关系：

$$G \cdot B\omega > |A_{Uf}| \cdot B\omega f$$

$$S_R > 2\pi f_{max} \cdot U_{omax}$$

式中，f_{max}为输入信号最高工作频率；U_{omax}为最大输出电压幅值。

对于同相比例运算电路，还要特别注意存在共模输入信号的问题，也就是说，要求集成运算放大器允许的共模输入电压范围必须大于实际的共模输入信号幅值，并要求有很高的共模抑制比。

2)求和运算电路

(1)反相求和。基本电路如图 4-19 所示。

$$R' = R_1 // R_2 // R_f$$

根据“虚短”“虚断”的概念

$$\frac{U_{i1}}{R_1} + \frac{U_{i2}}{R_2} = -\frac{U_o}{R_f}$$

$$U_o = -\left(\frac{R_f}{R_1}U_{i1} + \frac{R_f}{R_2}U_{i2}\right)$$

当 $R_1 = R_2 = R$，则

$$U_o = -\frac{R_f}{R}(U_{i1} + U_{i2})$$

(2)同相求和。(由读者自己分析)

4. 实验内容及步骤

1)电压跟随器

实验电路如图 4-20 所示，接好线之后，接 12 V 的直流电源。

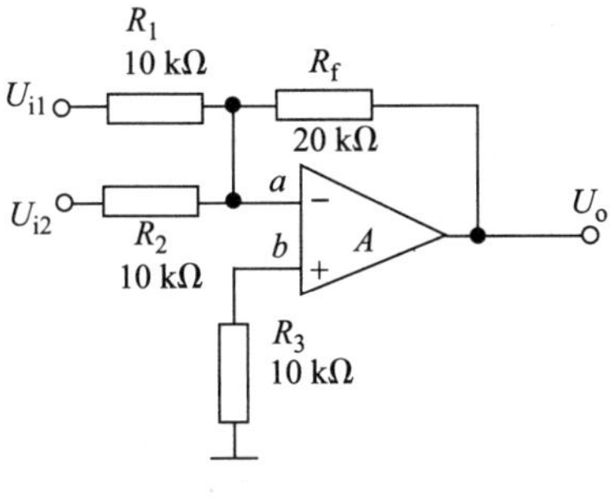

图 4-19　反相求和运算电路

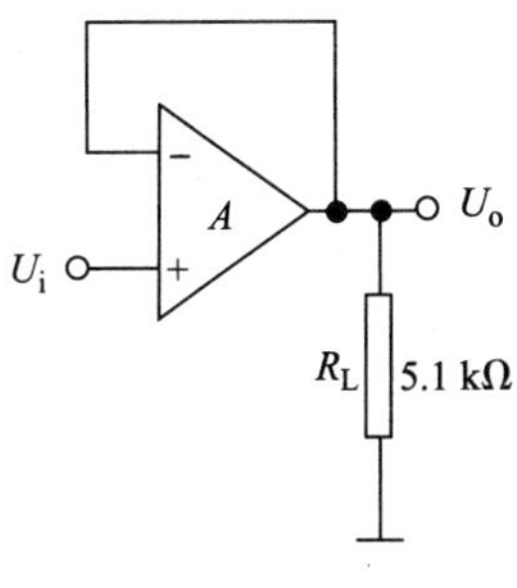

图 4-20　电压跟随器

(1)按表 4-13 内容实验并测量记录。

表 4-13　电压跟随器测量值

U_i(V)		-2	-0.5	0	+0.5	1
U_o(V)	$R_L = 1$					
	$R_L = 5$					

(2)断开直流信号源，在输入端加入频率 $f=100\ \text{Hz}$、$U_i=0.5\ \text{V}$ 的正弦信号，用毫伏表测量输出端的信号电压 U_o，并用示波器观察 U_o、U_i 的相位关系，记录于表 4-14中。

表 4-14　加入正弦信号后的测量值

U_i(V)	U_o(V)	U_i 波形	U_o 波形	A_U	
				实测值	计算值

2)反相比例放大器

实验电路如图 4-21 所示。接好电路后，接 12 V 的直流电源。

(1)按表 4-15 内容实验并测量记录。

表 4-15　反相比例放大器测量值

直流输入电压 U_i(mV)		30	100	300	1000
输出电压 U_o	理论估算(mV)				
	实测值(mV)				
	误差				

(2)断开直流信号源，在输入端加入频率 $f=1\ \text{kHz}$，$U_i=30\ \text{mV}$ 的正弦信号，用毫伏表测量输出端的信号电压 U_o 并用示波器观察 U_o、U_i 的相位关系，记录于表 4-16 中。

表 4-16　加入正弦信号后的测量值

U_i(V)	U_o(V)	U_i 波形	U_o 波形	A_U	
				实测值	计算值

(3)测量图 4-21 电路的上限截止频率。

3)同相比例放大器

实验电路如图 4-22 所示。

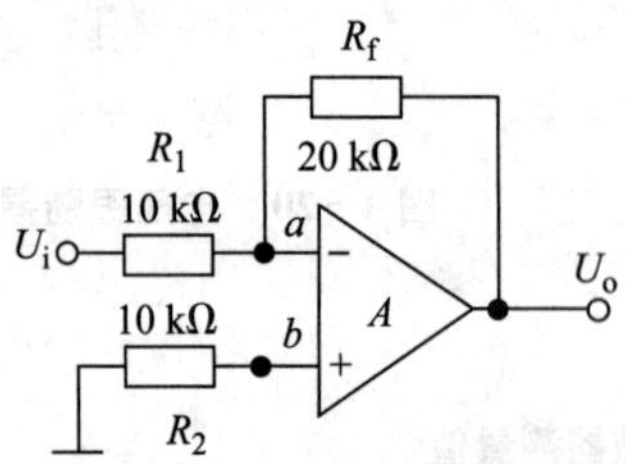

图 4-21　反相比例放大器

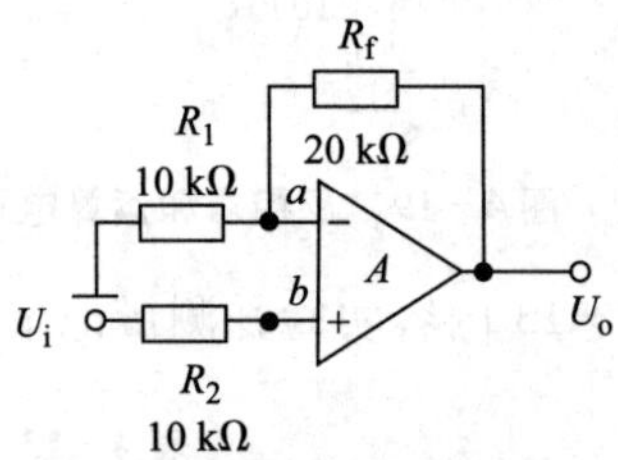

图 4-22　同相比例放大器

(1)按表 4-17 实验测量并记录。

表 4-17　同相比例放大器测量值

直流输入电压 U_i(mV)		30	100	300	1 000	3 000
输出电压 U_o	理论估算值(mV)					
	实测值(mV)					
	误差					

(2)断开直流信号源，在输入端加入频率 $f=100$ Hz、$U_i=0.5$ V 的正弦信号，用毫伏表测量输出端的信号电压 U_o 并用示波器观察 U_o、U_i 的相位关系，记录于表 4-18 中。

表 4-18　加入正弦信号后的测量值

U_i(V)	U_o(V)	U_i 波形	U_o 波形	A_U	
				实测值	计算值

(3)测出电路的上限截止频率。

4)反相求和放大电路

实验电路如图 4-23 所示。

按表 4-19 内容进行实验测量，并与预习的计算结果比较。

表 4-19　反相求和放大电路测量值

U_{i1}(V)	0.3	-0.3
U_{i2}(V)	0.2	0.2
U_o(V)		

5)双端输入求和放大电路

实验电路如图 4-24 所示。

按表 4-20 要求进行实验测量并记录于表中。

表 4-20　双端输入求和放大电路测量值

U_{i1}(V)	1	2	0.2
U_{i2}(V)	0.5	1.8	-0.2
U_o(V)			

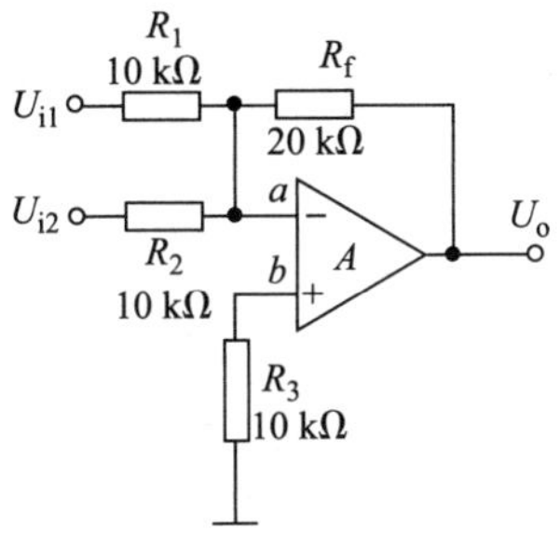

图 4-23　反相求和放大电路

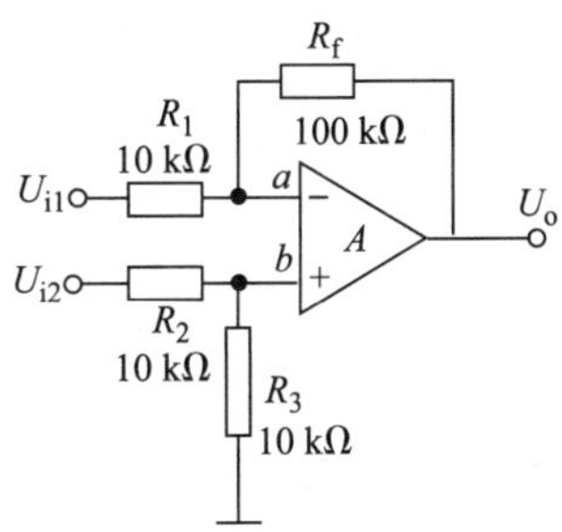

图 4-24　双端输入求和电路

5. 实验报告及思考题

(1)总结本实验中 5 种运算电路的特点及性能。

(2)分析理论计算与实验结果误差的原因。

(3)运算放大器在同相放大和反相放大时，在接法上有什么异同点？同相放大器若把反馈电路也接到同相端可以吗？为什么？

(4)用反相比例运算电路实现 $U_o = -4U_i$，$R_{if} = 10\ k\Omega$。

(5)用同相比例运算电路实现 $U_o = 5U_i$。

实验 8　积分 - 微分电路

1. 实验目的

(1)学会用运算放大器组成积分 - 微分电路。

(2)学会分析积分 - 微分电路的特点及其性能。

(3)掌握运算放大电路的工作原理。

2. 实验仪器

(1)通用电学实验台，1 台。

(2)双踪示波器(UT - 2062C)，1 台。

(3)数字万用表(UT51)，1 块。

3. 实验原理

1)基本积分电路

图 4 - 25 所示为基本积分电路。其输出电压与输入电压成积分运算关系。

利用虚地的概念，$u_i = 0$，$i_i = 0$，则有 $i_1 = i_2 = u_s/R$，即电容 C 的充电电流。

$$\frac{U_s}{R} = C\frac{dU_C}{dt} = -C\frac{dU_o}{sRC}$$

则
$$A_U(s) = \frac{U_o(s)}{U_i(s)} = \frac{1}{sRC}$$

式中，$U_o(t_1)$ 为 t_1 时刻电容两端的电压值，即初始值。

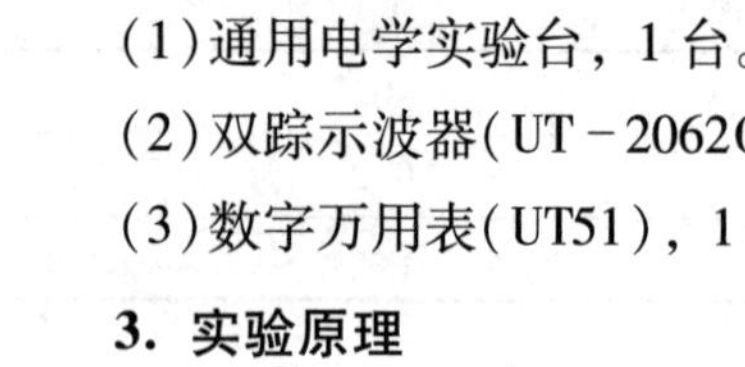

图 4 - 25　基本积分电路

积分运算电路的输出 - 输入关系也常用传递函数表示为

$$A_U(s) = \frac{U_o(s)}{U_i(s)} = \frac{1}{sRC}$$

假设输入信号 u_s 是阶跃信号，且电容 C 初始电压为零，则当 $t \geqslant 0$ 时

$$u_o = -\frac{1}{RC}\int_0^t u_s \mathrm{d}t = \frac{U_s}{\tau}t$$

2）基本微分电路

微分是积分的逆运算，将基本积分电路中的电阻和电容元件位置互换，便得到如图 4－26 所示的微分电路。

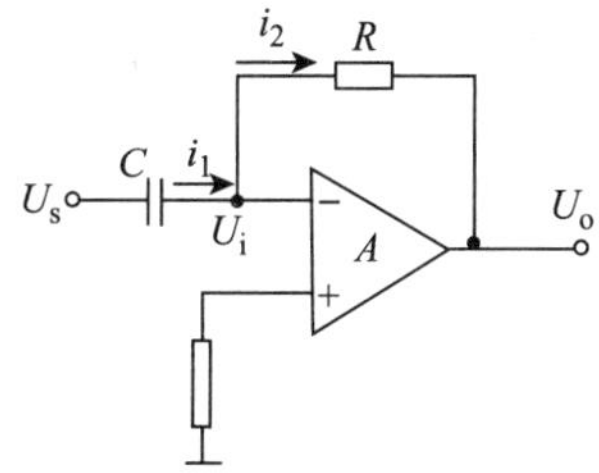

图 4－26　基本微分电路

在这个电路中，同样存在虚地和虚断，因此可得

$$u_o = -Ri_2 = -Ri_1 = -RC\frac{\mathrm{d}u_s}{\mathrm{d}t}$$

上式表明，输出电压 u_o 与输入电压的微分 $\frac{\mathrm{d}u_s}{\mathrm{d}t}$ 成正比。

当输入电压 U_s 为阶跃信号时，考虑到信号源总存在内阻，在 $t=0$ 时，输出电压仍为一个有限值，随着电容 C 的充电，输出电压 U_o 将逐渐衰减，最后趋近于零。

4. 实验内容及步骤

1）积分电路

实验电路如图 4－27 所示。

（1）取 $U_i=1$ V、频率为 100 Hz 的方波信号，断开开关 K，用示波器观察 U_o 变化。

（2）测量饱和输出电压及有效积分时间。

2）微分电路

实验电路如图 4－28 所示。

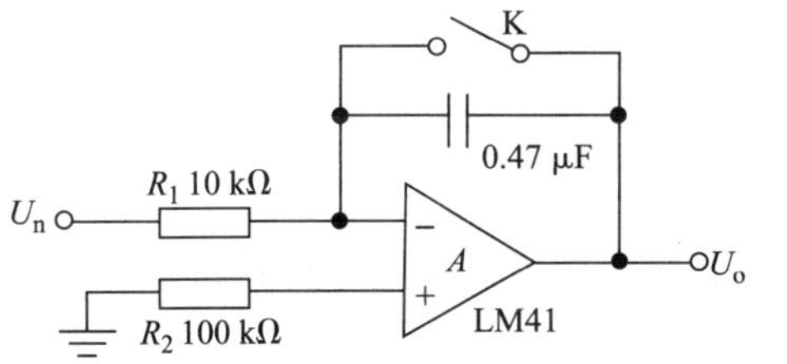

图 4－27　积分电路

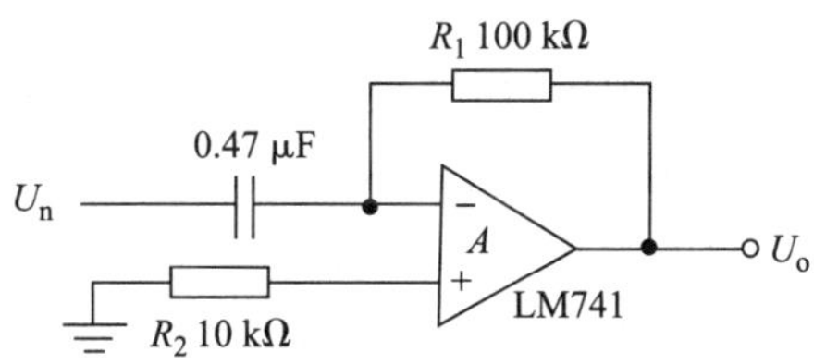

图 4－28　微分电路

（1）输入信号 $U_{i1}=4$ V、频率为 100 Hz 的三角波信号。接通电源后，用示波器观察 U_{i1} 和 U_o 波形，并测量输出电压。

（2）改变三角波频率（20～400Hz），观察 U_{i1} 和 U_o 的相位、幅值变化情况并记录。

（3）输入 $f=200$Hz、$U=\pm5$ V 的方波信号，用示波器观察 U_o 波形，按上述步骤重复实验。

3）积分－微分电路实验

实验电路如图 4－29 所示。

（1）在 U_i 端输入 $f=200$ Hz、$U=\pm6$ V 的方波信号，用示波器观察 U_i、U_1 和 U_o 的波形并记录。

（2）将 f 改为 500 Hz 重复上述实验。

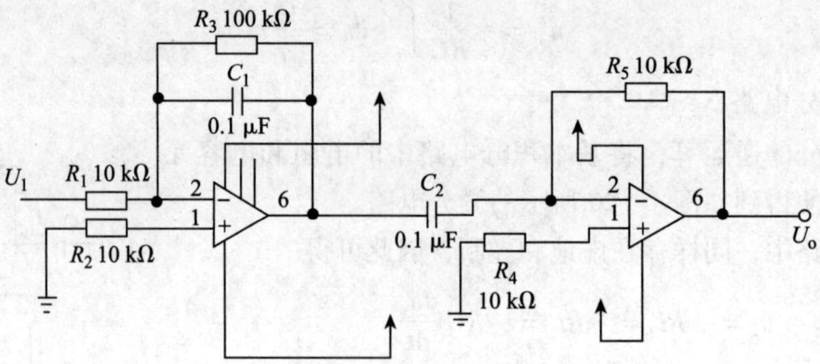

图 4－29　积分－微分电路

5．实验报告及思考题

(1)实验前必须按预习要求，计算出实验中各种运算关系的 U_o 值以及描绘出积分器 U_i 和 U_o 的大致波形。

(2)记录和整理实验所得数据和波形，并与理论值相比较；然后总结微分、积分电路的特点。

(3)记录实验过程中出现的故障或不正常现象，分析原因，并说明解决的办法和过程。

(4)分析实验结果与理论计算结果存在误差的原因。

实验 9　直流稳压电源

1．实验报告及思考题

(1)掌握集成稳压电源的实验方法。

(2)掌握用变压器、整流二极管、滤波电容和集成稳压器来设计直流稳压电源的方法。

(3)掌握直流稳压电源的主要性能参数及测试方法。

(4)进一步培养工艺素质和提高基本技能。

2．实验仪器

(1)通用电学实验台，1 台。

(2)双踪示波器(UT－2062C)，1 台。

(3)数字万用表(UT51)，1 块。

(4)连线，若干。

3．实验原理

直流稳压电源一般由电源变压器 T、整流电路、滤波电路及稳压电路所组成。

(1)电源变压器 T 的作用是将 220 V 的交流电压变换成整流滤波电路所需要的交流电压 u_i。变压器副边与原边的功率比为 $P_2/P_1=n$，式中 n 是变压器的效率。若输出需要 ±12 V，则变压器选择双端输出。

(2)整流电路：整流电路将交流电压 u_i 变换成单向脉动的，如图 4－30 和图 4－31 所示。

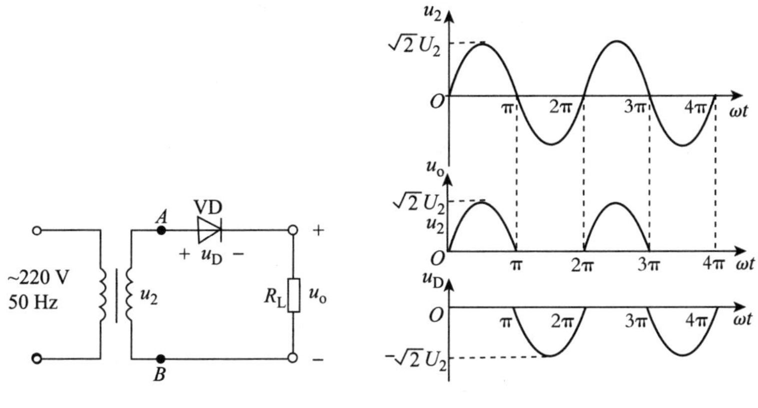

(a)　　　　　　　　　　(b)

图 4－30　单相半波整流电路及电压波形

(a)电路　(b)波形

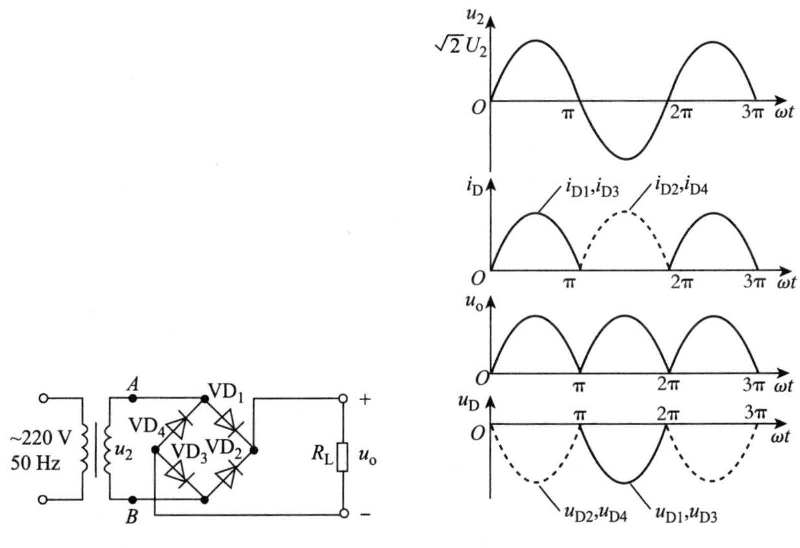

(a)　　　　　　　　　　(b)

图 4－31　单相桥式整流滤波电路图及中电压、电流波形图

(a)电路　(b)波形

全桥的正向电流有 0.5 A、1 A、1.5 A、2 A、2.5 A、3 A、5 A、10 A、20 A 等多种规格，耐压值(最高反向电压)25 V、50 V、100 V、200 V、300 V、400 V、500 V、600 V、800 V、1 000 V 等多种规格。

(3)滤波电路的作用是减小整流电压的脉动程度，以适合负载的需要，如图 4－32 所示。

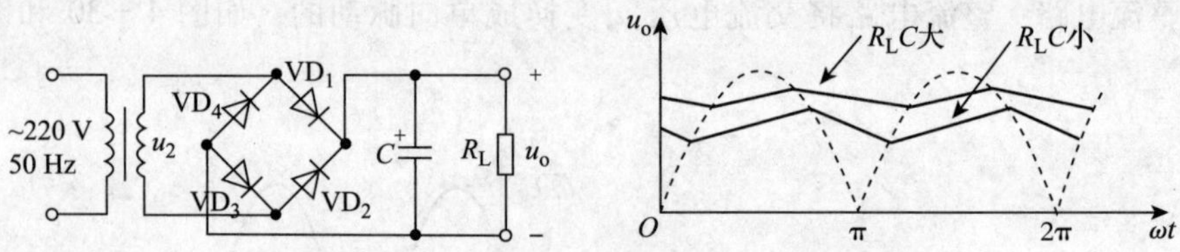

(a)　　　　　　　　(b)

图 4-32　单相桥式整流滤波电路及电压波形

(a) 电路　(b) 波形

各滤波电容 C 满足 $R_LC=(3\sim5)\dfrac{T}{2}$，$U_0(\dot{A}V)\approx1.2U_2$ 式中 T 为输入交流信号周期，R_L为整流滤波电路的等效负载电阻。滤波电容的数值一般在几十微法到几千微法，视负载电流的大小而定，其耐压应大于输出电压的最大值，通常都采用极性电容。

(4)稳压电路的作用是在交流电源电压波动或负载变动时，使直流输出电压稳定。

常用的稳压电路有两种形式：一是稳压管稳压电路，二是串联型稳压电路。二者的工作原理有所不同。稳压管稳压电路其工作原理是利用稳压管两端的电压稍有变化，会引起其电流有较大变化这一特点，通过调节与稳压管串联的限流电阻上的压降来达到稳定输出电压的目的。它一般适用于负载电流变化较小的场合。串联型稳压电路是利用电压串联负反馈的原理来调节输出电压的。集成稳压电源事实上是串联稳压电源的集成化。实验中为简化电路，我们选择集成稳压器(三端稳压器) 作为电路的稳压部分。集成稳压器的 W7800 系列输出正电压 5 V、6 V、9 V、12 V、15 V、18 V、24 V，输出电流为 1.5 A(W7800)、0.5 A(W78M00)、0.1 A(W78L00)；W7900 系列输出负电压 −5 V、−6 V、−9 V、−12 V、−15 V、−18 V、−24 V，输出电流为 1.5 A(W7900)、0.5 A(W79M00)、0.1 A(W79L00)。

L78、79 系列集成稳压器是两种有广泛用途的三端集成稳压器。W78 系列三端集成稳压电路具有固定输出正电压，L79 系列三端集成稳压电路具有固定输出负电压，其电路如图 4-33 所示。这两个系列稳压器都具有较完善的短路和限流保护、过热保护和调整管安全工作区保护电路，因而工作是比较可靠的。字母后面的数字表示输出电压，电压等级：5 V、6 V、8 V、12 V、15 V、18 V、24 V。如设计一个输出 +12 V，最大电流 1 A 的线性直流稳压电源，选择 L7812、L7912，其实物示意图以及引脚接法如图 4-34 所示。

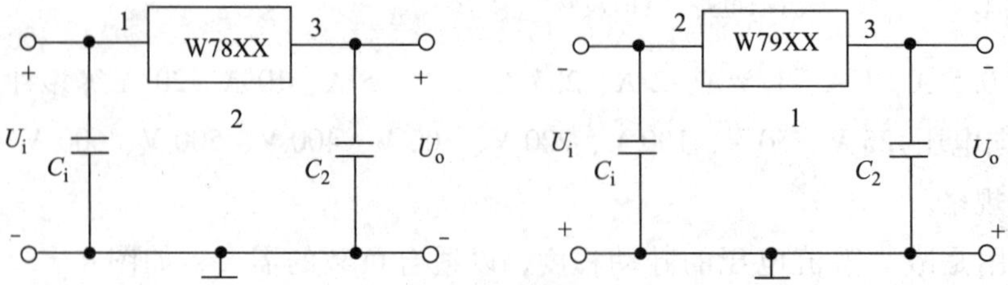

图 4-33　L78、79 系列集成稳压器接线图

图 4-34　集成稳压器实物示意图以及管脚接法

4. 实验内容及步骤

以三端稳压元件 LM7812、LM7912 为例，按图 4－35 接线，经检查无误后，通电检测，将测得的数据记录下来。

(1)测量稳压电源输出的稳压值及稳压范围。

(2)首先使调压器的输出为 0 V，通过示波器或万用表观测稳压电路的输出，然后调节调压器的输出，使输入到变压器的交流电压逐渐增加，当稳压电路输出的直流电压值不再随着调压器输出电压的增加而改变时，此时电路输出的直流电压值即为稳压电源的稳压值。使稳压器输出在稳压值上的输入电压范围为稳压电路的稳压范围。

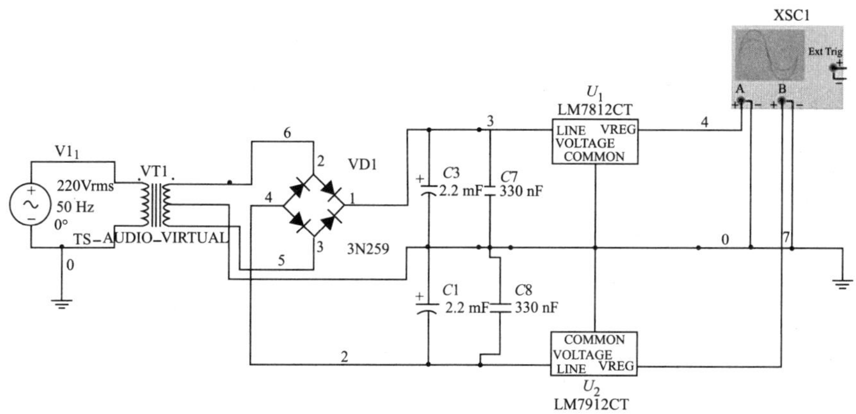

图 4－35　桥式整流滤波稳压电路图

(3)测量稳压电源的纹波电压和纹波因数。

纹波电压是指在额定负载条件下，稳压电源输出直流电压中所含的交流分量。在交流电压为 220 V，负载电流最大(额定输出电流)的条件下，用示波器分别测量稳压电源的输入纹波电压和输出纹波电压。

5. 实验报告及思考题

(1)总结桥式整流滤波稳压电路的特点及性能。

(2)分析理论计算与实验结果存在误差的原因。

第5章 数字电子技术实验

实验1 门电路逻辑功能与测试

1. 实验目的

(1)了解与熟悉基本门电路的逻辑功能。

(2)掌握门电路逻辑功能的测试方法，加深对门电路逻辑功能的认识。

(3)熟悉门电路的外形和引脚排列以及其使用方法。

2. 实验仪器

(1)示波器1台，或万用表，1块。

(2)四2输入与门74LS08芯片，1片。

(3)四2输入或门74LS32芯片，1片。

(4)六反向器74LS04芯片，1片。

(5)四2输入与非门74LS00芯片，1片。

(6)四2输入或非门74LS02芯片，1片。

(7)四2输入异或门74LS86芯片，1片。

(8)通用电学实验台，1台。

3. 实验原理

集成逻辑门电路是最简单、最基本的数字集成元件。任何复杂的组合电路和时序电路都可用逻辑门通过适当的组合连接而成。目前已有门类齐全的集成门电路，如与门、或门、非门、与非门等。虽然中大规模集成电路相继问世，但组成某一系统时，仍少不了各种门电路。因此，掌握门电路的工作原理，熟练、灵活地使用门电路是数字技术工作者必备的基本功之一。

TTL集成电路由于工作速度快、输出幅度大、种类多、不易损坏而应用较广。学生进行实验论证时选用TTL电路比较合适。因此，本书大多采用74LS(或74)系列TTL集成电路。它的工作电源电压为(5 ±0.5)V，逻辑高电平1时不低于2.4 V，逻辑低电平0时不高于0.4 V。

1)引脚识别

集成电路的每一个引脚对应一个脚码，每个脚码所表示的阿拉伯数字(如 1，2，3，…)是该集成电路物理引脚的排列次序。使用器件前，应在说明手册中了解每个引脚的作用和物理位置，以保证正确地使用和连线。每个双列直插式集成电路都有定位标识，以帮助使用者确定脚码为 1 的引脚。由图 5－1 可知，定位标识有半圆和圆点两种表达形式，最靠近定位标识的引脚规定为物理引脚的第 1 脚，脚码为 1，其他引脚的排列次序及脚码按逆时针方向依次加 1 递增。

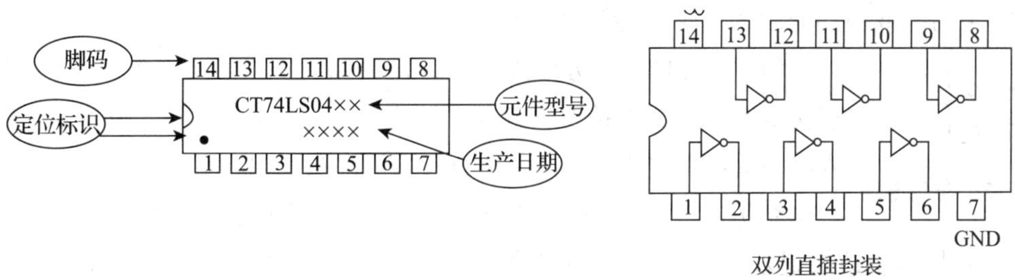

图 5－1　数字集成电路 74LS04 功能图的脚码及型号

2)型号识别

如图 5－1 所示，每一个 TTL 数字集成电路上都印有该器件的型号，国标的 TTL 命名示例如下。

图标示例：C　T　74LS04　C(或 M)　J(或 D 或 P 或 F)

①　②　③　④　⑤

其中，①中国。②TTL 集成电路。③74：国际通用 74 系列(如果是 54，则表示国际通用 54 系列)。LS：低功耗肖特基电路。04：器件序号(04 为六反相器)。④C：商用级(工作温度 0～70 ℃)。M：－55～125 ℃(只出现在 54 系列)。⑤J：黑瓷低熔玻璃双列直插封装。D：多层陶瓷双列直插封装。P：塑料双列直插封装。F：多层陶瓷扁平封装。

如果将型号中的 CT 换为国外厂商缩写字母，则表示该器件为国外相应产品的同类型号。例如，SN 表示美国得克萨斯公司，LM 表示美国半导体公司，MC 表示美国摩托罗拉公司，HD 表示日本日立公司。

集成电路器件型号的下方有一组表示年、生产周数、生产日期的阿拉伯数字，注意不要将器件型号与生产日期混淆。

3)门电路功能验证方法

为了验证某一种门电路的功能，首先选定器件型号，并正确连接器件的工作电压端。选定某种逻辑电平输出电路，该电路应具有多个输出端，每个端都可以独立提供逻辑“0”和“1”两种状态，将被测门电路的每个输入端分别连接到逻辑电平输出电路的每个输出端。选定某种可以显示逻辑状态“0”或“1”的电路，将被测门电路的输出端连接到这种电路的输入端上。确定连线无误后，进行实验，并记录实验数据，分析结果。

比较实测值与理论值，若比较结果一致，说明被测门的功能是正确的，门电路完好。若实测值与理论值不一致，应检查集成电路的工作电压是否正常，实验连线是否正确，判断门电路是否损坏。

4. 实验内容及步骤

实验前按使用说明检查实验仪器是否正常，然后选择实验用的芯片(IC)，按设计的实验接线图接好线，特别注意 U_{CC}及地线不能接错。线接好后仔细检查无误后方可通电实验。实验中需要改动接线时，必须先断开电源，接好后再通电实验。

1)与门、或门、非门的逻辑功能测试

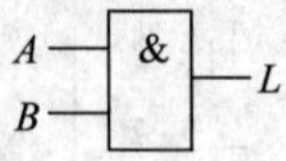

图 5-2 与门电路

(1)与门的逻辑功能测试。在 74LS08 芯片中任选一组与门按图5-2连接电路，输入端接逻辑开关，输出端接指示器(发光二极管)。改变输入状态的高低电平，将 A、B 输入端依次接成 00、01、10、11 状态，进行电路仿真，观察输出端电平指示器的显示状态(亮为“1”，灭为“0”)，并将实验结果记入表 5-1 中，写出输出端 L 的逻辑表达式和电路的逻辑功能。

表 5-1 与门逻辑真值表

输入	输出
A　B	L
0　0	
0　1	
1　0	
1　1	

逻辑表达式 L = ________________ 。

逻辑功能：________________。

(2)或门的逻辑功能测试。在 74LS32 芯片中任选一组或门，按图5-3连接电路，将 A、B 输入端依次接成 00、01、10、11 状态，观察输出端电平指示器的显示状态(亮为“1”，灭为“0”)，并将实验结果记入表 5-2 中，写出输出端 L 的逻辑表达式和电路的逻辑功能。

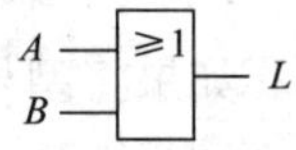

图 5-3 或门电路

表 5-2 或门逻辑真值表

输入	输出
A　B	L
0　0	
0　1	
1　0	
1　1	

逻辑表达式 $L=$ ________。

逻辑功能：________。

(3)非门逻辑功能测试。在 74LS04 芯片中任选一组非门，按图 5-4 连接电路，将 A 输入端接逻辑开关，当 A 依次为 0、1 时，观察输出端电平指示器的显示状态(亮为“1”，灭为“0”)，并将实验结果记入表 5-4 中，写出输出端 L 的逻辑表达式和电路的逻辑功能。

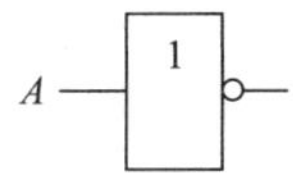

图 5-4　非门电路

表 5-3　非门逻辑真值表

输入	输出
A	L
0	
1	

逻辑表达式 $L=$ ________。

逻辑功能：________。

2)与非门、或非门、异或门的逻辑功能测试

(1)与非门的逻辑功能测试。在 74LS00 芯片中任选一组与非门，按图 5-5 连接电路，将输入端接逻辑开关，并在 A、B 输入端依次输入 00、01、10、11 状态，观察输出端电平指示器的显示状态(亮为“1”，灭为“0”)，并将实验结果记入表 5-4 中，写出输出端 L 的逻辑表达式和电路的逻辑功能。

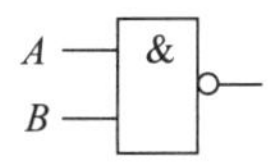

图 5-5　与非门电路

表 5-4　与非门逻辑真值表

输入	输出
A　B	L
0　0	
0　1	
1　0	
1　1	

逻辑表达式 $L=$ ________。

逻辑功能：________。

(2)或非门的逻辑功能测试。在 74LS02 芯片中任选一组或非门，按图 5-6 连接电路，将输入端接逻辑开关，并在 A、B 输入端依次输入 00、01、10、11 状态，观察输出端电平指示器的显示状态(亮为“1”，灭为“0”)，并将实验结果记入表 5-5 中，写出输出端 L 的表达式和电路的逻辑功能，验证输入与输出之间的逻辑关系。

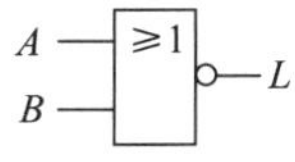

图 5-6　或非门电路

表 5－5　或非门逻辑真值表

输入		输出
A	*B*	*L*
0	0	
0	1	
1	0	
1	1	

逻辑表达式 $L=$ ________________。

逻辑功能：________________。

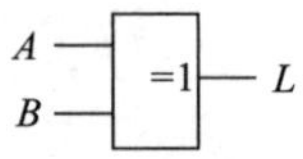

图 5－7　异或门电路

（3）异或门的逻辑功能测试。在 74LS86 芯片中任选一组异或门，按图 5－7 连接电路，将输入端接逻辑开关，并在 *A*、*B* 输入端依次输入 00、01、10、11 状态，观察输出端电平指示器的显示状态（亮为“1”，灭为“0”），并将实验结果记入表 5－6 中，写出输出端 *L* 的表达式和电路的逻辑功能，验证输入与输出之间的逻辑关系。

表 5－6　异或门逻辑真值表

输入		输出
A	*B*	*L*
0	0	
0	1	
1	0	
1	1	

逻辑表达式 $L=$ ________________。

逻辑功能：________________。

3）用与非门实现与或非逻辑功能

用 74LS00（即四 2 输入与非门）实现与或非逻辑 $L=\overline{AB+CD}$。写出逻辑表达式，画出逻辑图，测试其功能，总结用与非门实现其他逻辑功能的一般步骤。

（1）把与或非逻辑 $L=\overline{AB+CD}$转换成与非逻辑表达式 $L=$ ____________。

（2）画出逻辑图，如图 5－8（a）所示。

（3）按照逻辑图连线得到实验测试图，如图 5－8（b）所示。改变四输入信号 *A*、*B*、*C*、*D* 的输入状态，观察输出状态。填写逻辑真值表 5－7，得出逻辑表达式。

表 5－7　与或非门逻辑真值表

输入信号				输出	输入信号				输出
A	B	C	D	L	A	B	C	D	L
0	0	0	0		1	0	0	0	
0	0	0	1		1	0	0	1	
0	0	1	0		1	0	1	0	
0	0	1	1		1	0	1	1	
0	1	0	0		1	1	0	0	
0	1	0	1		1	1	0	1	
0	1	1	0		1	1	1	0	
0	1	1	1		1	1	1	1	

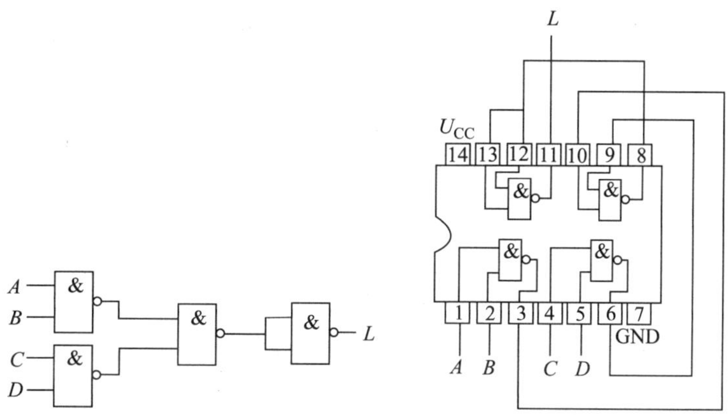

（a）　　　　（b）

图 5－8　74LS00 实现与或非逻辑功能

（a）逻辑图　（b）测试连线图

输出逻辑表达式 $L=$ ______________ 。

5．实验报告及思考题

（1）整理实验数据，判断各门电路的逻辑功能。

（2）回答以下问题。

①如何判断门电路逻辑功能是否正常？

②门电路多余输入端应该如何处理？设计电路测试。提示：接地、接电源端、输入端并接。

③为什么 TTL 门电路的输入端经过电阻接地后，其状态与阻值有关？

实验2　组合逻辑电路

1. 实验目的

(1)深入理解组合逻辑电路的特点和一般分析方法。

(2)熟悉组合逻辑电路的设计方法。

(3)验证半加器、全加器的功能。

2. 实验仪器

(1)示波器1台，或万用表，1块。

(2)四2输入与非门74LS00芯片，1片。

(3)四2输入异或门74LS86芯片，1片。

(4)六反向器74LS04芯片，1片。

(5)通用电学实验台，1台。

3. 实验原理

组合逻辑电路是由门电路组合起来的电路，可实现较复杂的逻辑功能，其基本特征是：输出端的逻辑状态仅取决于当时的输入状态，而与电路原来的状态无关。

研究组合逻辑电路有以下两类问题。

(1)已知逻辑图，分析逻辑功能，其步骤如下。

已知逻辑图→写逻辑表达式→进行逻辑化简或变换→列真值表→判断逻辑功能。

已知逻辑图→测试输入、输出逻辑关系→列真值表→判断逻辑功能。

(2)已知逻辑要求，画逻辑图，其步骤如下。

已知逻辑要求→列真值表→写逻辑表达式→进行函数化简或变换→画逻辑图。

4. 实验内容和步骤

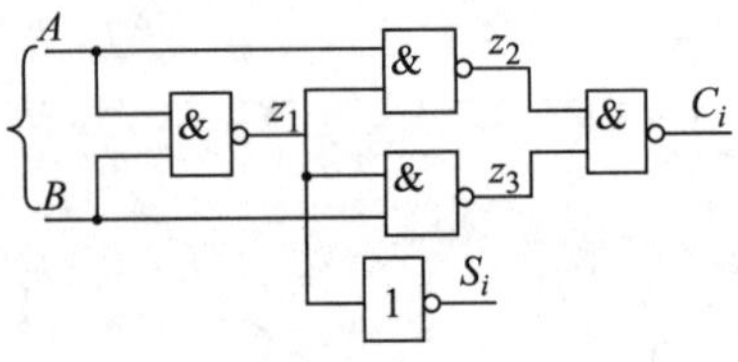

图5-9　由与非门组成的半加器电路

1）测试半加器的逻辑功能

根据图5-9连接电路。输入端A、B分别接两个逻辑电平开关，输出端C_i、S_i接颜色不同的发光二极管。当输入端A、B电平发生变化时，观察输出端C_i、S_i的电平指示器的状态并将结果记入表5-8中。

表5-8　半加器逻辑真值表

A	B	S_i	C_i
0	0		
0	1		
1	0		
1	1		

写出逻辑表达式：C_i = ______________ ，S_i = ______________ 。

2)测试全加器的逻辑功能

将 74LS86 芯片、74LS08 芯片和 74LS32 芯片按图 5－10连线，将电路的 3 个输入端 A_i、B_i 和 C_{i-1}分别接逻辑开关 A、B、C，两个输出 S_i 和 C_i 分别接电平指示器。改变输入信号的高、低电平，观察输出端的状态变化，并将结果记入表 5－9 中。

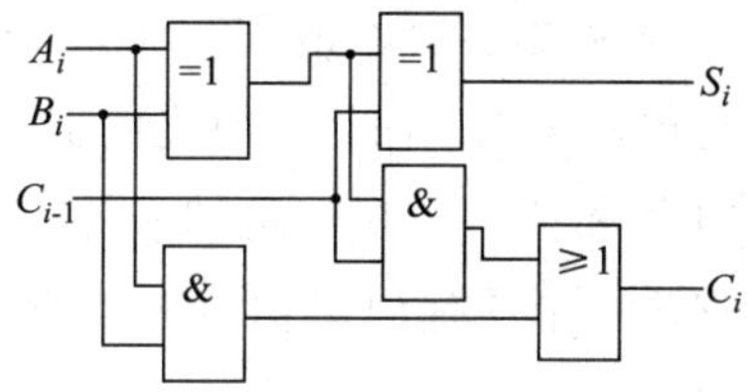

图 5－10　全加器电路

表 5－9　全加器逻辑真值表

A_i	B_i	C_{i-1}	S_i	C_i	A_i	B_i	C_{i-1}	S_i	C_i
0	0	0			1	0	0		
0	0	1			1	0	1		
0	1	0			1	1	0		
0	1	1			1	1	1		

写出逻辑表达式：S_i = ______________，C_i = ______________。

5. 实验报告要求

(1)整理归纳实验结果，并进行分析。

(2)总结归纳组合逻辑门电路的分析方法。

(3)设计其他形式的两位数的全加器。

实验 3　集成触发器应用

1. 实验目的

(1)验证基本 *RS* 触发器、门控 *D* 触发器、边沿 *JK* 触发器的逻辑功能。

(2)熟悉常用触发器的使用方法。

2. 实验仪器

(1)示波器 1 台，或万用表，1 块。

(2)四 2 输入与非门 74LS00 芯片，1 片。

(3)六反向器 74LS04 芯片，1 片。

(4)双 *JK* 触发器 74LS76 芯片，1 片。

(5)通用电学实验台，1 台。

3. 实验原理

触发器是能够存储 1 位二进制码的逻辑电路，它有两个互补输出端，其输出状态不仅与输入有关，而且与原先的输出状态有关。触发器有两个稳定状态，用以表示逻辑状态“1”和“0”，在一定的外界信号作用下，可以从一个稳定状态翻转到另一个稳定状态。它是一个具有记忆功能的二进制信息存储器件，是构成各种时序电路的最基本的逻辑单元。

1) 基本 *RS* 触发器

图 5-11(a) 是由两个与非门交叉耦合构成的基本 *RS* 触发器，是无时钟控制低电平直接触发的触发器。基本 *RS* 触发器具有置 0、置 1 和保持 3 种功能。通常称 $\overline{S}$ 为置 1 端，因为 $\overline{S}=0$ 时触发器被置 1；$\overline{R}$ 为置 0 端，因为 $\overline{R}=0$ 时触发器被置 0。当 $\overline{S}=\overline{R}=1$ 时状态保持，当 $\overline{S}=\overline{R}=0$ 时为不定状态，应当避免这种状态。

基本 *RS* 触发器也可以用两个“或非门”组成，此时为高电平有效。

基本 *RS* 触发器的逻辑符号如图 5-11(b) 所示，两个输入端的边框外侧都画有小圆圈，这是因为置 1 与置 0 都是低电平有效。

2) *JK* 触发器

在输入信号为双端的情况下，*JK* 触发器是功能完善、使用灵活和通用性较强的一种触发器。本实验采用 74LS112 双 *JK* 触发器，是下降沿触发的边沿触发器。引脚逻辑图如图 5-12 所示。*JK* 触发器的状态方程为

$$Q^{n+1}=J\overline{Q^n}+\overline{K}Q^n$$

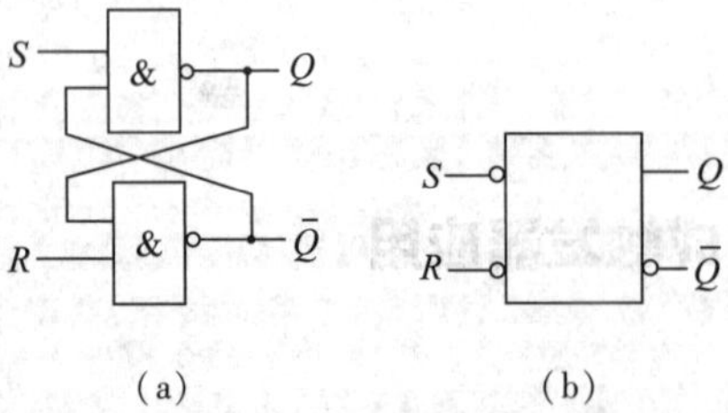

图 5-11　两个与非门组成的基本 *RS* 触发器

(a) 逻辑图　(b) 逻辑符号

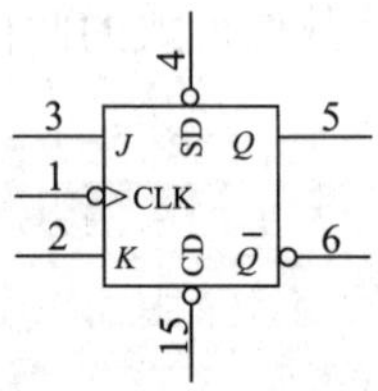

图 5-12　*JK* 触发器的引脚逻辑图

其中，*J* 和 *K* 是数据输入端，是触发器状态更新的依据。若 *J*、*K* 有两个或两个以上输入端时，组成“与”的关系。*Q* 和 $\overline{Q}$ 为两个互补输出端，通常把 $Q=0$、$\overline{Q}=1$ 的状态定为触发器“0”状态，而把 $Q=1$、$\overline{Q}=0$ 的状态定为“1”状态。

JK 触发器常被用作缓冲存储器、移位寄存器和计数器。

3) *T* 触发器

在 *JK* 触发器的状态方程中，令 $J=K=T$，则变换为

$$Q^{n+1}=T\overline{Q^n}+\overline{T}Q^n$$

这就是 T 触发器的特性方程。

当 $T=1$ 时，

$$Q^{n+1}=\overline{Q^n}$$

当 $T=0$ 时，

$$Q^{n+1}=Q^n$$

即当 $T=1$ 时，为翻转状态；当 $T=0$ 时，为保持状态。

4) D 触发器

在输入信号为单端的情况下，D 触发器用起来更为方便，其状态方程为

$$Q^{n+1}=D$$

其输出状态的更新发生在 CP 脉冲的上升沿，故又称为上升沿触发的边沿触发器。触发器的状态只取决于时钟到来前 D 端的状态。D 触发器的应用很广，可用作数字信号的寄存器、移位寄存器、分频器和波形发生器等。有很多型号可供各种用途的需要而选用，如双 D（74LS74，CC4013），四 D（74LS175，CC4042），六 D（74LS174，CC14174），八 D（74LS374）等。

4. 实验内容及步骤

1) 基本 RS 触发器功能测试

图 5－13 为用与非门组成的基本 RS 触发器，实验时在 74LS00 芯片中任选两组与非门组成。$\overline{R}$、$\overline{S}$ 接逻辑开关 A、B，Q、$\overline{Q}$ 接指示器。改变 $\overline{R}$、$\overline{S}$ 的状态，观察输出端 Q 和 $\overline{Q}$ 的状态，并将实验结果记入表 5－10中，写出特性方程表达式。

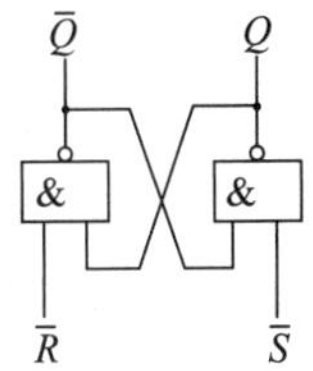

图 5－13　用与非门组成的基本 RS 触发器

表 5－10　基本 RS 触发器功能表

$\overline{S}$	$\overline{R}$	Q	$\overline{Q}$	功能说明
0	0			
0	1			
1	0			
1	1			

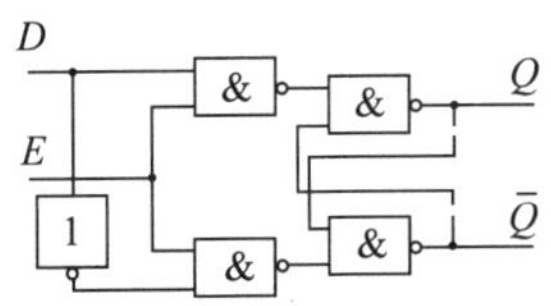

图 5－14　用与非门和非门电路组成门控 D 触发器

RS 触发器逻辑功能：________________。

特性方程 Q^{n+1} = ________________。

RS 触发器状态转换图：

2) 门控 D 触发器功能测试

将 74LS00 芯片的四输入与非门和 74LS04 芯片按图5－14连接电路，信号输入端分别接逻辑开关 E、D。改变 E、D 的输入状态，观察输出端 Q、$\overline{Q}$ 的状态，并将实验结果记入表5－11中，写出其特性方程。

表 5-11　门控 *D* 触发器功能表

E	D	Q	$\overline{Q}$	功能说明
0	0			
0	1			
1	0			
1	1			

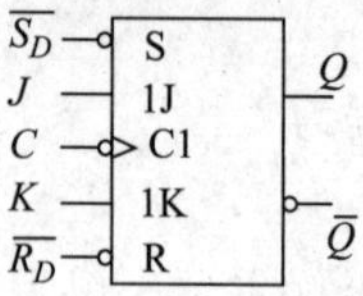

图 5-15　边沿 *JK* 触发器

D 触发器功能：________。

特性方程 Q^{n+1} = ________。

画出 *D* 触发器状态转换图：

3）边沿 JK 触发器的功能测试

将 74LS76 芯片按图 5-15 连线，J、K、$\overline{S_D}$、$\overline{R_D}$分别接逻辑开关 J、K、S、R，CP 时钟脉冲信号接逻辑开关 C，输出 Q 和 $\overline{Q}$ 端接电平指示器。改变 J、K 状态，观察输出端 Q 和 $\overline{Q}$ 的状态；改变$\overline{R_D}$、$\overline{S_D}$的状态，观察输出端 Q 和 $\overline{Q}$ 的状态，并将结果记入表 5-12 中，写出其特性方程。

表 5-12　边沿 *JK* 触发器功能表

CP	J	K	$\overline{S_D}$	$\overline{R_D}$	Q^{n+1}	Q^n	功能说明
×	×	×	0	1			
×	×	×	1	0			
↑(↓)	0	0	1	1			
↑(↓)	0	1	1	1			
↑(↓)	1	0	1	1			
↑(↓)	1	1	1	1			

JK 触发器功能：________。

JK 触发器特性方程 Q^{n+1} = ________。

$\overline{S_D}$端名称：________。功能：________。

$\overline{R_D}$端名称：________。功能：________。

JK 触发器状态转换图：

5. 实验报告及思考题

（1）记录触发器的逻辑功能，整理实验测试结果。

（2）总结触发器输入端的作用。

（3）基本 *RS* 触发器、门控 *D* 触发器、边沿 *JK* 触发器的逻辑功能、触发方式有何不同？

实验 4　集成计数器应用

1. 实验目的

(1)掌握各种进制计数器的功能、特点及使用方法。

(2)掌握计数器级联方法及其特点。

(3)掌握常用时序电路分析和测试的方法。

(4)训练独立进行实验的技能。

2. 实验仪器

(1)示波器或万用表，1 台。

(2)双 *JK* 触发器 74LS73 芯片，2 片。

(3)四 2 输入与非门 74LS00 芯片，1 片。

(4)六反向器 74LS04 芯片，1 片。

(5)4 位二进制同步计数器 74LS163 芯片，1 片。

(6)十进制同步计数器 74LS160 芯片，1 片。

(7)通用电学实验台。

3. 实验原理

计数器是一个用以实现计数功能的时序部件，它不仅可用来计脉冲数，还常用作数字系统的定时、分频和执行数字运算以及其他特定的逻辑功能。

计数器种类很多，可以从不同的角度来进行分类。

(1)按构成计数器中的各触发器是否使用同一个时钟脉冲源来分，有同步计数器和异步计数器。

(2)根据计数制的不同，分为二进制计数器、十进制计数器和任意进制计数器。

(3)根据计数的增减趋势，分为加法、减法和可逆计数器。

此外，还有可预置数和可编程功能计数器等多种计数器。

(1)用复位法获得任意进制计数器的方法如下。假定已有 N 进制计数器，而需要得到一个 M 进制计数器时，只要 $M<N$，用复位法使计数器计数到 M 时置 0，即获得 M 进制计数器。这种方法适用于有清零输入端的集成计数器。对于异步清零芯片，只要 $R_D=0$，不管计数器的输出为何种状态，它都会立即回到全“0”状态。清零信号消失后，计数器从全“0”开始重新计数。

(2)利用预置功能获得 M 进制计数器适用于具有预置数功能的集成计数器。对于具有同步预置数功能的集成计数器而言，在其计数过程中，可以将它输出的任何一个状态通过译码，产生一个预置控制信号反馈至预置数控制端，在下一个 *CP* 脉冲作用下，计数器就会把预置数输入端的数据送入输出端。预置数控制信号消失后，计数器就从被置入的状态开始重新计数。

4. 实验内容和步骤

1）二进制计数器功能测试

二进制加法计数器 74LS163 按图 5－16 连线。*CP* 接连续脉冲，输出 *Q* 接波形显示仪和七段译码显示器。观察在 *CP* 作用下，输出 *Q* 的状态，画出与 *CP* 对应的输出 *Q* 的波形及状态转换图，并说明其功能，记入表 5－13 中。

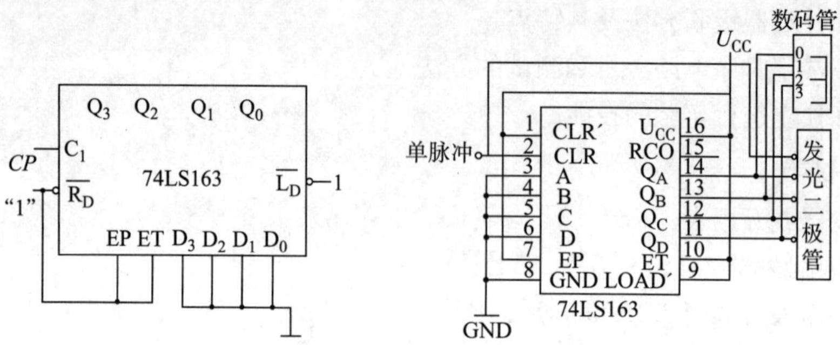

（a）　　（b）

图 5－16　74LS163 功能测试电路

（a）逻辑电路图　（b）测试连线图

表 5－13　二进制加法计数器的波形、状态转换图及功能

波形图	CP	
	Q_0	
	Q_1	
	Q_2	
	Q_3	

2）*N* 进制计数器功能测试

N 进制加法计数器 74LS163 按图 5－17 要求连线。*CP* 接连续脉冲，输出 *Q* 接波形显示仪和七段译码显示器。观察在 *CP* 作用下，输出 *Q* 的状态，将与 *CP* 对应的输出 *Q* 的波形记入表 5－14 中，并画出状态转换图，说明电路是几进制计数器。

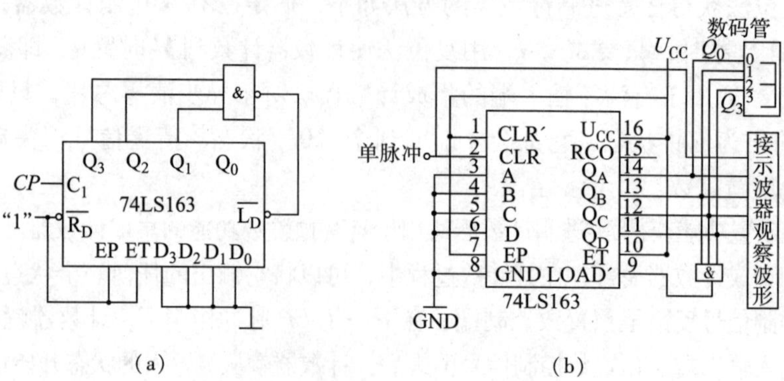

（a）　　（b）

图 5－17　*N* 进制加法计数器

（a）逻辑电路图　（b）测试连线图

表 5－14　N 进制加法计数器的波形、状态转换图及功能

波形图	CP	
	Q_0	
	Q_1	
	Q_2	
	Q_3	

3）十进制同步计数器 74LS160 级联使用

十进制计数器 76LS160 组成的电路按图 5－18 连线，CP 接连续脉冲，输出接七段译码显示器。观察在 CP 脉冲作用下，七段译码显示器的显示情况，说明电路是几进制计数器。

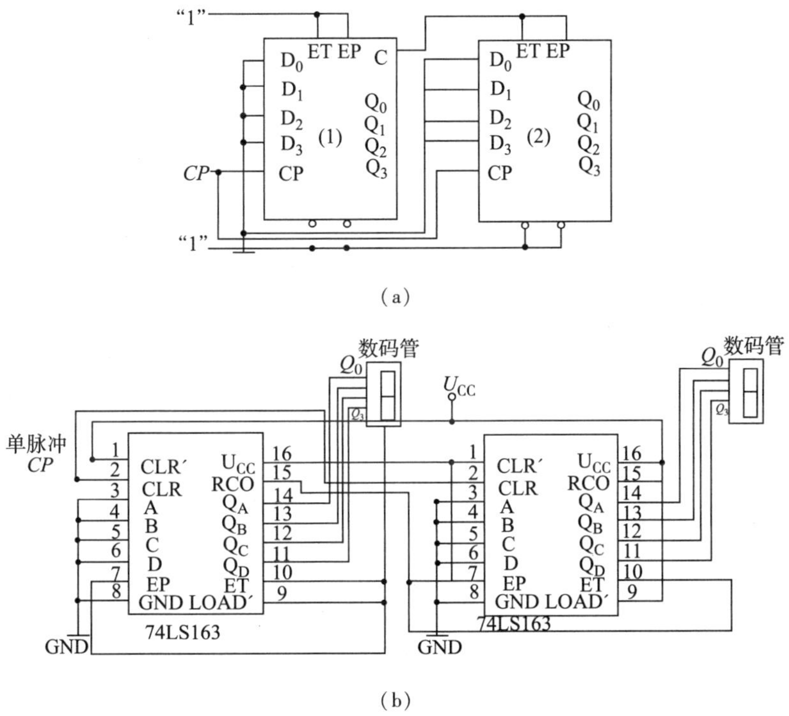

图 5－18　十进制同步计数器级联使用

（a）逻辑电路图　（b）测试连线图

功能说明：________________________________。

4）异步二进制计数器

（1）将双 JK 触发器 74LS73 芯片按图 5－19 接线。

（2）由 CP 端输入单脉冲，测试并记录 Q_1 ~ Q_4 端状态及波形。

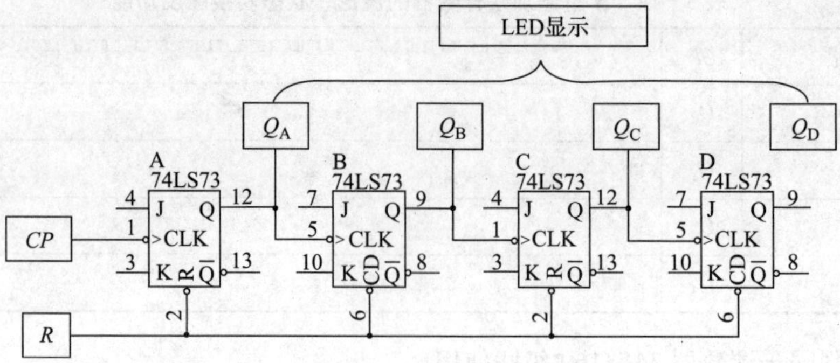

图 5-19　异步二进制计数器

5)异步二—十进制加法计数

(1)将双 *JK* 触发器 74LS73 芯片和 74LS00、74LS04 芯片按图 5-20 接线。Q_A、Q_B、Q_C、Q_D 4 个输出端分别接发光二极管显示，*CP* 端机连续脉冲或单脉冲。

(2)在 *CP* 端接连续脉冲，观察 *CP*、Q_A、Q_B、Q_C、Q_D 的波形。

(3)画出 *CP*、Q_A、Q_B、Q_C、Q_D 的波形。

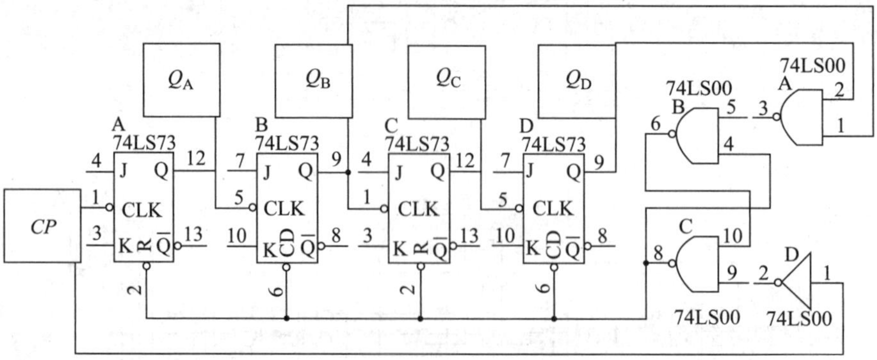

图 5-20　异步二—十进制计数器

5. 实验报告及思考题

(1)画出实验内容要求的波形及记录表格。

(2)总结时序电路特点。

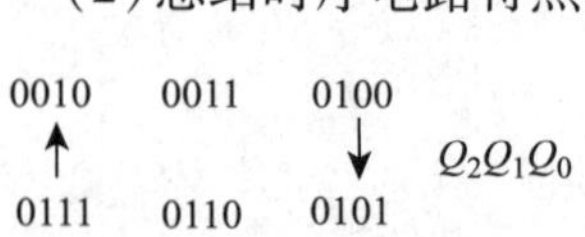

图 5-21　六进制计数状态转换

(3)试用十进制中规模集成计数器 74LS160 构成六进制计数器，状态转换图如图 5-21 所示，用仿真软件连接电路图，并验证结果。

(4)试用两片同步十进制计数器 74LS160 构成六—十进制计数器(级联法)，用仿真软件连接电路图，并验证结果。

(5)用图 5-18(a)所示方法将 74LS160 构成 100 进制计数器可以吗？说明理由并用测试电路验证。

实验5 集成移位寄存器应用

1. 实验目的

(1)掌握双向移位寄存器的功能特点。

(2)学习双向移位寄存器芯片的使用、引脚定义及功能。

2. 实验仪器

(1)示波器或万用表，1台。

(2)四D触发器74LS175芯片，1片。

(3)4位双向移位寄存器74LS194芯片，1片。

(4)通用电学实验台。

3. 实验原理

(1)移位寄存器是指寄存器中所存的代码能够在移位脉冲的作用下依次左移或右移。74LS194是一个4位双向移位寄存器，最高时钟脉冲为36 MHz，其逻辑符号及引脚排列如图5-21所示。

其中，$D_0 \sim D_1$为并行输入端；$Q_0 \sim Q_3$为并行输出端；S_R为右移串引输入端；S_L为左移串引输入端；S_1、S_0为操作模式控制端；CR为直接无条件清零端；CP为时钟脉冲输入端。74LS194模式控制及状态输出见表5-15。

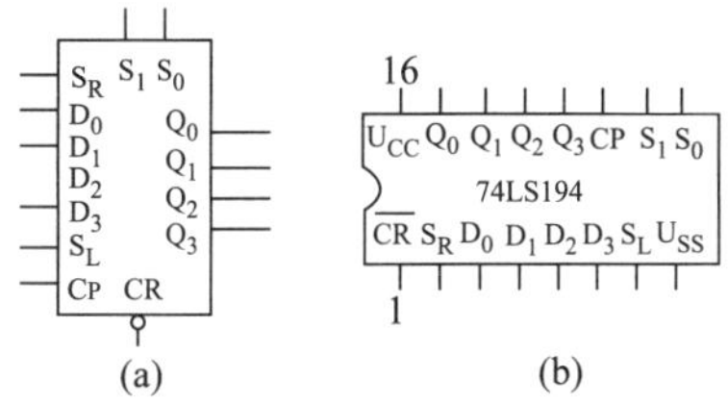

图5-21 4位双向移位寄存器74LS194

(a)逻辑符号 (b)引脚排列

表5-15 74LS194逻辑功能表

CP	$\overline{CR}$	S_1	S_0	功能	$Q_3Q_2Q_1Q_0$
×	0	×	×	清除	$\overline{CR}=0$时，$Q_3Q_2Q_1Q_0=0000$ 正常工作时，$\overline{CR}$置1
↑	1	1	1	送数	$Q_3Q_2Q_1Q_0=D_3D_2D_1D_0$ 此时串行数据(S_R，S_L)被禁止
↑	1	0	1	右移	$Q_3Q_2Q_1Q_0=D_{SR}Q_3Q_2Q_1$
↑	1	1	0	左移	$Q_3Q_2Q_1Q_0=Q_3Q_2Q_1D_{SL}$
↑	1	0	0	保持	$Q_3Q_2Q_1Q_0=Q_3^nQ_2^nQ_1^nQ_0^n$
↓	1	×	×	保持	$Q_3Q_2Q_1Q_0=Q_3^nQ_2^nQ_1^nQ_0^n$

(2)用74LS194构成8位移位寄存器，如图5-22所示。将芯片(1)的Q_3接至芯片(2)的S_R，将芯片(2)的Q_4接至芯片(1)的S_L，即可构成8位的移位寄存器。

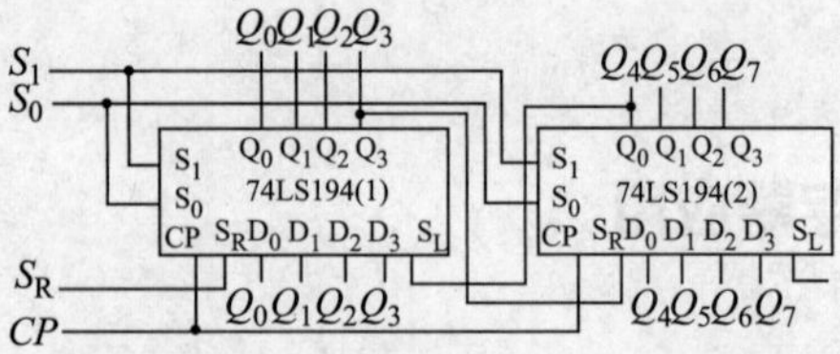

图 5-22 74LS194 构成 8 位移位寄存器

4. 实验内容及步骤

(1)4 位双向移位寄存器的功能测试

双向移位寄存器 74LS194 按图 5-23 连线。右移串行输入端 D_{IR}、左移串行输入端 D_{IL}、异步复位端$\overline{R_{IL}}$、控制端 S_1 与 S_0 分别接逻辑开关，输出 Q 接电平指示器，输入脉冲 CP 接单脉冲。自行设计并改变 S_1 与 S_0、输入 D_{IR}与 D_{IL}的状态，观察输出 Q 的状态，记入表 5-16 中，并说明其功能，并对照其功能表(表 5-17)检验实验的正确与否。

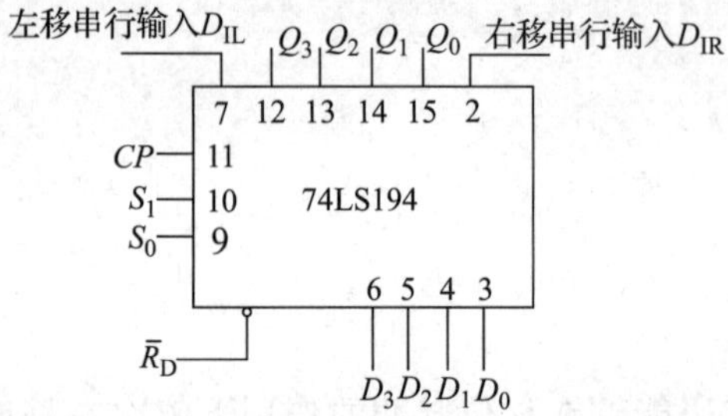

(a)

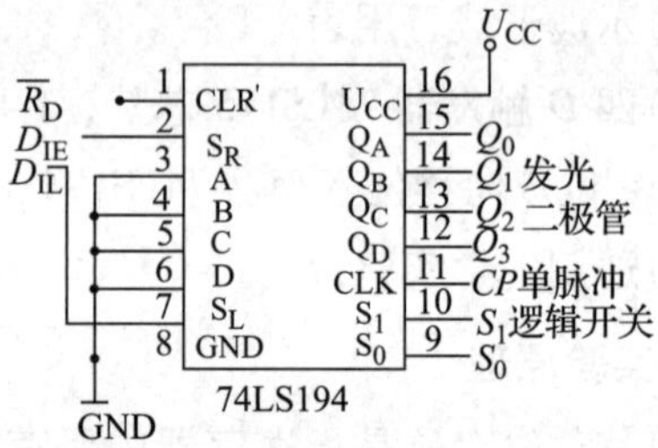

(b)

图 5-23 74LS194 双向移位功能测试

(a)逻辑电路图 (b)测试连线图

表 5-16 74LS194 功能测试数据

CP	$\overline{R_D}$	S_1 S_0	D_3 D_2 D_1 D_0	Q_3 Q_2 Q_1 Q_0

功能说明：________________

表 5-17 74LS194 功能表

输入										输出				作用
清除	模式		时钟	串行输入		并行输入								
1	10	9	11	7	2	3	4	5	6	15	14	13	12	
CR	M_1	M_0	CP	D_{SL}	D_{SR}	D_0	D_1	D_2	D_3	Q_0	Q_1	Q_2	Q_3	
L	×	×	×	×	×	×	×	×	×	L	L	L	L	清零
H	×	×	L	×	×	×	×	×	×	Q_0^n	Q_1^n	Q_2^n	Q_3^n	不工作
H	H	H	↑	×	×	d_0	d_1	d_2	d_3	d_0	d_1	d_2	d_3	置数
H	L	H	↑	×	H	×	×	×	×	H	Q_0^n	Q_1^n	Q_2^n	右移

(2)自循环移位寄存器(环形计数器)

将 74LS175 按图 5-24 接线，将 A ~ D 连接逻辑电平开关，设为 1000，CP 用单脉冲计数，记录各触发器的状态。再改为时钟信号源的 1 Hz 连续脉冲计数，将其中一个为

“0”的电平开关设为“1”（当作干扰信号），观察计数器能否正常工作。R 为清零端，接逻辑电平。试分析原因并提出解决办法。

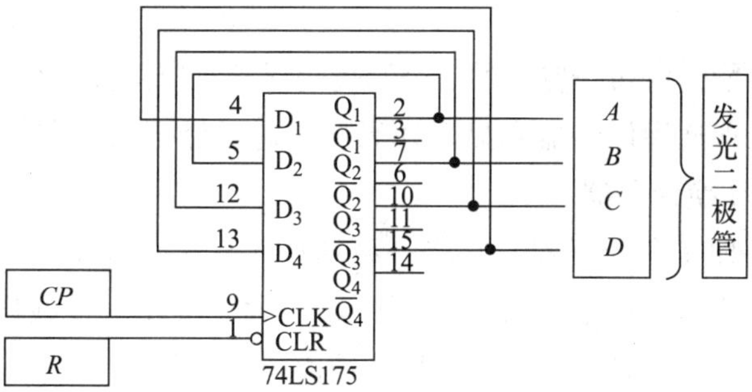

图 5－24　自循环移位寄存器

5. 实验报告及思考题

(1)画出测试电路(标出集成块引脚号)和实验波形及数据表、分析测试结果。

(2)说明构成任意进制计数器的两种方法。

(3)画出六进制计数器的状态图。

(4)讨论实验中遇到的问题。

实验 6　译码器和数据选择器

1. 实验目的

(1)掌握译码器电路的功能、特点及其测试方法。

(2)掌握译码器的级联方法及测试方法。

(3)掌握 4 选 1 数据选择器的逻辑功能及测试方法。

(4)掌握数据选择器的级联方法及测试方法。

(5)掌握 3 线—8 线译码器的应用方法及测试。

2. 实验仪器

(1)示波器或万用表，1 台。

(2)双 2 线—4 线译码器 74LS139 芯片，1 片。

(3)双 4 选 1 数据选择器 74LS253 芯片，1 片。

(4)六反相器 74LS04 芯片，1 片。

(5)四 2 输入或门 74LS32，1 片。

(6)3 线—8 线译码器 74LS138 芯片，1 片。

(7)四 2 输入与非门 74LS00 芯片，1 片。

(8)通用电学实验台。

3. 实验原理

1)译码器

译码器的逻辑功能是将每个输入的二进制代码译成对应的高、低电平信号。译码器按功能可分为两大类，即通用译码器和显示译码器。通用译码器又包括变量译码器(n 线—2^n 线译码器)和代码变换译码器。

变量译码器是一种完全译码器，它将一系列输入代码转换成与之一一对应的有效信号。这种译码器可称为唯一地址译码器，如3线—8线、4线—16线译码器等。

代码变换译码器是将一种代码转换成另一种代码，它用于一个数据的不同代码之间的相互转换，如4线—10线译码器等。

显示译码器用来将数字、文字或者符号的代码译成相应的数字、文字或符号的电路，如BCD—七段显示译码器等。

2)数据选择器

数据选择器也称为多路选择器或多路开关，其基本功能是：在选择输入(又称地址输入)信号的控制下，从多路输入数据中选择某一路数据作为输出。因此，数据选择器实现的是时分多路传输电路中发送端电子开关的功能，故又称为复用器(Multiplexer)，并用MUX来表示。一般数据选择器有 n 个地址输入端，2^n 个数据输入端，一个数据输出端或反码数据输出端，同时还有选通端(又称使能端、片选端)。在数字系统中，数据选择器以其使用灵活方便、开发性强等特点被广泛采用。

目前常用的数据选择器有2选1、4选1、8选1和16选1等多种类型。

4. 实验内容及步骤

1)译码器功能测试

74LS139双2线—4线译码器如图5－25所示。输入端 D_0、D_1 接逻辑开关，输出 Y_0 ~ Y_3 接电平指示器。改变输入信号 D_0、D_1 的状态，观察输出，写出 Y_0 ~ Y_3 的数值(见表5－18)及其表达式。

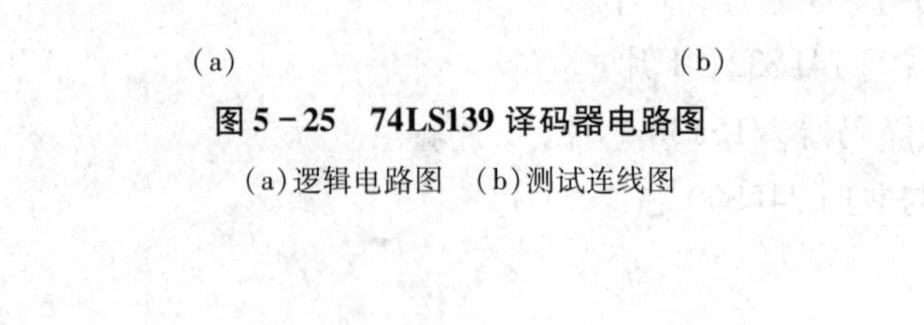

图5－25 74LS139译码器电路图

(a)逻辑电路图 (b)测试连线图

表 5-18 74LS139 译码器功能表

D_1	D_0	Y_3	Y_2	Y_1	Y_0
0	0				
0	1				
1	0				
1	1				

Y_3 = ________ Y_2 = ________ Y_1 = ________ Y_0 = ________

2）译码器的级联应用

用双2线—4线译码器74LS139组成的3线—8线译码器电路如图5-26所示。输入端$D_0 \sim D_2$接逻辑开关，输出$Y_0 \sim Y_7$接电平指示器。改变输入信号$D_0 \sim D_2$的状态，观察输出，写出$Y_0 \sim Y_7$的数值（表5-19）及其表达式。

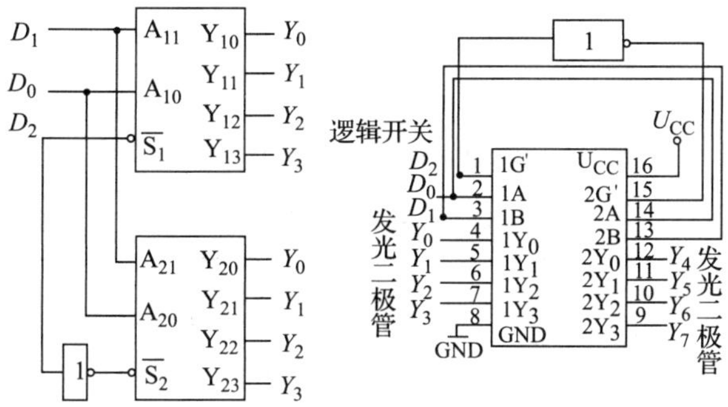

（a） （b）

图 5-26 74LS139 构成 3 线—8 线译码器

（a）逻辑电路图 （b）测试连线图

表 5-19 3 线—8 线译码器功能表

D_2	D_1	D_0	Y_7	Y_6	Y_5	Y_4	Y_3	Y_2	Y_1	Y_0
0	0	0								
0	0	1								
0	1	0								
0	1	1								
1	0	0								
1	0	1								
1	1	0								
1	1	1								

Y_7 = ________ Y_6 = ________

Y_5 = ________ Y_4 = ________

Y_3 = ________ Y_2 = ________

$Y_1 =$ ______________ $Y_0 =$ ______________

3）数据选择器功能测试

将双4选1数据选择器74LS253按图5-27连线。信号输入端D、C、B、A分别接逻辑开关6、8、4、3，选通端A_1、A_0接逻辑开关B、A。在D、C、B、A状态确定的条件下，改变选通端A_1、A_0的状态，观察输出Y，并将实验结果记入表5-20中。

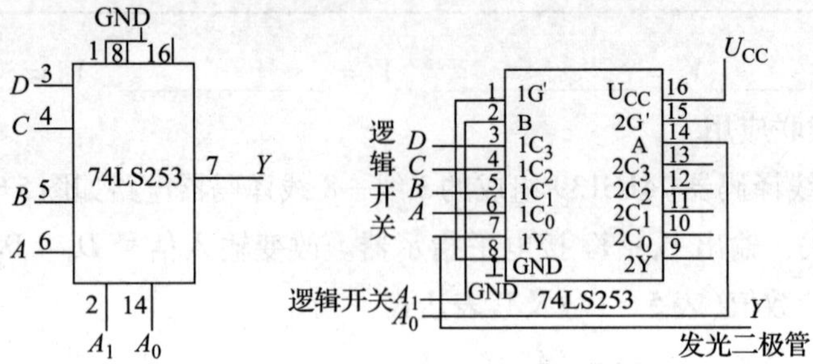

（a） （b）

图5-27 数据选择器74LS253测试电路

（a）电路逻辑图 （b）测试连线图

表5-20 数据选择器测试功能表

A_1 A_0	D	C	B	A	Y
0 0	×	×	×	0	
	×	×	×	1	
0 1	×	×	0	×	
	×	×	1	×	
1 0	×	0	×	×	
	×	1	×	×	
1 0	0	×	×	×	
	1	×	×	×	

由真值表可知$Y =$ ______________

4）数据选择器级联应用

双4选1多路数据选择器74LS253接成的8选1数据选择器电路如图5-28所示，按测试图连线，选通输入A_0、A_1、A_2信号分别接逻辑开关A、B、C，$D_0 \sim D_7$分别对应接逻辑开关0~7，输出Y接电平指示器。改变A_2、A_1、A_0和输入$D_0 \sim D_7$的状态（自行设计），观察输出Y的状态，并把实验结果记入表5-21中，说明电路功能。

表5-21 8选1数据选择器功能测试数据功能表

A_2 A_1 A_0	Y
0 0 0	
0 0 1	

续表

A_2 A_1 A_0	Y
0 1 0	
0 1 1	
1 0 0	
1 0 1	
1 1 0	
1 1 1	

逻辑表达式 $Y=$ ________ 功能说明：________

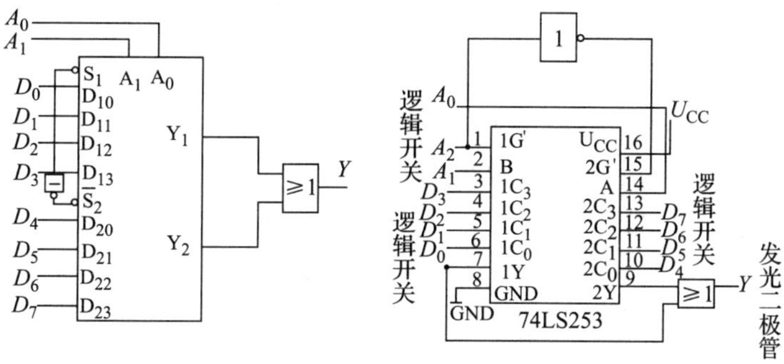

（a）　　（b）

图 5－28　4 选 1 数据选择器构成 8 选 1 数据选择器电路

（a）电路原理图　（b）测试连线图

5）3 线—8 线译码器的应用

用一片 3 线—8 线译码器 74LS138 构成 1 位全减器电路。全减器真值见表 5－22，画出电路连线图，并检验其功能。

表 5－22　全减器真值表

输入			输出	
A_i	B_i	C_{i-1}	D_i	C_i
0	0	0	0	0
0	0	1	1	1
0	1	0	1	1
0	1	1	0	1
1	0	0	1	0
1	0	1	0	0
1	1	0	0	0
1	1	1	1	1

$D_i=$ ________　　$C_i=$ ________

5. 实验报告及思考题

(1)画出实验要求的波形图。

(2)总结译码器和数据选择器的使用方法。

(3)译码器和数据选择器有何不同，是否可以互用?

(4)用中规模集成全加器、译码器、数据选择器设计一般组合电路的方法。

实验 7　集成数码管应用

1. 实验目的

(1)熟悉七段共阴、共阳 LED 数码管的结构、使用方法。

(2)熟悉共阴译码驱动电路的原理及使用方法。

(3)掌握数码显示电路的应用。

2. 实验仪器

(1)共阴、共阳数码管和扩展板。

(2)数字万用表。

(3)4 线—七段译码/驱动器 78LS48 或集成芯片 74LS248。

(4)二—五—十进制计数器 74LS90 计数器等。

(5)通用电学实验台。

3. 实验原理

4 线—七段译码/驱动器是把给定的代码进行翻译，直观地用七段显示数字。显示与译码是配套使用的。在数字测量仪表和各种数字系统中，将数字量直观的显示出来。人们一方面可直接读取测量和运算的结果；另一方面可用于监视数字系统的工作情况。因此，数字显示电路是许多数字设备不可缺少的部分。数字显示电路通常由译码器、驱动器和显示器等部分组成，如图 5 - 29 所示。

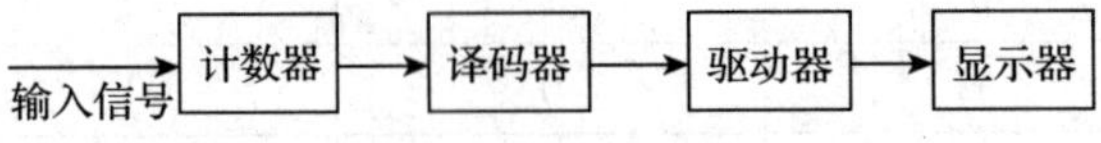

图 5 - 29　数字显示电路组成方框图

1)LED 数码管

数码的显示方式一般有三种：字型重叠显示式，分段显示式，点阵显示式。以分段显示式应用最为普遍。主要器件是七段发光二极管(LED)显示器。它可分为两种形式：一种是共阳极显示器(发光二极管的阳极都接在一个公共点上)，即笔段电极接低电平，公共阳极接高电平时，相应的笔段可以发光。另一种是共阴极显示器(发光二极管的阴极都接在一个公共点上，使用时公共点接地)。图5－30是七段共阴数码管电路和引脚图。图5－31为七段共阳数码管电路和引脚图。

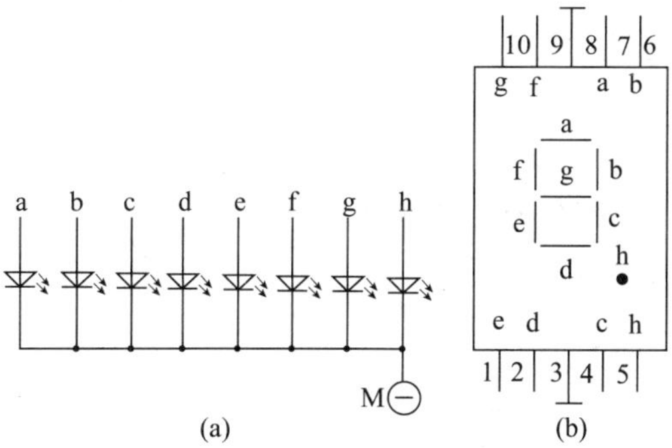

图5－30 七段共阴数码管

(a)七段共阴发光二极管 (b)共阴引脚图

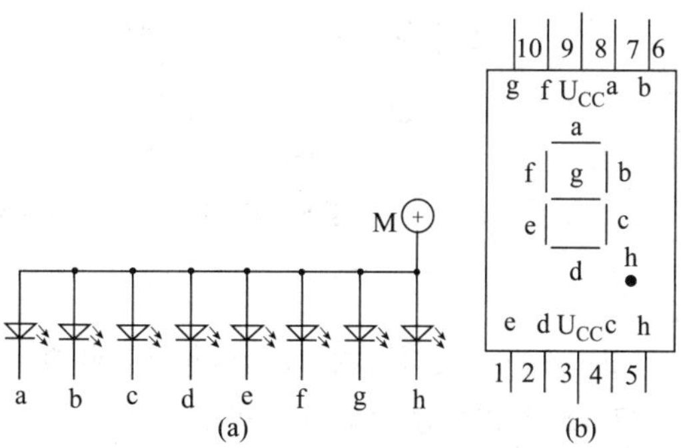

图5－31 七段共阳数码管

(a)七段共阳发光二极管 (b)共阳引脚图

一个数码管可以显示一位0～9十进制数和一个小数点。小型数码管(0.5 in和0.36 in)每段发光二极管的正向压降，随着显示光(通常为红、绿、黄、橙色)的颜色不同略有差别，通常为2～2.5 V，每个发光二极管的点亮电流在5～10 mA。LED数码管要显示BCD码所表示的十进制数字需要有一个专门的译码器，该译码器不但要有译码功能，还要有相当的驱动能力。

2)译码驱动器

Ⅰ. 4线—七段显示共阴极译码驱动器74LS48

半导体数码管可以用TTL或CMOS集成电路直接驱动，为此就需要用显示译码器将BCD代码译成数码管所需要的驱动信号，以便使数码管用二进制数字显示出BCD代码所表示的数值。

74LS48是BCD输入，有上拉电阻能够配合七段发光二极管工作的4线—七段译码/驱动器，它的逻辑符号如图5－32(b)所示。D、C、B、A是BCD码的输入端，Y_a，Y_b，Y_c，…，Y_g是译码输出端，用“1”表示数码管中笔段的点亮状态。用“0”表示数码管中的笔段的熄灭状态。译码/驱动器集成芯片引脚功能如图5－32(a)所示。$\overline{LT}$为试灯端、$\overline{RBI}$为灭零输入端，它们都是低电平有效。当$\overline{LT}=0$、$\overline{RBI}$为高电平时，数码管输出全为“1”，显示笔段8字。当$\overline{RBI}=0$且D、C、B、A为0000时，数字0不显示，处于灭零状态。$\overline{BI}/\overline{RBO}$为灭灯输入/灭零输出。$\overline{BI}$为灭灯输入端，当$\overline{BI}=0$时输出全为零；$\overline{RBO}$是灭零输出端，该器件处于灭零状态时，$\overline{RBO}=0$，否则，$\overline{RBO}=1$。$\overline{BI}/\overline{RBO}$主要是用来控制相邻的灭零功能。

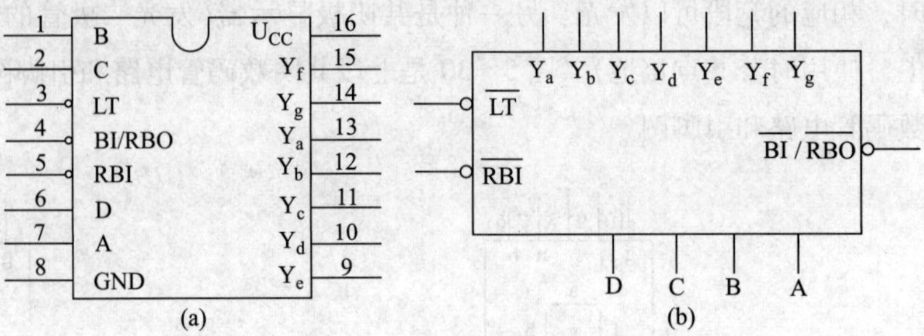

图 5-32　4 线—七段译码/驱动器 74LS48(74LS248)

(**a**)引脚排列　(**b**) 逻辑符号

Ⅱ. 4 线—七段显示共阳极译码/驱动器 74LS47 芯片

74LS47 芯片是驱动共阳极显示数码管的译码驱动集成芯片，引脚功能排列与 74LS48 相同。使用时要注意 74LS47 为集电极开路输出，需要外接上拉电阻。而 74LS48 芯片内部有升压电阻，可以直接与显示器相连。

Ⅲ. 74LS248 芯片共阴极译码/驱动器

74LS248 芯片与 74LS48 芯片的功能和使用方法完全相同，但不同的是共阴极数码管显示 6 与 9 数字的笔划有一点差别，如图 5-33 所示。

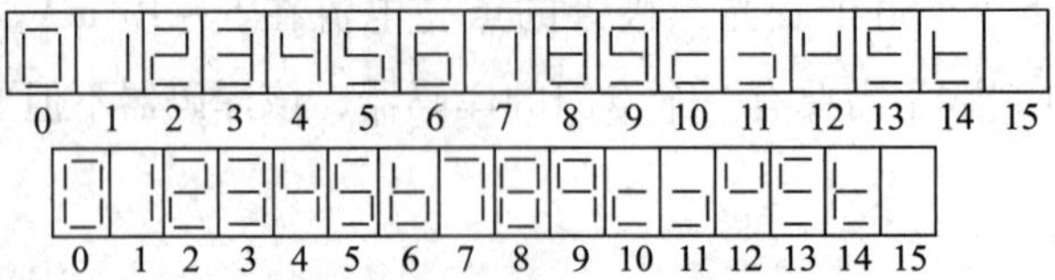

图 5-33　74LS248 与 74LS48 的显示区别(上为 74LS248，下为 74LS48)

Ⅳ. CD4511 共阴极译码/驱动器

CD4511 功能和显示效果与 74LS48 基本一样，二者的区别在于 CD4511 的输入码超过 1001(即大于 9)时，它的输出全为“0”，数码管熄灭。$\overline{LT}$为灯测试输入端，而且使用 CD4511 时，输出端与数码管之间要串入限流电阻，如图 5-34 所示。

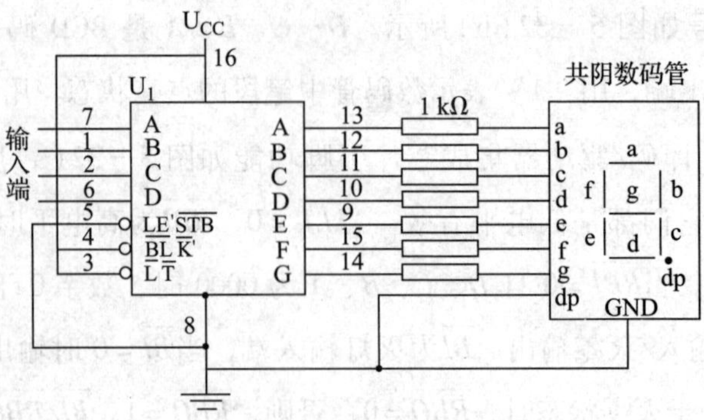

图 5-34　CC4511 数码管译码/驱动电路

4. 实验内容及步骤

1)芯片 74LS48 译码/驱动器与数码管连接功能测试(验证性实验)

将 74LS48 输入端 D、C、B、A(按左高右低)分别接逻辑拨位开关，输出端 Y_a、Y_b、Y_c、Y_d、Y_e、Y_f、Y_g 分别接共阴极数码管对应的字符。74LS48 的 3 脚($\overline{LT}$端)、$\overline{BI}/\overline{RBO}$ 4 脚、$\overline{RBI}$ 5 脚接逻辑拨位开关，16 脚为电源 +5 V，8 脚接地。数码管与译码/驱动器 74LS48 连接使用时，数码管的 3 脚引线必须接一个 100 ~ 200 Ω 小电阻再连到电路的地端，以限制数码管工作电流，否则可能会烧坏数码管。

当芯片 74LS483 脚($\overline{LT}$端)为低电平，芯片 4、5 脚为高电平时，七段数码管全亮，用此方法可以检查译码器及数码管的好坏。译码器输入的二进制代码(0000 ~ 1111)时，3、4、5 脚应全为高电平。记录数码管中的七段显示电平和字型显示，填入表 5 - 23 中。

表 5 - 23　译码/驱动器 74LS48 与共阴数码管连接功能测试表

十进制或功能	输入							输出							显示字形
	试灯$\overline{LT}$	灭灯$\overline{RBI}$	D	C	B	A	$\overline{BI}/\overline{RBO}$	Y_a	Y_b	Y_c	Y_d	Y_e	Y_f	Y_g	
0	1	1	0	0	0	0	1	1	1	1	1	1	1	0	0
1	1	×	0	0	0	1	1	0	1	1	0	0	0	0	1
2	1	×	0	0	1	0	1	1	1	0	1	1	0	1	2
3	1	×	0	0	1	1	1	1	1	1	1	0	0	1	3
4	1	×	0	1	0	0	1	0	1	1	0	0	1	1	4
5	1	×	0	1	0	1	1	1	0	1	1	0	1	1	5
6	1	×	0	1	1	0	1	0	0	1	1	1	1	1	6
7	1	×	0	1	1	1	1	1	1	1	0	0	0	0	7
8	1	×	1	0	0	0	1	1	1	1	1	1	1	1	8
9	1	×	1	0	0	1	1	1	1	1	0	0	1	1	9
10	1	×	1	0	1	0	1	0	0	0	1	1	0	1	
11	1	×	1	0	1	1	1	0	0	1	1	0	0	1	
12	1	×	1	1	0	0	1	0	1	0	0	0	1	1	
13	1	×	1	1	0	1	1	1	0	0	1	0	1	1	
14	1	×	1	1	1	0	1	0	0	0	1	1	1	1	
15	1	×	1	1	1	1	1	0	0	0	0	0	0	0	
灭灯	×	×	×	×	×	×	0								灭
测灯	0	×	×	×	×	×	1	1	1	1	1	1	1	1	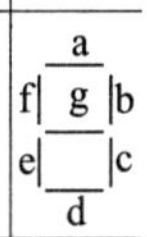
灭零	1	0	0	0	0	0	0	0	0	0	0	0	0	0	灭

2)共阳极译码器 74LS47 与数码管连接，测试其功能(验证性实验)

可参考芯片 74LS48 译码/驱动器与数码管连接功能测试。使用时注意将 74LS47 外接上拉电阻。

3）数码显示电路在计数器中的应用（综合性实验）

74LS90 芯片是二－五－十进制中规模集成计数器。它由二进制计数器和五进制计数器构成，具有二分频、五分频和十分频功能。引脚功能如图 5－35 所示。

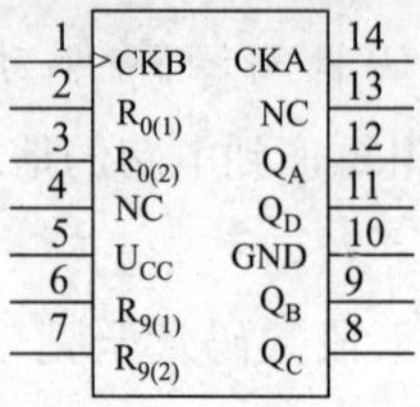

图 5－35　74LS90 的引脚图

计数脉冲从 *CKA* 端输入，Q_A 输出，为二进制计数器。计数器脉冲从 *CKB* 输入，$Q_B \sim Q_D$ 输出，为五进制计数器。将 Q_A 与 *CKB* 相连，计数脉冲从 *CKA* 输入，$Q_A \sim Q_D$ 端输出，为 8421 码十进制计数器。

74LS90 芯片功能见表 5－24。从表中可以看出，当复位输入 $R_{0(1)} = R_{0(2)} = 1$，且置位输入 $R_{9(1)} \cdot R_{9(2)} = 0$ 时，74LS90 的输出被直接置零。当置位输入 $R_{9(1)} \cdot R_{9(2)} = 1$，则 74LS90 的输出将被直接置 9，即 $Q_D Q_C Q_B Q_A = 1001$；当 $R_{0(1)} \cdot R_{0(2)} = 0$ 和 $R_{9(1)} \cdot R_{9(2)} = 0$ 时，在计数脉冲（下降沿）作用下实现二－五－十进制加法计数。

表 5－24　中规模二－五－十进制集成计数器 74LS90 功能表

复位输入		置位输入		时钟	输出			
$R_{0(1)}$	$R_{0(2)}$	$R_{9(1)}$	$R_{9(2)}$	*CAK/CAB*	Q_A	Q_B	Q_C	Q_D
1	1	0	×	×	0	0	0	0
1	1	×	0	×	0	0	0	0
×	×	1	1	×	1	0	0	1
0	×	×	0	↓	计　数			
×	0	0	×	↓	计　数			
×	0	×	0	↓	计　数			

实验时，分别将集成芯片 74LS90 连接为二进制、五进制、一位十进制脉冲计数器（脉冲源由 1 Hz 连续脉冲提供），计数器输出接入译码/驱动器 74LS48（或 74LS248）的输入端，观察并记入发光二极管显示二进制的数据和数码管显示的数据（自拟表格）。

5. 实验报告及思考题

（1）整理实验电路和实验数据，分析实验结果，验证数码显示电路的功能。

（2）译码器输出与数码管显示引脚之间为什么要接 100～200 Ω 的小电阻？

实验 8　555 时基电路及其应用

1. 实验目的

（1）熟悉 555 时基电路的结构、工作原理及其特点。

（2）掌握 555 时基电路的基本应用。

2. 实验仪器

(1)双踪示波器，1 台。

(2)555 定时器，1 个。

(3)二极管 2CK13，2 只。

(4)其他元器件：电位器、电阻、电容，若干。

(5)通用电学实验台。

3. 实验原理

555 时基电路又称为 555 定时器或 555 电路，是一种数字、模拟混合型的中规模集成电路，应用十分广泛。它是一种产生时间延迟和多种脉冲信号的电路，由于内部电压标准使用了 3 个 5 kΩ 的电阻，故取名 555 电路。其电路类型有双极型和 CMOS 型两大类，二者的结构与工作原理类似。几乎所有的双极型产品型号最后的三位数码都是 555 或 556；所有的 CMOS 产品型号最后四位数码都是 7555 或 7556，二者的逻辑功能和引脚排列完全相同，易于互换。555 和 7555 是单定时器。556 和 7556 是双定时器。双极型的电源电压为 5 ~ 15 V，输出的最大电流可达 200 mA；CMOS 型的电源电压为 3 ~ 18 V。

1)555 定时器的工作原理

555 定时器的内部电路方框图如图 5 - 36 所示。它含有两个电压比较器，一个基本 *RS* 触发器，一个放电开关管 VT，比较器的参考电压由 3 个 5 kΩ 的电阻构成的分压器提供。它们分别使高电平比较器 A_1 的同相输入端和低电平比较器 A_2 的反相输入端的参考电平为 $\frac{2}{3}U_{CC}$ 和 $\frac{1}{3}U_{CC}$。A_1 与 A_2 的输出端控制 *RS* 触发器状态和放电开关管状态。当输入信号自 6 脚，即高电平触发输入并超过参考电平 $\frac{2}{3}U_{CC}$ 时，触发器复位，555 定时器的输出端 3 脚输出低电平，同时放电开关管导通；当输入信号自 2 脚输入并低于 $\frac{1}{3}U_{CC}$ 时，触发器置位，555 定时器的 3 脚输出高电平，同时放电开关管截止。$\overline{R}_D$ 是复位端(4 脚)，当 $\overline{R}_D=0$ 时，555 输出低电平。平时 $\overline{R}_D$ 端开路或接 U_{CC}。

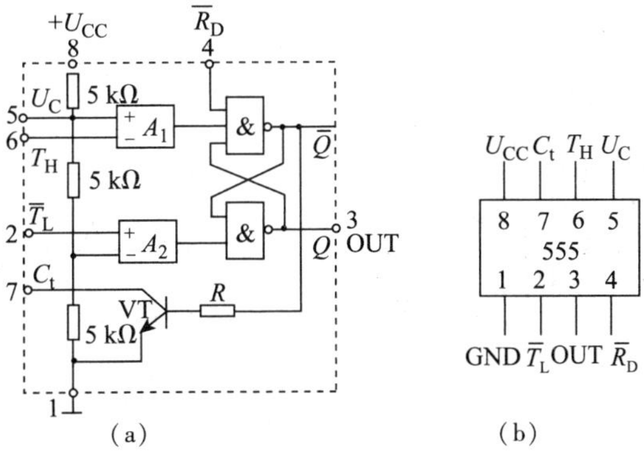

图 5 - 36　555 定时器

(a)内部框图　(b)引脚排列

U_C是控制电压端(5 脚)，平时输出$\frac{2}{3}U_{CC}$作为比较器 A_1的参考电平，当5脚外接一个输入电压，即改变了比较器的参考电平，从而实现对输出的另一种控制，在不接外加电压时，通常接一个0.01 μF 的电容到地，起滤波作用，以消除外来的干扰，以确保参考电平的稳定。

VT 为放电开关管，当 VT 导通时，将给接于7脚的电容提供低阻放电通路。555 定时器主要是与电阻、电容构成充放电电路，并由两个比较器来检测电容上的电压，以确定输出电平的高低和放电开关管的通断。这就很方便地构成从微秒到数十分钟的延时电路，可方便地构成单稳态触发器、多谐振荡器、施密特触发器等脉冲产生或波形变换电路。

2)555 定时器的典型应用

(1)构成单稳态触发器。图 5-37(a)为由 555 定时器和外接定时元件 R、C 构成的单稳态触发器。触发电路由 C_1、R_1、VD 构成，其中 VD 为钳位二极管，稳态时 555 定时器输入端处于电源电平，内部放电开关管 VT 导通，输出端 F 输出低电平，当有一个外部负脉冲触发信号经 C_1 加到2脚，并使2脚电位瞬时低于$\frac{1}{3}U_{CC}$，低电平比较器动作，单稳态电路即开始一个暂态过程，电容 C 开始充电，u_C 按指数规律增长。当 u_C 充电到$\frac{2}{3}U_{CC}$时，高电平比较器动作，比较器 A_1 翻转，输出 u_o 从高电平返回低电平，放电开关管 VT 重新导通，电容 C 上的电荷很快经放电开关管 VT 放电，暂态结束，恢复稳态，为下个触发脉冲的来到做好准备。波形图如图 5-37(b)所示。

暂稳态的持续时间 t_w(即为延时时间)决定于外接元件 R、C 值的大小。

$$t_w = 1.1RC$$

通过改变 R、C 的大小，可使延时时间在几个微秒到几十分钟之间变化。当这种单稳态电路作为计时器时，可直接驱动小型继电器，并可以使用复位端(4 脚)接地的方法来中止暂态，重新计时。此外尚须用一个续流二极管与继电器线圈并接，以防继电器线圈反电势损坏内部功率管。

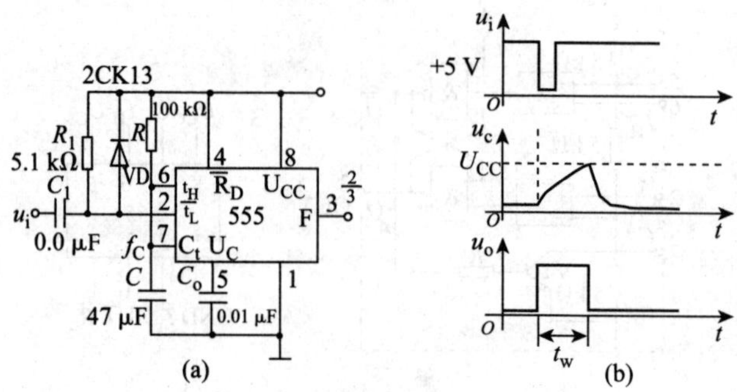

图 5-37　单稳态触发器

(a)电路图　(b)波形图

(2)构成多谐振荡器。

图 5－38(a)为由 555 定时器和外接元件 R_1、R_2、C 构成的多谐振荡器，2 脚与 6 脚直接相连。电路没有稳态，仅存在两个暂稳态，电路亦不需要外加触发信号，利用电源通过 R_1、R_2 向 C 充电，C 通过 R_2 向放电端 C_t 放电，使电路产生振荡。

电容 C 在$\frac{1}{3}U_{CC}$和$\frac{2}{3}U_{CC}$之间充电和放电，其波形如图 5－41(b)所示。

输出信号的时间参数是 $T=t_{w1}+t_{w2}$，$t_{w1}=0.7(R_1+R_2)C$，$t_{w2}=0.7R_2C$，555 定时器要求 R_1 与 R_2 均应大于或等于 1 kΩ，但 R_1+R_2 应小于或等于 3.3 MΩ。

外部元件的稳定性决定了多谐振荡器的稳定性，555 定时器配以少量的元器件即可获得较高精度的振荡频率和具有较强的功率输出能力。因此这种形式的多谐振荡器应用很广。

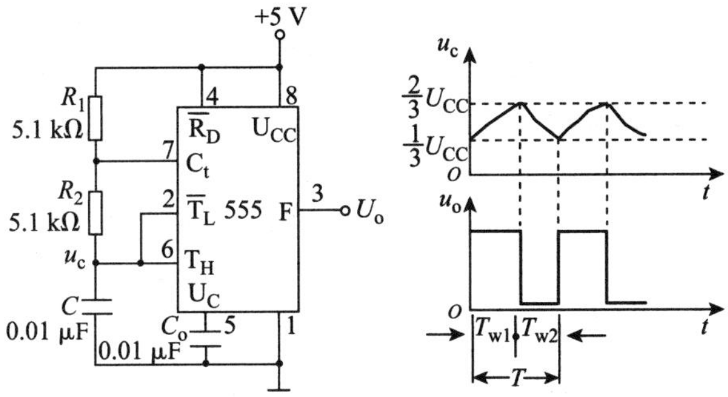

图 5－38　多谐振荡器

(a)电路图　(b)波形图

(3)组成占空比可调的多谐振荡器。电路如图 5－39 所示，它比图 5－41 增加了一个电位器和两个导引二极管。VD_1、VD_2 用来决定电容充、放电电流流经电阻的途径(充电时 VD_1 导通，VD_2 截止；放电时 VD_2 导通，VD_1 截止)。

占空比为

$$P=\frac{t_{w1}}{t_{w1}+t_{w2}}\approx\frac{0.7R_AC}{0.7(R_A+R_B)}=\frac{R_A}{R_AR_B}$$

可见，若取 $R_A=R_B$ 电路即可输出占空比为 50% 的方波信号。

(4)组成占空比连续可调并能调节振荡频率的多谐振荡器。电路如图 5－40 所示。对 C_1 充电时，充电电流通过 R_1、VD_1、R_{p2}和 R_{p1}；放电时通过 R_{p1}、R_{p2}、VD_2、R_2。当 $R_1=R_2$、R_{p2}调至中心点，因充放电时间基本相等，其占空比约为 50%，此时调节 R_{p1}仅改变频率，占空比不变。如 R_{p2}调至偏离中心点，再调节 R_{p1}，不仅振荡频率改变，而且对占空比也有影响。R_{p1}不变，调节 R_{p2}，仅改变占空比，对频率无影响。因此，当接通电源后，应首先调节 R_{p1}使频率至规定值，再调节 R_{p2}，以获得需要的占空比。若频率调节的范围比较大，还可以用波段开关改变 C_1 的值。

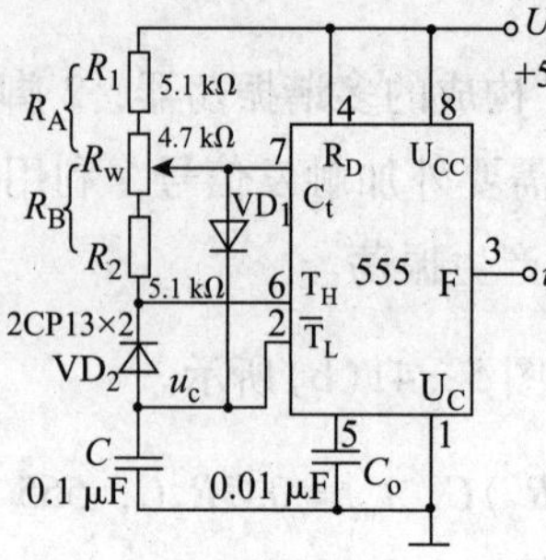

图 5-39 占空比可调的多谐振荡器

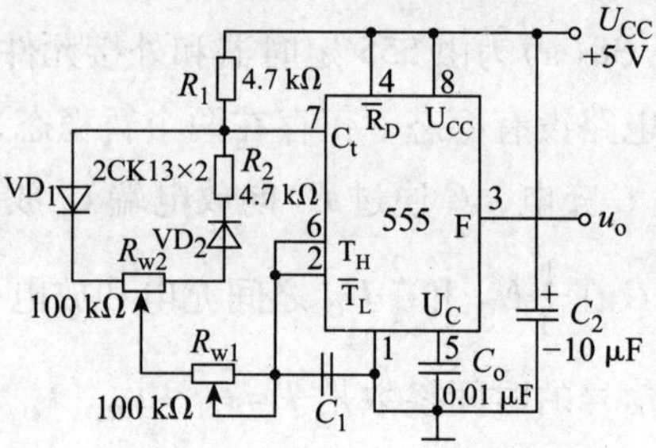

图 5-40 占空比与频率均可调的多谐振荡器

(5)组成施密特触发器。电路如图 5-41 所示，只要将 2 脚、6 脚连在一起作为信号输入端，即得到施密特触发器。图 5-42 给出了 u_S，u_i 和 u_o 的波形图。

设被整形变换的电压为正弦波 u_S，其正半波通过二极管 VD 同时加到 555 定时器的 2 脚和 6 脚，得 u_i 为半波整流波形。当 u_i 上升到$\frac{2}{3}U_{CC}$时，u_o 从高电平翻转为低电平；当 u_i 下降到$\frac{1}{3}U_{CC}$时，u_o 又从低电平翻转为高电平。电路的电压传输特性曲线如图 5-47 所示。

回差电压为

$$\Delta U=\frac{2}{3}U_{CC}-\frac{1}{3}U_{CC}=\frac{1}{3}U_{CC}$$

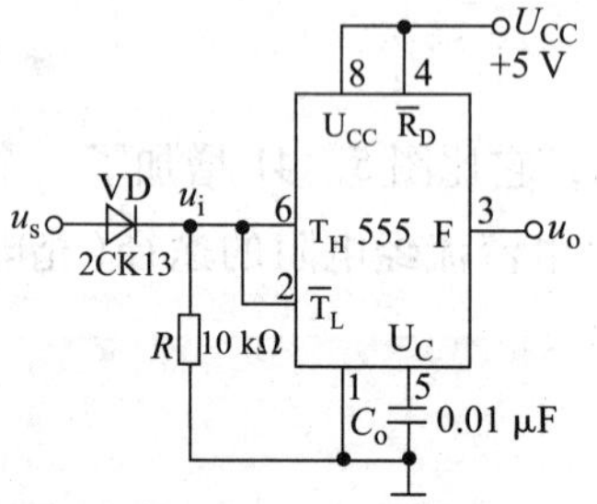

图 5-41 施密特触发器

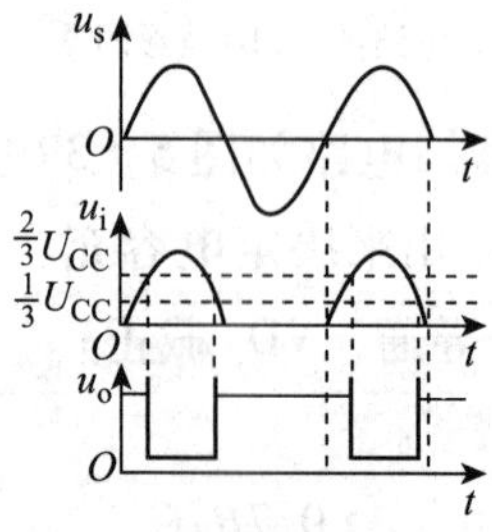

图 5-42 波形变换图

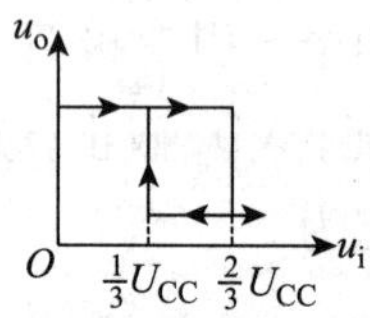

图 5-43 施密特触发器电压传输特性

4. 实验内容及步骤

1）单稳态触发器

(1)按图 5-37 连线，取 $R=100\ \mathrm{k\Omega}$，$C=47\ \mu\mathrm{F}$，输入信号 u_i 由单次脉冲源提供，用双踪示波器观测 u_i，u_C，u_o 波形，测定幅度与暂稳时间。

(2)将 R 改为 1 kΩ，C 改为 0.1 μF，输入端加 1 kHz 的连续脉冲，观测波形 u_i，u_C，u_o，测定幅度及暂稳时间。

2）多谐振荡器

(1)按图 5-38 接线，用双踪示波器观测 u_C 与 u_o 的波形，测定频率。

(2)按图 5-39 接线，组成占空比为 50% 的方波信号发生器。观测 u_C，u_o 波形，测定波形参数。

(3)按图5－40接线，通过调节R_{p1}和R_{p2}来观测输出波形。

3)施密特触发器

按图5－41接线，输入信号由音频信号源提供，预先调好u_S的频率为1 kHz，接通电源，逐渐加大u_S的幅度，观测输出波形，测绘电压传输特性，算出回差电压ΔU。

5. 实验报告及思考题

(1)如何用示波器测定施密特触发器的电压传输特性曲线?

(2)拟定实验中所需的数据、表格等。

(3)拟定各次实验的步骤和方法。

(4)绘出详细的实验电路图，绘出观测到的波形。

(5)分析、总结实验结果。

实验9　综合应用实验

1. 实验目的

(1)综合应用所学的数字电路知识，学会查找相关资料，针对设计提出的任务要求和使用条件，设计制作合理、可靠、经济、可行的电子产品。

(2)培养学生独立分析问题、解决问题的能力。

(3)培养严肃认真的工作作风和严谨的科学态度。

2. 实验仪器

(1)双踪示波器，1台。

(2)数字万用表，1个。

(3)电子元件：74LS192，2个；74LS48，3个；74LS148，1个；74LS08，1个；74LS279，1个；NE555，1个；共阴数码管，3个；S8550，1个；蜂鸣器，1个；10 kΩ电阻，10个；15 kΩ和68 kΩ电阻，各1个；10 μF电容，2个；104瓷片电容，1个；LED，1个；按键，9个。

(4)面包板，1个。

(5)通用电学实验台。

3. 实验原理

1)设计任务与要求

(1)当有某一参赛者最先按下抢答开关时，在数码管上显示相应的组序号，并伴有音响提示，此时抢答器不再接受其他输入的抢答信号。

(2)电路具有回答问题的时间控制功能，要求回答问题的时间≤100 s（显示00～99）。时间显示采用倒计时方式。当达到限定时间时(显示器为00时)，发出声响以示警告。

(3)要求电路主要选用中规模 TTL 或 CMOS 集成电路。

(4)电源电压 5 ~ 10 V，由稳压电源提供不另行设计。

2)设计方案

根据设计要求，智力竞赛抢答器组成框图如图 5－44 所示，主要由六部分组成。

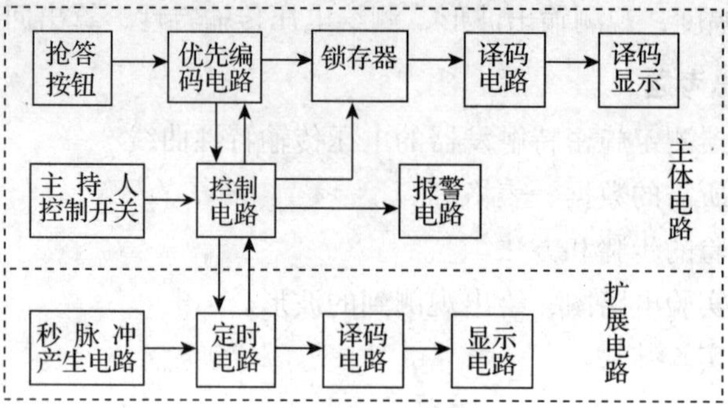

图 5－44　智力竞赛抢答器组成框图

(1)抢答控制器。智力竞赛抢答器的核心，当任意一位参赛者按下开关时，抢答控制器立刻接受该信号，并使数码管显示相应的参赛者序号，共用的蜂鸣器发出声响，与此同时封锁住其他参赛者的输入信号。若有多个开关同时按下时，则在它们之间存在着随机竞争的问题，结果可能是它们中的任一个产生有效输出。

(2)抢答输入电路。由 6 个开关组成，6 人各控制一个，按下开关时相应的控制信号为低电平。

(3)清零装置。由主持人控制，它能保证每次抢答前使抢答器清零，避免电路的误动作和抢答过程中的不公平。

(4)显示、声响电路。显示电路由译码器和数码管组成，可以显示对应的参赛者序号和倒计时计数。声响电路由蜂鸣器构成，输入信号有抢答信号和“时间到信号”。

(5)计数、显示电路。该电路的作用是对抢答者回答问题时间进行控制，规定的时间小于或等于 100 s，所以显示装置应该是一个二位数字显示的计数系统。当主持人给出“请回答”指令后，从“99”倒计时，当记到“00”时，要能够驱动声响电路发出警告声。

(6)振荡电路。振荡电路用来产生秒脉冲信号给 192 芯片提供时钟信号。

4. 实验内容及步骤

(1)根据设计任务，自行设计六人智力抢答器的电路图。

(2)在面包板上搭接电路，经检测无误后，接通电源。

(3)通电调试，使六人智力抢答器能够正常工作。

5. 实验报告及思考题

(1)若有多个开关同时按下时，则在它们之间存在着随机竞争的问题，在电路中如何解决该问题?

(2)分析译码器和数码管组成的显示电路的工作原理。

(3)分析、总结实验结果，对遇到的问题及解决方法进行总结。

第3篇

专业课实验篇

第6章 电力电子技术实验

各挂件功能介绍，以挂件的编号次序分别介绍其使用方法，并简单说明其工作原理和单元电路原理图。

1. DJK02 挂件(三相变流桥路)

该挂件装有 12 只晶闸管、直流电压和电流表等，其面板如图 6－1 所示。

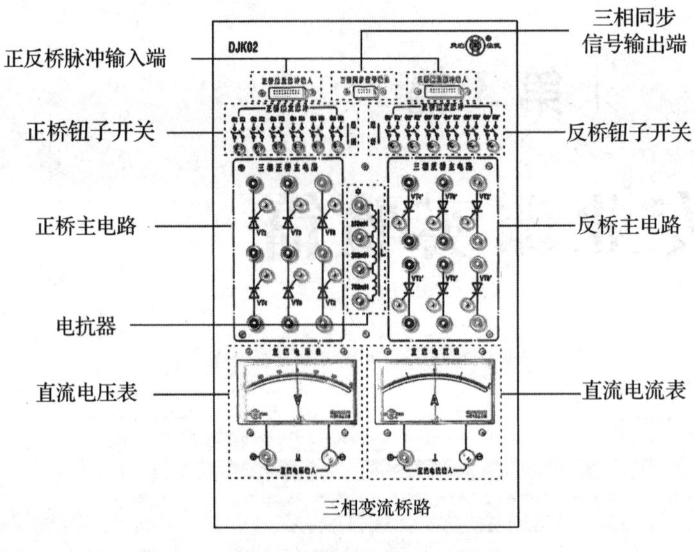

图 6－1　DJK02 面板图

1）三相同步信号输出端

同步信号是从电源控制屏内获得，屏内装有 Y 接法的三相同步变压器，与主电源输出保持同相，其输出相电压幅度为 15 V 左右，供三相晶闸管触发电路（如 DJK02－1 等挂件）使用，从而产生移相触发脉冲；只要将本挂件的 12 芯插头与屏相连接，则输出相位一一对应三相同步电压信号。

2）正、反桥脉冲输入端

从三相晶闸管触发电路（如 DJK02－1 等挂件）来的正、反桥触发脉冲分别通过输入接口，加到相应的晶闸管电路上。

3）正、反桥钮子开关

从正、反桥脉冲输入端来的触发脉冲信号通过“正、反桥钮子开关”接至相应晶闸管的门极和阴极；面板上共设有 12 个钮子开关，分为正、反桥两组，分别控制对应的晶闸管的触发脉冲；开关打到“通”侧，触发脉冲接到晶闸管的门极和阴极；开关打到“断”侧，触发脉冲被切断；通过关闭某几个钮子开关可以模拟晶闸管主电路失去触发脉冲的故障情况。

4）正、反桥主电路

正桥主电路和反桥主电路分别由 6 只 5 A/1 000 V 晶闸管组成；其中由 $VT_1 \sim VT_6$ 组成三相正桥元件(一般不可逆、可逆系统的正桥使用正桥元件)；由 $VT_{1'} \sim VT_{6'}$ 组成三相反桥元件(可逆系统的反桥以及需单个或几个晶闸管的实验可使用反桥元件)；所有这些晶闸管元件均配置有阻容吸收及快速熔断丝保护，此外正桥主电路还设有压敏电阻，其内部已经接成三角形接法，起过压吸收作用。

注意：如果在 DZSZ－1 型上使用，调节整流桥输入的相电压值不可超过 200 V，否则会造成整流桥处的压敏电阻损坏。

5）电抗器

实验主回路中所使用的平波电抗器装在电源控制屏内，其各引出端通过 12 芯的插座连接到 DJK02 面板的中间位置，有 3 挡电感量可供选择，分别为 100 mH、200 mH、700 mH(各挡在 1 A 电流下能保持线性)，可根据实验需要选择合适的电感值。电抗器回路中串有 3 A 熔丝保护，熔丝座装在控制屏内的电抗器旁。

6）直流电压表及直流电流表

面板上装有 300 V 的带镜面直流电压表、2 A 的带镜面直流电流表，均为中零式，精度为 1.0 级，为可逆调速系统提供电压及电流指示。

2. DJK02－1 挂件（三相晶闸管触发电路）

该挂件装有三相晶闸管触发电路和正反桥功放电路等，面板图如图 6－2 所示。

1）移相控制电压 U_{ct} 输入及偏移电压 U_b 观测及调节

U_{ct} 及 U_b 用于控制触发电路的移相角；在一般的情况下，首先将 U_{ct} 接地，调节 U_b，从而确定触发脉冲的初始位置；当初始触发角固定后，在以后的调节中只调节 U_{ct} 的电压，这样能确保移相角始终不会大于初始位置，防止实验失败；如在逆变实验中初始移相角 $\alpha = 150°$ 定

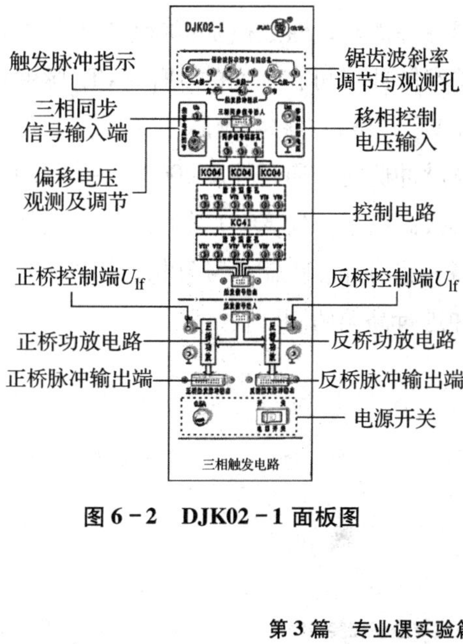

图 6－2　DJK02－1 面板图

下后，无论调节 U_{ct}，都能保证 $\beta>300$，防止在实验过程中出现逆变颠覆的情况。

2）触发脉冲指示

在触发脉冲指示处设有钮子开关用以控制触发电路，当开关拨到左边时，绿色发光管亮，在触发脉冲观察孔处可观测到后沿固定、前沿可调的宽脉冲链；当开关拨到右边时，红色发光管亮，触发电路产生双窄脉冲。

3）三相同步信号输入端

通过专用的十芯扁平线将 DJK02 上的“三相同步信号输出端”与 DJK02－1“三相同步信号输入端”连接，为其内部的触发电路提供同步信号；同步信号也可以从其他地方提供，但要注意同步信号的幅度和相序问题。

4）锯齿波斜率调节与观测孔

由外接的三相同步信号经 KC04 集成触发电路，产生三路锯齿波信号，调节相应的斜率调节电位器，可改变相应的锯齿波斜率，三路锯齿波斜率在调节后应保证基本相同，使六路脉冲间隔基本保持一致，才能使主电路输出的整流波形整齐划一。

5）控制电路

其触发电路原理如图 6－3 所示。在原 KC04、KC41 和 KC42 三相集成触发电路的基础上，又增加了 4066、4069 芯片，可产生三相六路互差 60°的双窄脉冲或三相六路后沿固定、前沿可调的宽脉冲链，供触发晶闸管使用。

在面板上设有三相同步信号观测孔、两路触发脉冲观测孔。$VT_1\sim VT_6$ 为单脉冲观测孔（在触发脉冲指示为“窄脉冲”）或宽脉冲观测孔（在触发脉冲指示为“窄脉冲”）；$VT_{1'}\sim VT_{6'}$ 为双脉冲观测孔（在触发脉冲指示为“窄脉冲”）或宽脉冲观测孔（在触发脉冲指示为“窄脉冲”）。

三相同步电压信号从三路 KC04 的 6 脚输入，在其 4 脚相应形成线性增加的锯齿波，移相控制电压 U_{ct} 和偏移电压 U_b 经叠加后，从 9 脚输入。当触发脉冲选择的钮子开关拨到窄脉冲侧时，通过控制 4066(电子开关)，使得每个 KC04 从 1、15 脚输出相位相差 180°的单窄脉冲（可在上面的 $VT_1\sim VT_6$ 脉冲观测孔观测到)，窄脉冲经 KC41(六路双脉冲形成器)后，得到六路双窄脉冲（可在下面的 $VT_{1'}\sim VT_{6'}$ 脉冲观测孔观测到)。将钮子开关拨到宽脉冲侧时，通过控制 4066，使得 KC04 的 1、15 脚输出宽脉冲，同时将 KC41 的控制端 7 脚接高电平，使 KC41 停止工作，宽脉冲则通过 4066 的 3、9 两脚直接输出。4069 为反相器，它将部分控制信号反相，用以控制 4066；KC42 为调制信号发生器，对窄脉冲和宽脉冲进行高频调制。

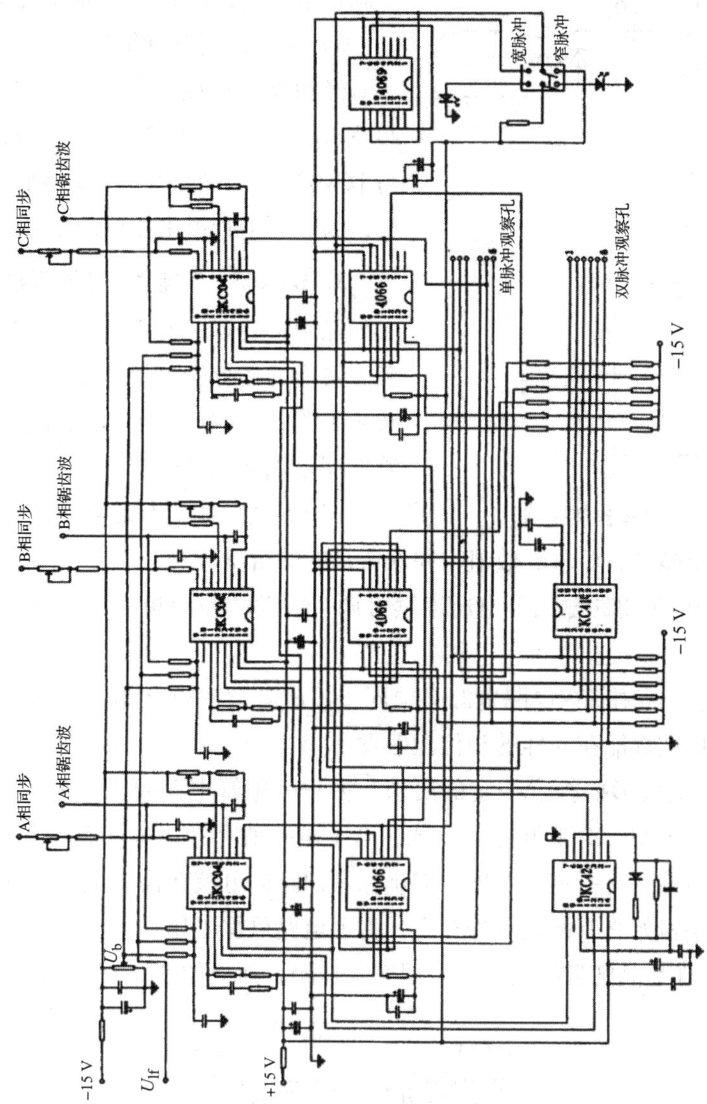

图6－3　触发电路原理图

6）正、反桥功放电路

正、反桥功放电路的原理以正桥的一路为例，如图6－4所示。由晶闸管触发电路输出的脉冲信号经功放电路中的 V_2、V_3 三极管放大后由脉冲变压器 T_1 输出。U_{lf}即为DJKO2面板上的 U_{lf}，该点接地才可使 VT_3 工作，脉冲变压器输出脉冲；正桥共有六路功放电路，其余的五路电路完全与这一路一致；反桥功放和正桥功放线路完全一致，只是控制端不一样，将 U_{lf}改为 U_{lr}。

7）正桥控制端 U_{lf}及反桥控制端 U_{lr}

这两个端子用于控制正反桥功放电路的工作与否，当端子与地短接时，表示功放电路工作，触发电路产生的脉冲经功放电路最终输出；当端子悬空时表示功放不工作。U_{lf}端子

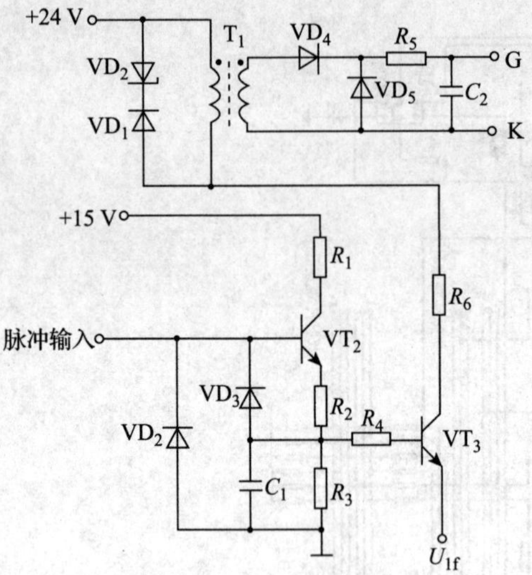

图 6-4　功放电路原理图

控制正桥功放，U_{1r}端子控制反桥功放。

6）正、反桥脉冲输出端

经功放电路放大的触发脉冲，通过专用的 20 芯扁平线将 DJK02 "正、反桥脉冲输入端" 与 DJK02-1 上的 "正、反桥脉冲输出端" 连接，为其晶闸管提供相应的触发脉冲。

3. DJK03-1 挂件(晶闸管触发电路)

晶闸管装置的正常工作与其触发电路的正确、可靠的运行密切相关，门极触发电路必须按主电路的要求来设计，为了能可靠触发晶闸管应满足以下几点要求。

(1)触发脉冲应有足够的功率，触发脉冲的电压和电流应大于晶闸管要求的数值，并保留足够的裕量。

(2)为了实现变流电路输出的电压连续可调，触发脉冲的相位应能在一定的范围内连续可调。

(3)触发脉冲与晶闸管主电路电源必须同步，两者频率应该相同，而且要有固定的相位关系，使每一周期都能在同样的相位上触发。

(4)触发脉冲的波形要符合一定的要求。多数晶闸管电路要求触发脉冲的前沿要陡，以实现精确的导通控制。对于电感性负载，由于电感的存在，其回路中的电流不能突变，所以要求其触发脉冲要有一定的宽度，以确保主回路的电流在没有上升到晶闸管擎住电流之前，其门极与阴极始终有触发脉冲存在，保证电路可靠工作。

DJK03-1 挂件是晶闸管触发电路专用实验挂箱，面板如图 6-5 所示。其中有单结晶

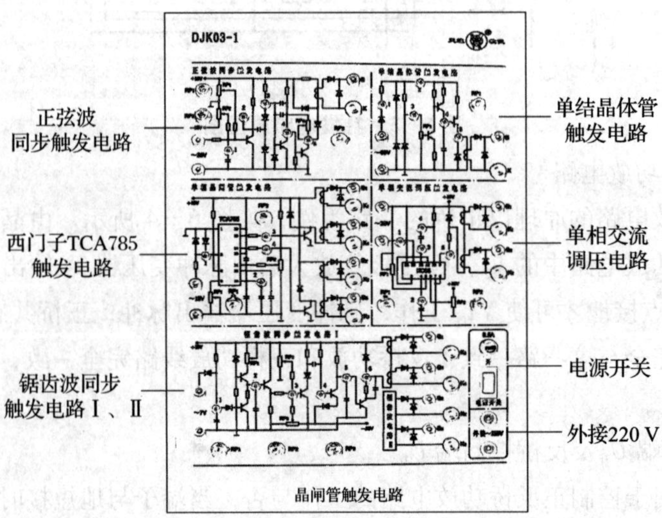

图 6-5　DJK03-1 面板图

体管触发电路、正弦波同步移相触发电路、锯齿波同步移相触发电路Ⅰ和Ⅱ，单相交流调压触发电路以及西门子 TCA785 集成触发电路。

1）单结晶体管触发电路

利用单结晶体管（又称双基极二极管）的负阻特性和 *RC* 的充放电特性，可组成频率可调的自激振荡电路，如图 6－6 所示。图中 VT_3 为单结晶体管，其常用的型号有 BT33 和 BT35 两种，由等效电阻 R_5 和 C_1 组成组成 *RC* 充电回路，由 C_1、VT_6、脉冲变压器组成电容放电回路，调节 R_{p1} 即可改变 C_1 充电回路中的等效电阻。

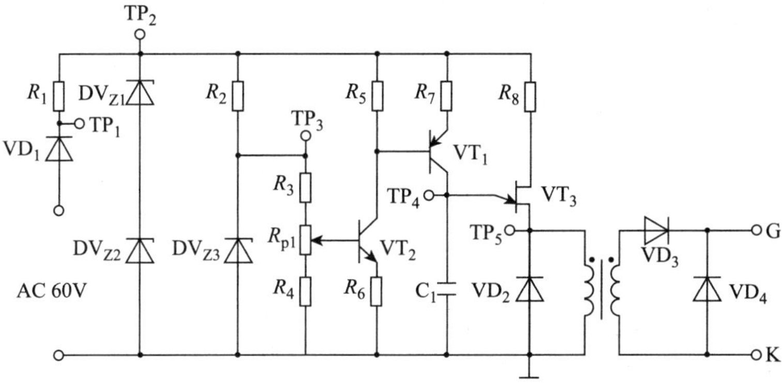

图 6－6　单结晶体管触发电路原理图

工作原理简述如下。

由同步变压器二次侧输出 60 V 的交流同步电压，经 VD_1 半波整流，再由稳压管 VD_{Z1}、VD_{Z2} 进行削波，从而得到梯形波电压，其过零点与电源电压的过零点同步，梯形波通过 R_7 及等效可变电阻 V_5 向电容 C_1 充电，当充电电压达到单结晶体管的峰值电压 U_P 时，单结晶体管 VT_3 导通，电容通过脉冲变压器一次侧放电，脉冲变压器二次侧输出脉冲。同时由于放电时间常数很小，C_1 两端的电压很快下降到单结晶体管的谷点电压 U_v，使 VT_3 关断，C_1 再次充电，周而复始，在电容 C_1 两端呈现锯齿波形，在脉冲变压器二次侧输出尖脉冲。在一个梯形波周期内，VT_3 可能导通、关断多次，但只有输出的第一个触发脉冲对晶闸管的触发时刻起作用。充电时间常数由电容 C_1 和等效电阻等决定，调节 R_{p1} 改变 C_1 的充电的时间，控制第一个尖脉冲的出现时刻，实现脉冲的移相控制。单结晶体管触发电路的各点波形如图 6－7 所示。

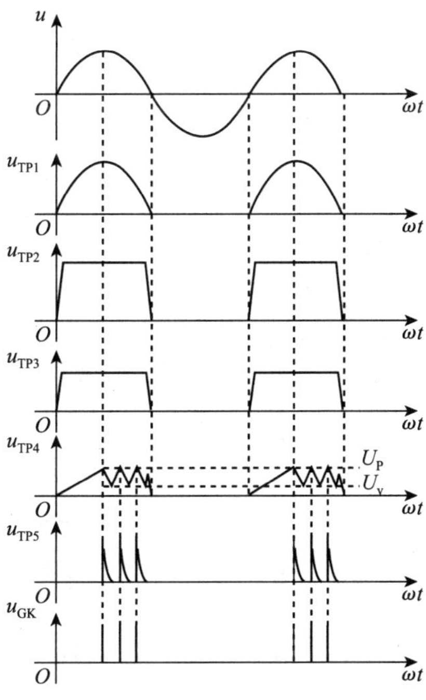

图 6－7　单结晶体管触发电路各点的电压波形（ω = 90°）

电位器 R_{p1} 已装在面板上，同步信号已在内部接好，所有的测试信号都在面板上引出。

2）正弦波同步移相触发电路

正弦波同步移相触发电路由同步移相、脉冲放大等环节组成，其原理如图 6－8 所示。同步信号由同步变压器二次侧提供，三极管 VT_1 左边部分为同步移相环节，在 VT_1 的基极综合了同步信号电压 U_T、偏移电压 U_b 及控制电压 U_{ct}（R_{p1} 电位器调节 U_{ct}，R_{p2} 调节 U_b）。调节 R_{p1} 及 R_{p2} 均可改变 VT_1 三极管的翻转时刻，从而控制触发角的位置。脉冲形成整形环节是一分立元件的集基耦合单稳态脉冲电路，VT_2 的集电极耦合到 VT_3 的基极，VT_3 的集电极通过 C_4、R_{p3} 耦合到 VT_2 的基极。

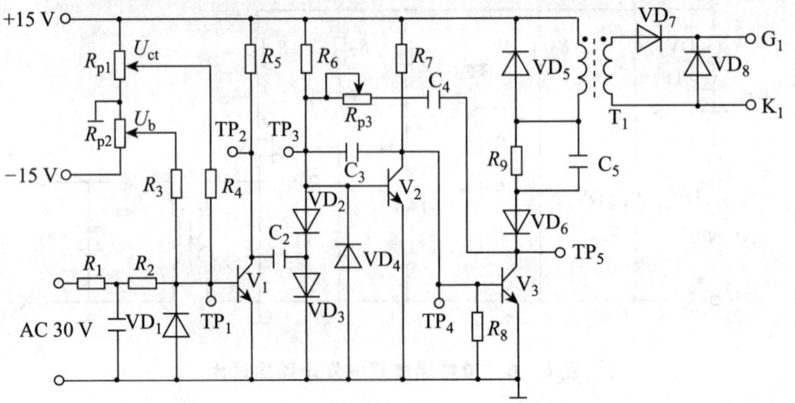

图 6－8　正弦波同步移相触发电路原理图

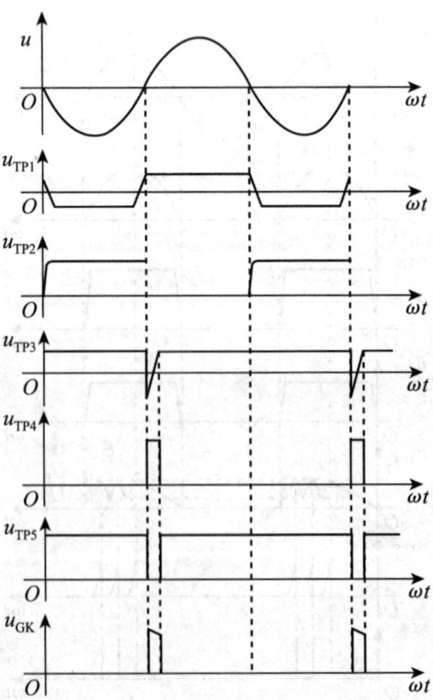

图 6－9　正弦波同步移相触发电路的各点电压波形（$\omega=0°$）

当 VT_1 未导通时，R_6 供给 VT_2 足够的基极电流使之饱和导通，VT_3 截止。电源电压通过 R_9、T_1、VD_6、VT_2 对 C_4 充电至 15 V 左右，极性为左负右正。

当 VT_1 导通的时候，VT_1 的集电极从高电位翻转为低电位，VT_2 截止，VT_3 导通，脉冲变压器输出脉冲。由于设置了 C_4、R_{p3} 阻容正反馈电路，使 VT_3 加速导通，提高输出脉冲的前沿陡度。同时 VT_3 导通经正反馈耦合，VT_2 的基极保持低电压，VT_2 维持截止状态，电容通过 R_{p3}、VT_3 放电到零，再反向充电，当 VT_2 的基极升到 0.7 V 后，VT_2 从截止变为导通，VT_3 从导通变为截止。VT_2 的基极电位上升 0.7 V 的时间由其充放电时间常数所决定，改变 R_{p3} 的阻值就改变了其时间常数，也就改变了输出脉冲的宽度。

正弦波同步移相触发电路的各点电压波形如图 6－9所示。

电位器 R_{p1}、R_{p2}、R_{p3} 均已安装在面板上，同步变

压器二次侧已在内部接好，所有的测试信号都在面板上引出。

3）锯齿波同步移相触发电路Ⅰ、Ⅱ

锯齿波同步移相触发电路Ⅰ、Ⅱ由同步检测、锯齿波形成、移相控制、脉冲形成、脉冲放大等环节组成，其原理图如图6-10所示。

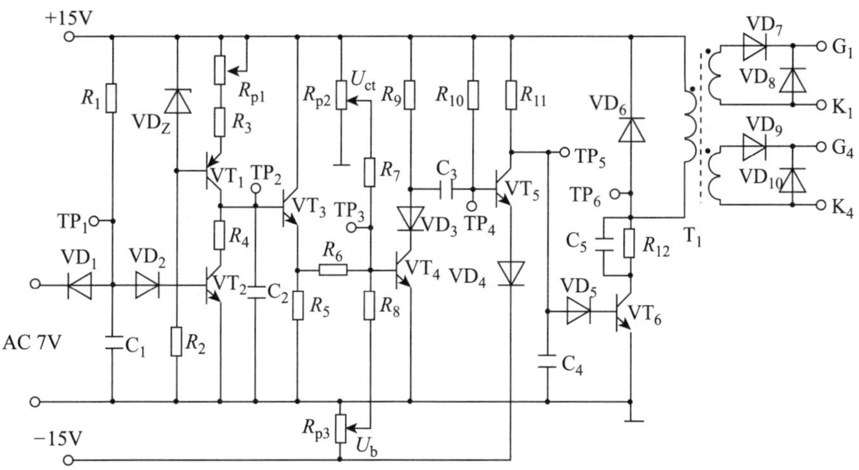

图6-10　锯齿波同步移相触发电路Ⅰ原理图

由 VT_2、VD_1、VD_2、C_1 等元件组成同步检测环节，其作用是利用同步电压 U_T 来控制锯齿波产生的时刻及锯齿波的宽度。由 VD_2、VT_1 等元件组成的恒流源电路，当 VT_2 截止时，恒流源对 C_2 充电形成锯齿波；当 VT_2 导通时，电容 C_2 通过 R_4、VT_2 放电。调节电位器 R_{p1} 可以调节恒流源的电流大小，从而改变了锯齿波的斜率。控制电压 U_{ct}、偏移电压 U_b 和锯齿波电压在 VT_4 基极综合叠加，从而构成移相控制环节，R_{p2}、R_{p3} 分别调节控制电压 U_{ct} 和偏移电压 U_b 的大小。VT_5、VT_6 构成脉冲形成放大环节，C_5 为强触发电容改善脉冲的前沿，由脉冲变压器输出触发脉冲，电路的各点电压波形如图6-11所示。

本装置有两路锯齿波同步移相触发电路，Ⅰ和Ⅱ，在电路上完全一样，只是锯齿波触发电路Ⅱ输出的触发脉冲相位与Ⅰ恰好互差180°，供单相整流及逆变实验用。

电位器 R_{p1}、R_{p2}、R_{p3} 均已安装在挂箱的面板上，同步变压器二次侧已在挂箱内部接好，所有的测试信号都在面板上引出。

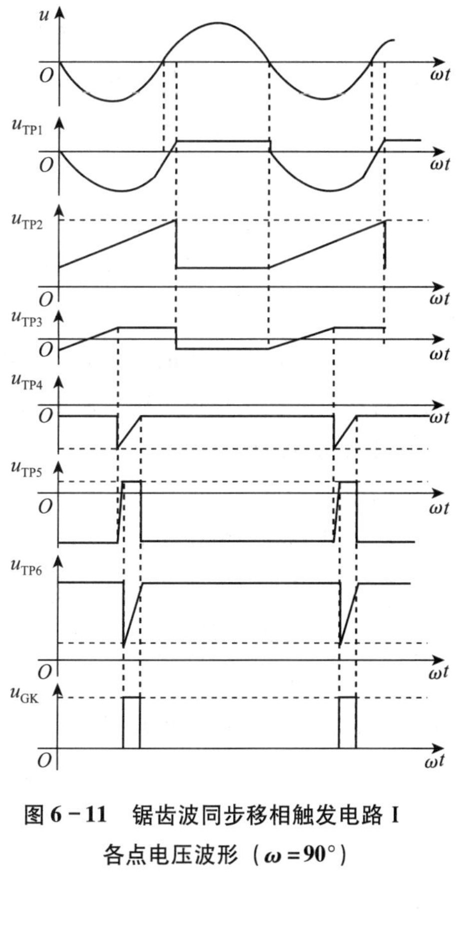

图6-11　锯齿波同步移相触发电路Ⅰ各点电压波形（$\omega=90°$）

4）单相交流调压触发电路

单相交流调压触发电路采用 KC05 集成晶闸管移相触发器。该集成触发器适用于触发双向晶闸管或两个反向并联晶闸管组成的交流调压电路，具有失交保护、输出电流大等优点，是交流调压的理想触发电路。单相交流调压触发电路原理图 6－12 所示。

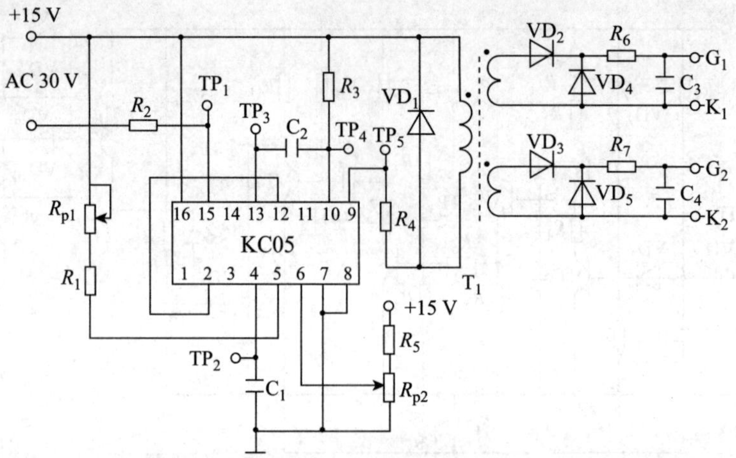

图 6－12　单相交流调压触发电路原理图

同步电压由 KC05 的 15、16 脚输入，在 TP_2 端可以观测到锯齿波，R_{p1}电位器调节锯齿波的斜率，R_{p2}电位器调节移相角度，触发脉冲从第 9 脚，经脉冲变压器输出。

电位器 R_{p1}、R_{p2}均已安装在挂箱的面板上，同步变压器二次侧已在挂箱内部接好，所有的测试信号都在面板上引出。

5）西门子 TCA785 触发电路

教科书上讲述的晶闸管集成触发电路，如 KC04、KC05 等，在目前工业现场很少使用了。

工业现场正在使用的新型晶闸管集成触发电路，主要是西门子 TCA785，与 KC04 等相比它对零点的识别更加可靠，输出脉冲的齐整度更好，移相范围更宽；同时它输出脉冲的宽度可人为自由调节。

西门子 TCA785 外围电路如图 6－13 所示。

锯齿波斜率由电位器 R_{p1}调节，R p2电位器调节晶闸管的触发角。

电位器 R_{p1}、R_{p2}已安装在挂箱的面板上，所有的测试信号都在面板上引出。

6）外接 220 V 输入端

该挂件的电源及同步信号都是由 + zzX 外接 220 V 输入端提供的，注意输入电压的范围为 220(1 ±10%)V，如超过此范围会造成设备严重损坏。

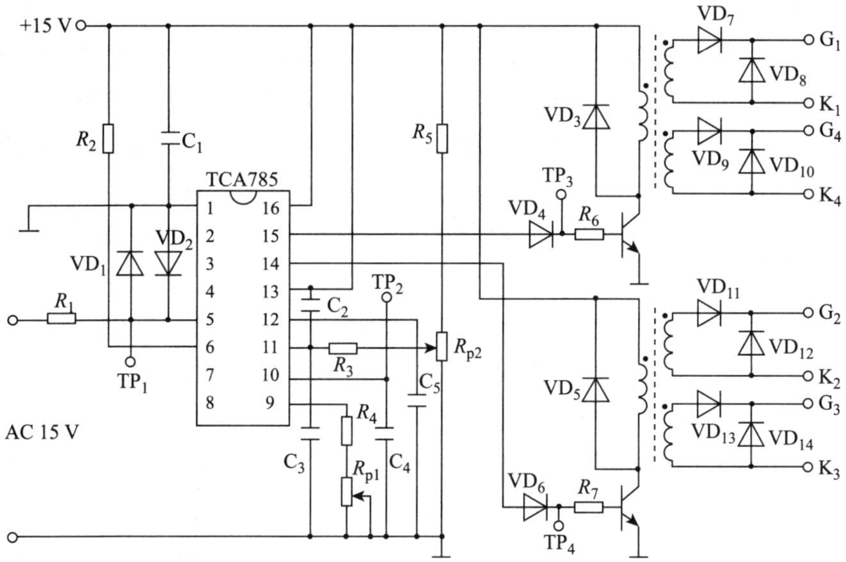

图 6-13　TCA785 锯齿波移相触发电路原理图

实验 1　锯齿波同步移相触发电路实验

1. 实验目的

(1) 加深理解锯齿波同步移相触发电路的工作原理及各元件的作用。

(2) 掌握锯齿波同步移相触发电路的调试方法。

2. 实验仪器

(1) DZSZ-1 电源控制屏，该控制屏包含“三相电源输出”等几个模块。

(2) DJK03-1 晶闸管触发电路，该挂件包含“锯齿波同步触发电路”模块。

(3) 双综示波器，1 台。

3. 实验原理

锯齿波同步移相触发电路的原理图如图 6-10 所示。锯齿波同步移相触发电路由同步检测、锯齿波形成、移相控制、脉冲形成、脉冲放大等环节组成，其工作原理可参见电力电子技术教材中的相关内容。

4. 实验内容及步骤

(1) 实验内容

(1) 锯齿波同步移相触发电路的调试。

(2) 锯齿波同步移相触发电路各点波形的观察和分析。

2）实验步骤

(1) 通过操作控制屏左侧的自藕调压器，将输出的线电压调到 220 V 左右(因为 DJK03 - 1 的正常工作电源电压为 220（1 ± 10%）V，如果输入电压超出其标准工作范围，挂件的使用寿命将减少，甚至会导致挂件的损坏)。用两根导线将 220 V 交流电压接到 DJK03 - 1 的“外接 220 V”端，按下“启动”按钮，打开 DJK03 - 1 电源开关，这时挂件中所有的触发电路都开始工作，用双踪示波器观察锯齿波同步触发电路各观察孔的电压波形。

①同时观察同步电压和 TP_1 点的电压波形，了解 TP_1 点波形形成的原因。

②观察 TP_1、TP_2 点的电压波形，了解锯齿波宽度和 TP_1 点电压波形的关系。

③调节电位器 R_{p1}，观测 TP_2 点锯齿波斜率的变化。

④观察 TP_3 ~ TP_6 点电压波形和输出电压的波形，记下各波形的幅值与宽度，并比较 TP_3 点电压 u_{TP3} 和 TP_6 点电压 u_{TP6} 的对应关系。

(2) 调节触发脉冲的移相范围。将控制电压 U_{ct} 调至零（将电位器 R_{p2} 顺时针旋到底），用示波器观察同步电压信号和 TP_6 点 U_6 的波形，调节偏移电压 U_b（即调 R_{p3} 电位器），使 $\alpha = 170°$，其波形如图6 - 14所示。

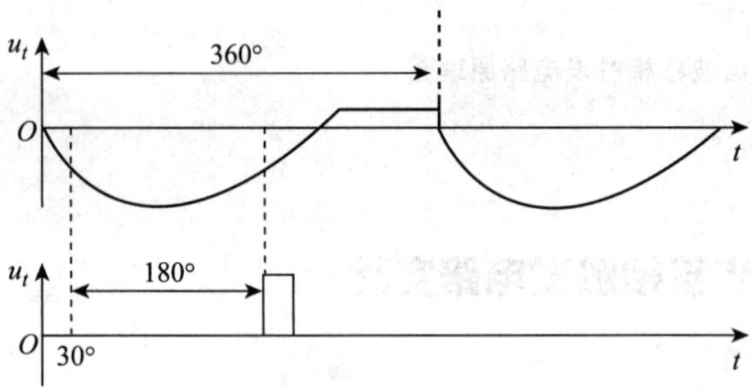

图 6 - 14　触发脉冲波形

(3) 调节 U_{ct}（即电位器 R_{p2}）使 $\alpha = 60°$，观察并记录 u_{TP1} ~ u_{TP6} 及输出脉冲电压的波形，标出其幅值与宽度，并记录在表 6 - 1 中（可在示波器上直接读出，读数时应将示波器的“V/DIV”和“t/DIV”微调旋钮旋到校准位置）。

表 6 - 1　各测试点幅度及宽度

	U_{TP1}	U_{TP2}	U_{TP3}	U_{TP4}	U_{TP5}	U_{TP6}
幅值(V)						
宽度(ms)						

5. 实验报告及思考题

(1) 整理、描绘实验中记录的各点波形，并标出其幅值和宽度。

(2) 总结锯齿波同步移相触发电路移相范围的调试方法，如果要求在 $U_{ct} = 0$ 的条件下，使 $\alpha = 90°$，如何调整?

(3) 讨论、分析实验中出现的各种现象。

6. 注意事项

双踪示波器有两个探头，可同时观测两路信号，但这两探头的地线都与示波器的外壳相连，所以两个探头的地线不能同时接在同一电路的不同电位的两个点上，否则这两点会通过示波器外壳发生电气短路。为此，为了保证测量的顺利进行，可将其中一根探头的地线取下或外包绝缘，只使用其中一路的地线，这样从根本上解决了这个问题。当需要同时观察两个信号时，必须在被测电路上找到这两个信号的公共点，将探头的地线接于此处，探头各接至被测信号，只有这样才能在示波器上同时观察到两个信号，而不发生意外。

实验2　单相半波可控整流电路实验

1. 实验目的

(1)掌握单结晶体管触发电路的调试步骤和方法。

(2)掌握单相半波可控整流电路在电阻负载及电阻电感性负载时的工作。

(3)了解续流二极管的作用。

2. 实验仪器

(1)DZSZ－1 电源控制屏，该控制屏包含“三相电源输出”“励磁电源”等几个模块。

(2)DJK02 晶闸管主电路，该挂件包含“晶闸管”以及“电感”等几个模块。

(3)DJK03－1 晶闸管触发电路，该挂件包含“锯齿波同步触发电路”模块。

(4) DJK06 给定及实验器件，该挂件包含“二极管”等几个模块。

(5)D42 三相可调电阻。

(6)双踪示波器，1 台。

(7)万用表，1 块。

3. 实验原理

单相半波可控整流电路如图 6－15 所示，将 DJK03－1 挂件上的单结晶体管触发电路的输出端 G 和 K 接到 DJK02 挂件面板上的反桥中的任意一个晶闸管的门极和阴极，并将相应的触发脉冲的钮子开关关闭(防止误触发)，图中的 R 负载用 D42 三相可调电阻，将两个 900 Ω 电阻接成并联形式。二极管 VD_1 和开关 S_1 均在 DJK06 挂件上，电感 L_d 在 DJK02 面板上，有 100 mH、200 mH、700 mH 三挡可供选择，本实验中选用 700 mH。直流电压表及直流电流表可从挂件 DJK02 上获得。

4. 实验内容及步骤

1) 实验内容

(1) 单结晶体管触发电路的调试。

(2) 单结晶体管触发电路各点电压波形的观察并记录。

(3) 单相半波整流电路带电阻性负载时 $U_d/U_2 = f(\alpha)$ 特性的测定。

(4) 单相半波整流电路带电阻电感性负载时续流二极管作用的观察。

2）实验步骤

Ⅰ．单结晶体管触发电路的调试

调节 DZSZ－1 型电机及自动控制实验装置控制屏左侧的自藕调压器，将输出的线电压调到 220 V 左右，然后用两根导线将 220 V 交流电压接到 DJK03－1 的“外接 220 V”端，按下“启动”按钮，打开 DJK03－1 电源开关，用双踪示波器观察单结晶体管触发电路中整流输出的梯形波电压、锯齿波电压及单结晶体管触发电路输出电压等波形。调节移相电位器 R_{p1}，观察锯齿波的周期变化及输出脉冲波形的移相范围能否在 30°～170°范围内移动？

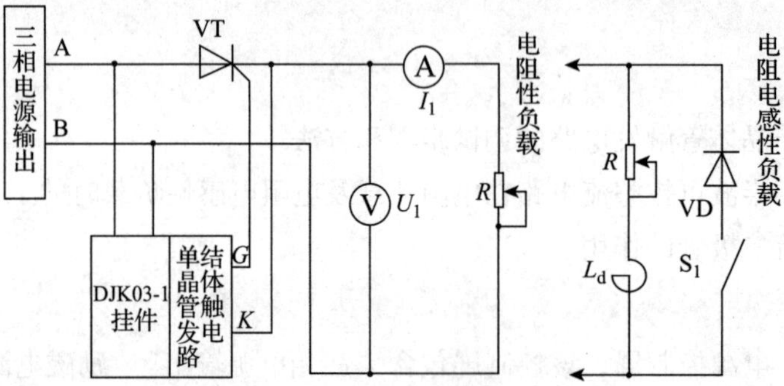

图 6－15　单相半波可控整流电路

Ⅱ．单相半波可控整流电路接电阻性负载

触发电路调试正常后，按图 6－15 接线。将电阻器调在最大阻值位置，按下“启动”按钮，用示波器观察负载电压 U_d、晶闸管 VT 两端电压 U_{VT}的波形，调节电位器 R_{p1}，观察 α ＝30°、60°、90°、120°、150°时 U_d、U_{VT}的波形，并测量直流输出电压 U_d 和电源电压 U_2，记录于表 6－2 中。

表 6－2　单相半波可控整流电路接电阻性负载数据

α	30°	60°	90°	120°	150°
U_2					
U_d（记录值）					
U_d/U_2					
U_d（计算值）					

计算公式：

$$U_d = 0.45U_2(1+\cos\alpha)/2$$

Ⅲ．单相半波可控整流电路接电阻电感性负载

将负载电阻 R 改成电阻电感性负载（由电阻与平波电抗器 L_d 串联而成）。暂不接续流二极管 VD，在不同阻抗角［阻抗角 $\phi=\arctan(\omega L/R)$，保持电感量不变，改变 R 的电阻值，注意电流不要超过 1 A］情况下，观察并记录 α ＝30°、60°、90°、120°时的直流输出

电压值 U_d 及 U_{VT}的波形，记录于表 6 - 3 中。

表 6 - 3　单相半波可控整流电路接电阻电感性负载数据

α	30°	60°	90°	120°	150°
U_2					
U_d(记录值)					
U_d/U_2					
U_d(计算值)					

接入续流二极管 VD，重复上述实验，观察续流二极管的作用以及 U_{VD1} 波形的变化，记录于表 6 - 4 中。

表 6 - 4　接入续流二极管 VD

α	30°	60°	90°	120°	150°
U_2					
U_d(记录值)					
U_d/U_2					
U_d(计算值)					

计算公式：

$$U_d = 0.45U_2(l + \cos\alpha)/2$$

5. 实验报告及思考题

(1) 画出 $\alpha = 90°$时，电阻性负载和电阻电感性负载的 U_d、U_{VT}波形。

(2)画出电阻性负载时 $U_d/U_2 = f(\alpha)$ 的实验曲线，并与计算值 U_d 的对应曲线相比较。

(3)分析实验中出现的现象，写出体会。

6. 注意事项

(1) 参照本章实验的注意事项。

(2)在本实验中触发电路选用的是单结晶体管触发电路，同样也可以用锯齿波同步移相触发电路来完成实验。

(3)在实验中，触发脉冲是从外部接入 DJK02 面板上晶闸管的门极和阴极，此时，应将所用晶闸管对应的正桥触发脉冲或反桥触发脉冲的开关拨向“断”的位置，避免误触发。

(4)为避免晶闸管意外损坏，实验时要特别注意以下几点。

①在主电路未接通时，首先要调试触发电路，只有触发电路工作正常后，才可以接通主电路。

②在接通主电路前，必须先将控制电压 U_{ct}调到零，且将负载电阻调到最大阻值处；

接通主电路后，才可逐渐加大控制电压 U_{ct}，避免过流。

③要选择合适的负载电阻和电感，避免过流。在无法确定的情况下，应尽可能选用大的电阻值。

(5)由于晶闸管持续工作时，需要有一定的维持电流，故要使晶闸管主电路可靠工作，其通过的电流不能太小，否则可能会造成晶闸管时断时续，工作不可靠。在本实验装置中，要保证晶闸管正常工作，负载电流必须大于 50 mA。

(6)在实验中要注意同步电压与触发相位的关系，例如在单结晶体管触发电路中，触发脉冲产生的位置是在同步电压的上半周，而在锯齿波触发电路中，触发脉冲产生的位置是在同步电压的下半周，所以在主电路接线时应充分考虑到这个问题，否则实验就无法顺利完成。

(7)使用电抗器时要注意其通过的电流不要超过 1 A，保证线性。

实验 3　单相桥式全控整流及有源逆变电路实验

1. 实验目的

(1)加深理解单相桥式全控整流及逆变电路的工作原理。

(2)研究单相桥式变流电路整流的全过程。

(3)研究单相桥式变流电路逆变的全过程，掌握实现有源逆变的条件。

(4)掌握产生逆变颠覆的原因及预防方法。

2. 实验仪器

(1)DZSZ－1 电源控制屏，该控制屏包含“三相电源输出”“励磁电源”等几个模块。

(2)DJK02 晶闸管主电路，该挂件包含“晶闸管”以及“电感”等几个模块。

(3)DJK03－1 晶闸管触发电路，该挂件包含“锯齿波同步触发电路”模块。

(4)DJK10 变压器实验，该挂件包含“逆变变压器”以及“三相不控整流”等模块。

(5)D42 三相可调电阻。

(6)双踪示波器，1 台。

(7)万用表，1 块。

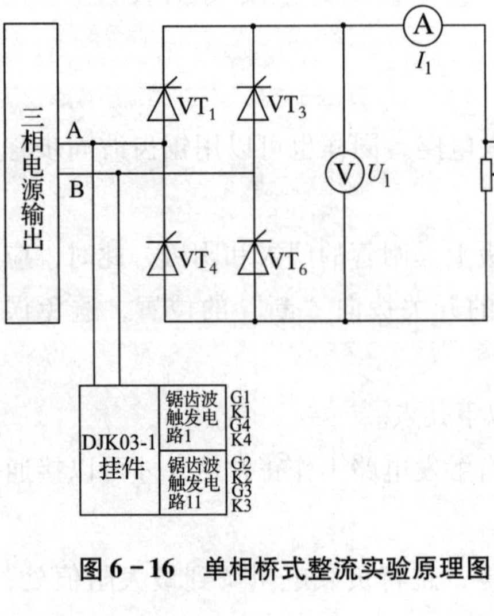

图 6－16　单相桥式整流实验原理图

3. 实验原理

图 6－16 为单相桥式整流带电阻电感性负载，其输出负载 R 用 D42 三相可调电阻器，将两

个 900 Ω 电阻接成并联形式，电抗器 L_d用 DJK02 面板上的 700 mH 电感，直流电压、电流表均在 DJK02 面板上。触发电路采用 DJK03－1 组件挂箱上的“锯齿波同步移相触发电路Ⅰ”和“Ⅱ”。

图 6－17 为单相桥式有源逆变原理图，三相电源经三相不控整流，得到一个上负下正的直流电源，供逆变桥路使用，逆变桥路逆变出的交流电压经升压变压器反馈回电网。“三相不控整流”是 DJK10 上的一个模块，其“芯式变压器”在此作为升压变压器用，从晶闸管逆变出的电压接“芯式变压器”的中压端 A_m、B_m，返回电网的电压从其高压端 A、B 输出，为了避免输出的逆变电压过高而损坏芯式变压器，故将变压器接成 Y/Y 接法。图中的电阻 R、电抗 L_d和触发电路与整流所用相同。

有关实现有源逆变的必要条件等内容可参见电力电子技术教材的有关内容。

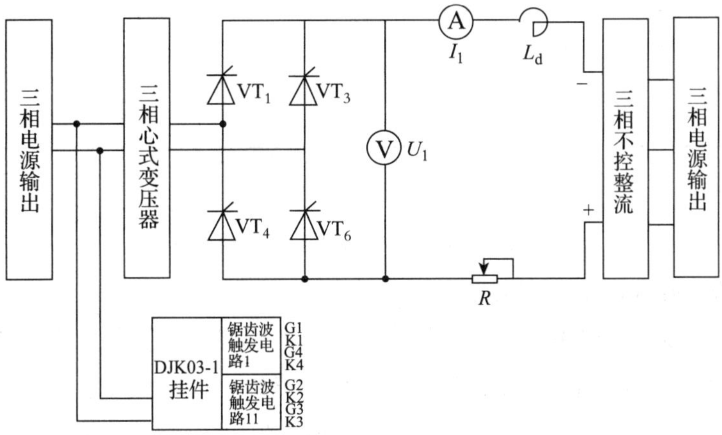

图 6－17 单相桥式有源逆变电路实验原理图

4. 实验内容及步骤

1）实验内容

（1）单相桥式全控整流电路带电阻电感负载。

（2）单相桥式有源逆变电路带电阻电感负载。

（3）有源逆变电路逆变颠覆现象的观察。

2）实验步骤

Ⅰ. 触发电路的调试

调节 DZSZ－1 型电机及自动控制实验装置控制屏左侧的自耦调压器，将输出的线电压调到 220 V 左右，然后用两根导线将 220 V 交流电压接到 DJK03－1 的“外接 220 V”端，按下“启动”按钮，打开 DJK03－1 电源开关，用示波器观察锯齿波同步触发电路各观察孔的电压波形。

将控制电压 U_{ct}调至零（将电位器 R_{p2}顺时针旋到底），观察同步电压信号和 TP_6 点 U_{TP6}的波形，调节偏移电压 U_b（即调 R_{p3}电位器），使 $\alpha = 180°$。

将锯齿波触发电路的输出脉冲端分别接至全控桥中相应晶闸管的门极和阴极，注意不要把相序接反了，否则无法进行整流和逆变。将 DJK02 上的正桥和反桥触发脉冲开关都打到“断”的位置，并使 U_{lf}和 U_{lr}悬空，确保晶闸管不被误触发。

Ⅱ. 单相桥式全控整流

按图 6－16 接线，将电阻放在最大阻值处，按下“启动”按钮，保持 U_b 偏移电压不变（即 R_{p3}固定），逐渐增加 U_{ct}(调节 R_{p2})，在 $\alpha=0°$、30°、60°、90°、120°时，用示波器观察、记录整流电压 U_d 和晶闸管两端电压 U_{VT}的波形，并记录电源电压 U_2 和负载电压 U_d 的数值于表 6－5 中。

表 6－5　单相桥式全控整流电源及负载电压

α	30°	60°	90°	120°
U_2				
U_d(记录值)				
U_d(计算值)				

计算公式：

$$U_d=0.9U_2(1+\cos\alpha)\ /2$$

Ⅲ. 单相桥式有源逆变电路实验

按图 6－17 接线，将电阻放在最大阻值处，按下“启动”按钮，保持 U_b 偏移电压不变（即 R_{p3}固定），逐渐增加 U_{ct}(调节 R_{p2})，在 $\beta=30°$、60°、90°时，观察、记录逆变电流 I_d 和晶闸管两端电压 U_{vt}的波形，并记录负载电压 U_d 的数值于表 6－6 中。

表 6－6　单相桥式有源逆变电路电源及负载电压

β	30°	60°	90°
U_2			
U_d(记录值)			
U_d(计算值)			

Ⅳ. 逆变颠覆现象的观察

调节 U_{ct}，使 $\alpha=150°$，观察 U_d 波形。突然关断触发脉冲(可将触发信号撤去)，用双踪慢扫描示波器观察逆变颠覆现象，记录逆变颠覆时的 U_d 波形。

5. 实验报告及思考题

(1)画出 $\alpha=30°$、60°、90°、120°、150°时 U_d 和 U_{VT}的波形。

(2)画出电路的移相特性 $U_d=f(\alpha)$ 曲线。

(3)分析逆变颠覆的原因及逆变颠覆后会产生的后果。

(4)实现有源逆变的条件是什么？在本实验中是如何保证能满足这些条件？

6. 注意事项

(1)参照实验 4 的注意事项。

(2)在本实验中，触发脉冲是从外部接入 DJK02 面板上晶闸管的门极和阴极，此时，应将所用晶闸管对应的正桥触发脉冲或反桥触发脉冲的开关拨向“断”的位置，并将 U_{lf} 及 U_{lr}悬空，避免误触发。

(3)为了保证从逆变到整流不发生过流，其回路的电阻 R 应取比较大的值，但也要考虑到晶闸管的维持电流，保证可靠导通。

实验4　直流斩波电路的性能研究（六种典型线路）

1. 实验目的

(1)熟悉直流斩波电路的工作原理。

(2)熟悉各种直流斩波电路的组成及其工作特点。

(3)了解 PWM 控制与驱动电路的原理及其常用的集成芯片。

2. 实验仪器

(1)DZSZ－1 电源控制屏，该控制屏包含“三相电源输出”等几个模块。

(2)DJK09 单相调压与可调负载。

(3)DJK20 直流斩波电路。

(4)D42 三相可调电阻。

(5)双踪示波器，1 台。

(6)万用表，1 块。

3. 实验原理

1)主电路

Ⅰ. 降压斩波电路（Buck Chopper）

降压斩波电路（Buck Chopper）的原理图及工作波形如图 6－18 所示。图中 VT 为全控型器件，选用 IGBT。VD 为续流二极管。由图 6－18(b)中 VT 的栅极电压波形 U_{GE}可知，

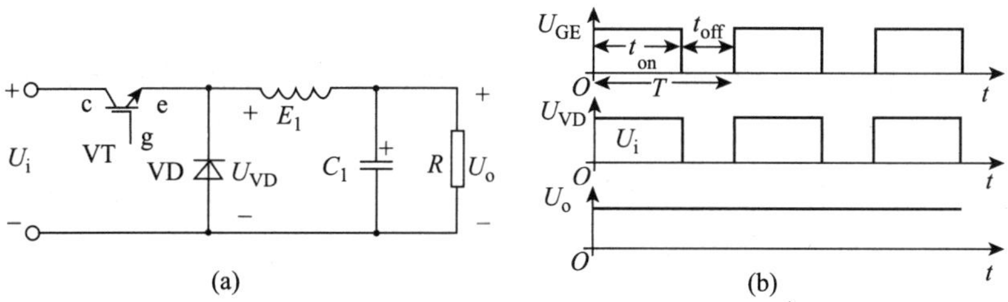

图 6－18　降压斩波电路的原理图及波形

(a)电路图　(b)波形图

当 VT 处于通态时，电源 U_i 向负载供电，$U_D = U_i$。当 VT 处于断态时，负载电流经二极管 VD 续流，电压 U_D 近似为零，至一个周期 T 结束，再驱动 VT 导通，重复上一周期的过程。负载电压的平均值为

$$U_o = [t_{on}/(t_{on} + t_{off})]/U_i = t_{on}/T = \alpha U_i$$

式中，t_{on}为 VT 处于通态的时间；t_{off}为 VT 处于断态的时间；T 为开关周期，α 为导通占空比，简称占空比或导通比（$\alpha = t_{on}/T$）。由此可知，输出到负载的电压平均值 U_o 最大为 U_i，若减小占空比 α，则 U_o 随之减小，由于输出电压低于输入电压，故称该电路为降压斩波电路。

Ⅱ. 升压斩波电路（Boost Chopper）

升压斩波电路（Boost Chopper）的原理图及工作波形如图 6－19 所示。电路也使用一个全控型器件 VT。由图 6－19(b)中 VT 的栅极电压波形 U_{GE}可知，当 VT 处于通态时，电源 U_i 向电感 L_1 充电，充电电流基本恒定为 I_1，同时电容 C_1 上的电压向负载供电，因 C_1 值很大，基本保持输出电压 U_o 为恒值。设 VT 处于通态的时间为 t_{on}，此阶段电感 L_1 上积蓄的能量为 $U_i I_1 t_{on}$。当 VT 处于断态时 U_i 和 L_1 共同向电容 C_1 充电，并向负载提供能量。设 VT 处于断态的时间为 t_{off}，则在此期间电感 L_1 释放的能量为$(U_o - U_i)I_1 t_{on}$。当电路工作于稳态时，一个周期 T 内电感 L_1 积蓄的能量与释放的能量相等，即

$$U_i I_1 t_{on} = (U_o - U_i) I_1 t_{off}$$

$$U_o = \frac{t_{on} + t_{off}}{t_{off}} U_i = \frac{T}{t_{off}} U_i$$

上式中的 $T/t_{off} \geqslant 1$，输出电压高于电源电压，故称该电路为升压斩波电路。

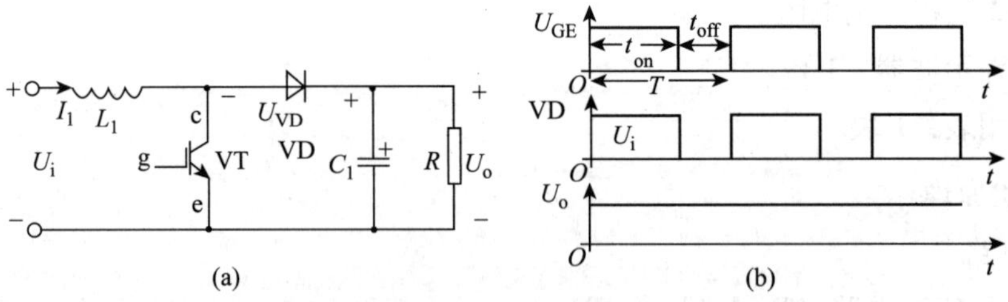

图 6－19　升压斩波电路的原理图及波形

(a)电路图　**(b)**波形图

Ⅲ. 升降压斩波电路（Boost-Buck Chopper）

升降压斩波电路（Boost-Buck Chopper）的原理图及工作波形如图 6－20 所示。电路的基本工作原理是：当可控开关 VT 处于通态时，电源 U_i 经 VT 向电感 L_1 供电使其贮存能量，同时 C_1 维持输出电压 U_o 基本恒定并向负载供电。此后，VT 关断，电感 L_1 中贮存的能量向负载释放。可见，负载电压为上负下正，与电源电压极性相反。输出电压为：

$$U_o = \frac{t_{on}}{t_{off}} U_i = \frac{t_{on}}{T - t_{on}} U_i = \frac{a}{1 - a} U_i$$

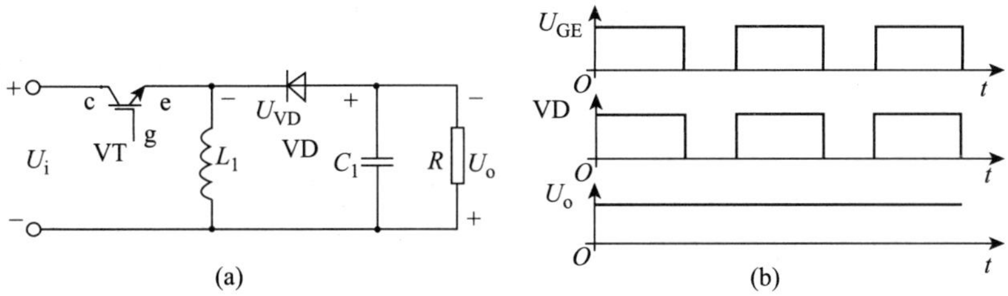

图 6－20　升降压斩波电路的原理图及波形

(**a**)电路图　(**b**)波形图

若改变导通比 α，则输出电压可以比电源电压高，也可以比电源电压低。当 $0<\alpha<1/2$ 时为降压，当 $1/2<\alpha<1$ 时为升压。Ⅳ. Cuk 斩波电路

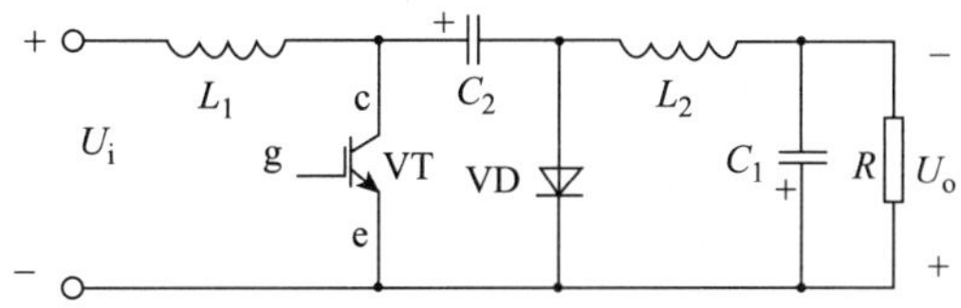

图 6－21　Cuk 斩波电路原理图

Cuk 斩波电路的原理图如图 6－21 所示。电路的基本工作原理是：当可控开关 VT 处于通态时，U_i—L_1—VT 回路和负载 R—L_2—C_2—VT 回路分别流过电流。当 VT 处于断态时，U_i—L_1—C_2—VD 回路和负载 R—L_2—VD 回路分别流过电流，输出电压的极性与电源电压极性相反。输出电压为

$$U_o=\frac{t_{on}}{t_{off}}U_i=\frac{t_{on}}{T-t_{on}}U_i=\frac{\alpha}{1-\alpha}U_i$$

若改变导通比 α，则输出电压可以比电源电压高，也可以比电源电压低。当 $0<\alpha<1/2$ 时为降压，当 $1/2<\alpha<1$ 时为升压。

Ⅵ. Sepic 斩波电路

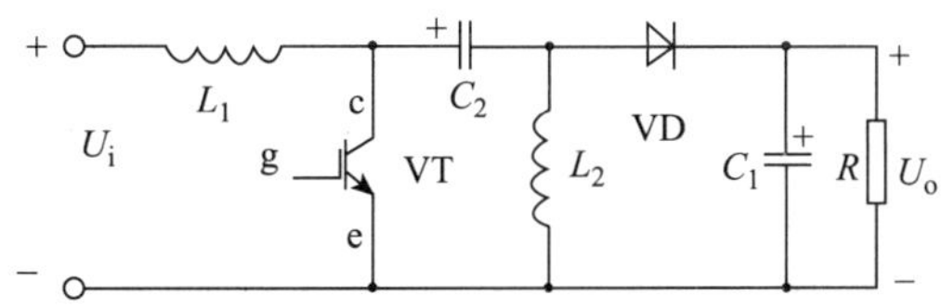

图 6－22　Sepic 斩波电路原理图

Sepic 斩波电路的原理图如图 6－22 所示。电路的基本工作原理是：可控开关 VT 处于通态时，U_i—L_1—VT 回路和 C_2—V—L_2 回路同时导电，L_1 和 L_2 贮能。当 VT 处于断态时，U_i—L_1—C_2—VD—R 回路及 L_2—VD—R 回路同时导电，此阶段 U_i 和 L_1 既向 R 供电，同时也向 C_2 充电，C_2 贮存的能量在 VT 处于通态时向 L_2 转移。输出电压为：

$$U_o=\frac{t_{on}}{t_{off}}U_i=\frac{t_{on}}{T-t_{on}}U_i=\frac{\alpha}{1-\alpha}U_i$$

若改变导通比 α，则输出电压可以比电源电压高，也可以比电源电压低。当 $0<\alpha<1/2$时为降压，当 $1/2<\alpha<1$ 时为升压。

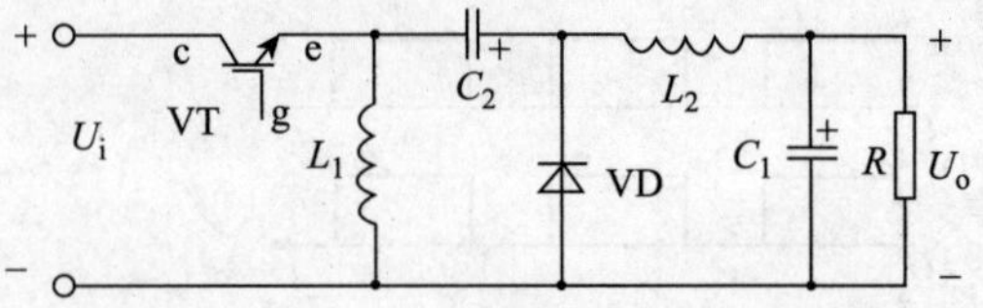

图 6－23　Zeta 斩波电路原理图

Ⅵ. Zeta 斩波电路

Zeta 斩波电路的原理图如图 6－23 所示。电路的基本工作原理是：当可控开关 VT 处于通态时，电源 U_i 经开关 VT 向电感 L_1 贮能。当 VT 处于断态后，L_1 经 VD 与 C_2 构成振荡回路，其贮存的能量转至 C_2，至振荡回路电流过零，L_1 上的能量全部转移至 C_2 上之后，VD 关断，C_2 经 L_2 向负载 R 供电。输出电压为

$$U_o = [\alpha/(1-\alpha)]U_i$$

若改变导通比 α，则输出电压可以比电源电压高，也可以比电源电压低。当 $0<\alpha<1/2$ 时为降压，当 $1/2<\alpha<1$ 时为升压。

2）控制与驱动电路

控制电路以 SG3525 为核心构成，SG3525 为美国 Silicon General 公司生产的专用 PWM 控制集成电路，其内部电路结构及各引脚功能如图 6－24 所示，它采用恒频脉宽调制控制方案，内部包含有精密基准源、锯齿波振荡器、误差放大器、比较器、分频器和保护电路等。调节 U_r 的大小，在 A、B 两端可输出两个幅度相等、频率相等、相位相差、占空比可调的矩形波(即 PWM 信号)。它适用于各开关电源、斩波器的控制。详细的工作原理与性能指标可参阅相关的资料。

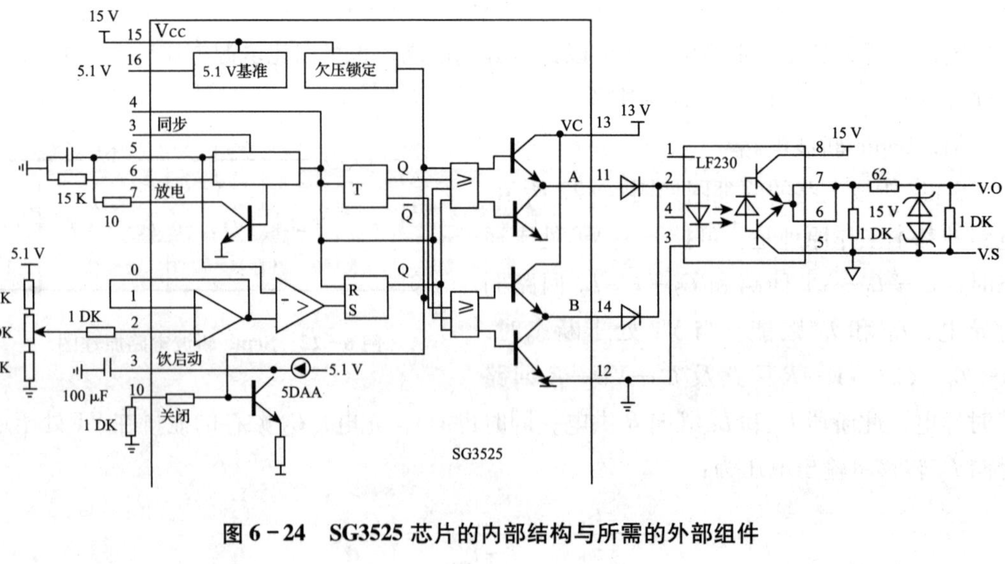

图 6－24　SG3525 芯片的内部结构与所需的外部组件

4. 实验内容及步骤

1）实验内容

（1）控制与驱动电路的测试。

（2）六种直流斩波器的测试。

2)实验步骤

Ⅰ. 控制与驱动电路的测试

(1)启动实验装置电源，开启 DJK20 控制电路电源开关。

(2)调节 PWM 脉宽调节电位器改变 U_r，用双踪示波器分别观测 SG3525 的第 11 脚与第 14 脚的波形，观测输出 PWM 信号的变化情况，并填入表 6-7。

表 6-7　SG3525 的第 11 脚与第 14 脚的占空比

U_r(V)	1.4	1.6	1.8	2.0	2.2	2.4	2.5
11(A)占空比(%)							
14(B)占空比(%)							
PWM 占空比(%)							

(3)用示波器分别观测 A、B 和 PWM 信号的波形，记录其波形、频率和幅值，并填入表 6-8。

表 6-8　A、B 和 PWM 信号的情况

观测点	A(11 脚)	B(14 脚)	PWM
波形类型			
幅值 A(V)			
频率 f(Hz)			

(4)用双踪示波器的两个探头同时观测 11 脚和 14 脚的输出波形，调节 PWM 脉宽调节电位器，观测两路输出的 PWM 信号，测出两路信号的相位差，并测出两路 PWM 信号之间最小的“死区”时间。

Ⅱ. 直流斩波器的测试（使用一个探头观测波形）

斩波电路的输入直流电压 U_i 由三相调压器输出的单相交流电经 DJK20 挂箱上的单相桥式整流及电容滤波后得到。接通交流电源，观测 U_i 波形，记录其平均值（注：本装置限定直流输出最大值为 50 V，输入交流电压的大小由调压器调节输出）。

按下列实验步骤依次对六种典型的直流斩波电路进行测试。

(1)切断电源，根据 DJK20 上的主电路图，利用面板上的元器件连接好相应的斩波实验线路，并接上电阻负载，负载电流最大值限制在 200 mA 以内。将控制与驱动电路的输出“V-G”“V-E”分别接至 V 的 G 和 E 端。

(2)检查接线正确，尤其是电解电容的极性是否接反后，接通主电路和控制电路的电源。

(3)用示波器观测 PWM 信号的波形、U_{GE}的电压波形及输出电压 U_o 和二极管两端电压 U_{VD}的波形，注意各波形间的相位关系。

(4)调节 PWM 脉宽调节电位器改变 U_r，观测在不同占空比(α)时，记录 U_i、U_o 和 α 的数值记于表 6-9 中，从而画出 $U_o=f(\alpha)$ 的关系曲线。

表 6-9　不同占空比情况下输入输出的情况

U_r(V)	1.4	1.6	1.8	2.0	2.2	2.4	2.5
占空比 α（%）							
U_i(V)							
U_o(V)							

5. 实验报告及思考题

(1)整理各组实验数据绘制各直流斩波电路的 $U_i/U_o-\alpha$ 曲线，并作比较与分析。

(2)讨论、分析实验中出现的各种现象。

6. 注意事项

(1)在主电路通电后，不能用示波器的两个探头同时观测主电路元器件之间的波形，否则会造成短路。

(2)用示波器两探头同时观测两处波形时，要注意共地问题，否则会造成短路，在观测高压时应衰减到 1/10，在做直流斩波器测试实验时，最好使用一个探头。

实验 5　单相交流调压电路实验

1. 实验目的

(1)加深理解单相交流调压电路的工作原理。

(2)加深理解单相交流调压电路带电感性负载对脉冲及移相范围的要求。

(3)了解 KC05 晶闸管移相触发器的原理和应用。

2. 实验仪器

(1)DJK01 电源控制屏，该控制屏包含“三相电源输出”等几个模块。

(2)DJK02 晶闸管主电路，该挂件包含“晶闸管”以及“电感”等模块。

(3)DJK03-1 晶闸管触发电路，该挂件包含“单相调压触发电路”等模块。

(4)D42 三相可调电阻。

(5)双踪示波器，1 台。

(6)万用表，1 块。

3. 实验原理

本实验采用 KC05 晶闸管集成移相触发器。该触发器适用于双向晶闸管或两个反向并联晶闸管电路的交流相位控制，具有锯齿波线性好、移相范围宽、控制方式简单、易于集中控制、有失交保护、输出电流大等优点。

单相晶闸管交流调压器的主电路由两个反向并联的晶闸管组成，如图 6-25 所示。

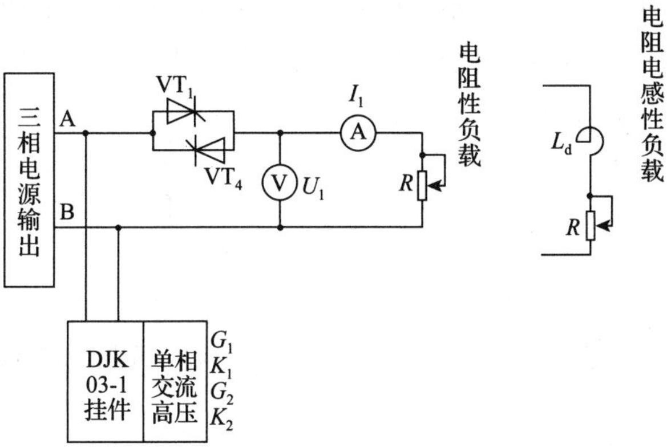

图 6－25　单相交流调压主电路原理图

图中电阻 R 用 D42 三相可调电阻，将两个 900 Ω 电阻并联，晶闸管则利用 DJK02 上的反桥元件，交流电压、电流表由 DJK01 控制屏上得到，电抗器 L_d 从 DJK02 上得到，采用700 mH 电感。

4. 实验内容及步骤

1)实验内容

(1)KC05 集成移相触发电路的调试。

(2)单相交流调压电路带电阻性负载。

(3)单相交流调压电路带电阻电感性负载。

2)实验步骤

Ⅰ. KC05 集成晶闸管移相触发电路调试

调节 DZSZ－1 型电机及自动控制实验装置控制屏左侧的自耦调压器，将输出的线电压调到 220 V 左右，然后用两根导线将 220 V 交流电压接到 DJK03－1 的“外接 220 V”端，按下“启动”按钮，打开 DJK03－1 电源开关，用示波器观察 TP1 ~ TP5 点及脉冲输出的波形。调节电位器 R_{p1}，观察锯齿波斜率是否变化，调节 R_{p2}，观察输出脉冲的移相范围如何变化，移相能否达到 170°，记录上述过程中观察到的各点电压波形。

Ⅱ. 单相交流调压带电阻性负载

将 DJK02 面板上的两个晶闸管反向并联而构成交流调压器，将触发器的输出脉冲端 G_1、K_1、G_2 和 K_2 分别接至主电路相应晶闸管的门极和阴极。接上电阻性负载，用示波器观察负载电压、晶闸管两端电压 U_{VT}的波形。调节“单相调压触发电路”上的电位器 R_{p2}，观察在不同 α 角时各点波形的变化，并记录 $\alpha=30°$、60°、90°、120°时的波形。

Ⅲ. 单相交流调压接电阻电感性负载

(1)在进行电阻电感性负载实验时，需要调节负载阻抗角的大小，因此应该知道电抗器的内阻和电感量。常采用直流伏安法来测量内阻，如图 6－26 所示。电抗器的内阻为

$$R_L = U_L/I$$

电抗器的电感量可采用交流伏安法测量，如图6－27所示。由于电流大时，对电抗器的电感量影响较大，采用自耦调压器调压，多测几次取其平均值，从而可得到交流阻抗。

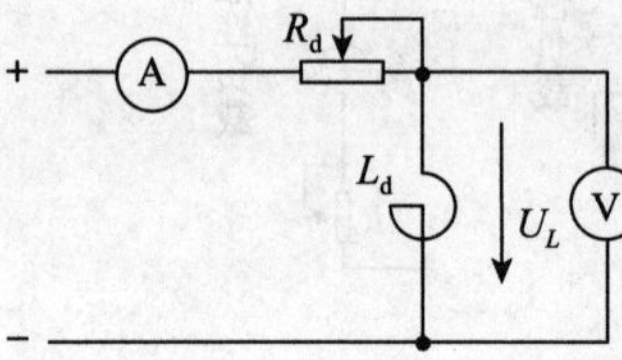

6－26　用直流伏安法测电抗器内阻

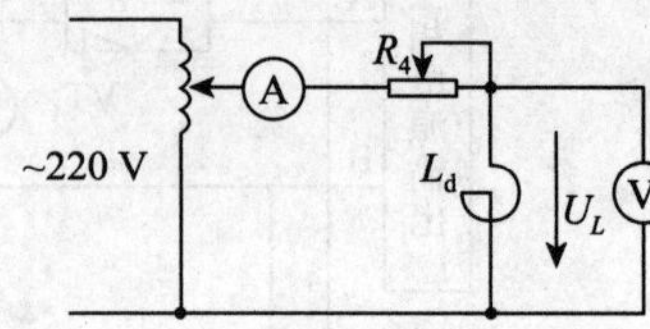

图6－27　用交流伏安法测定电感量

$$Z_L = U_L / I$$

电抗器的电感为

$$L = \frac{\sqrt{Z_L^2 - R_L^2}}{2\pi f}$$

$$\phi = \arctan \frac{\omega L}{R_d + R_L}$$

这样，即可求得负载阻抗角。

在实验中，欲改变阻抗角，只需改变滑线变阻器 R 的电阻值即可。

(2)切断电源，将 L 与 R 串联，改接为电阻电感性负载。按下“启动”按钮，用双踪示波器同时观察负载电压 U_1 和负载电流 I_1 的波形。调节 R 的数值，使阻抗角为一定值，观察在不同 α 角时波形的变化情况，记录 $\alpha > \varphi$、$\alpha = \varphi$、$\alpha < \varphi$ 三种情况下负载两端的电压 U_1 和流过负载的电流 I_1 波形。

5. 实验报告及思考题

(1) 整理、画出实验中所记录的各类波形。

(2)分析电阻电感性负载时，α 角与 φ 角相应关系的变化对调压器工作的影响。

(3)分析实验中出现的各种问题。

6. 注意事项

(1)触发脉冲是从外部接入DJK02面板上晶闸管的门极和阴极，此时，应将所用晶闸管对应的正桥触发脉冲或反桥触发脉冲的开关拨向“断”的位置，并将 U_{lf} 及 U_{lr} 悬空，避免误触发。

(2)可以用DJK02－1上的触发电路来触发晶闸管。

(3)由于G、K输出端有电容影响，故观察触发脉冲电压波形时，需将输出端G和K分别接到晶闸管的门极和阴极(或者也可用约100 Ω阻值的电阻接到G、K两端，来模拟晶闸管门极与阴极的阻值)，否则，无法观察到正确的脉冲波形。

第7章 电机拖动实验

实验1 直流电机认识实验

1. 实验目的

(1)学习电机实验的基本要求与安全操作注意事项。

(2)认识在直流电机实验中所用的电机、仪表、变阻器等组件及使用方法。

(3)熟悉他励电动机（即并励电动机按他励方式）的接线、启动、改变电机转向与调速的方法。

2. 预习要点

(1)如何正确选择和使用仪器仪表，特别是电压表、电流表的量程。

(2)直流电动机启动时，为什么在电枢回路中需要串接启动变阻器？不串接会产生什么严重后果？

(3)直流电动机启动时，励磁回路串接的磁场变阻器应调至什么位置？为什么？若励磁回路断开造成失磁时，会产生什么严重后果？

(4)直流电动机调速及改变转向的方法。

3. 实验项目

(1)了解 DZ01 电源控制屏中的电枢电源、励磁电源、校正过的直流电机、变阻器、多量程直流电压表、电流表及直流电动机的使用方法。

(2)用伏安法测直流电动机和直流发电机的电枢绕组的冷态电阻。

4. 实验仪器

(1)导轨、测速发电机及转速表(DD03)，1 台。

(2)校正直流测功机(DJ23)，1 台。

(3)直流并励电动机(DJ15)，1 台。

(4)直流数字电压、毫安、安培表(D31)，2 件。

(5)三相可调电阻器(D42)，1 件。

(6)可调电阻、电容(D44)，1 件。

(7)波形测试及开关板(D51)，1 件。

(8)三相可调电阻器(D41)，1件。

5. 实验内容及步骤

(1)由实验指导人员介绍DZSZ-1型电机及电气技术实验装置各面板布置及使用方法，讲解电机实验的基本要求，安全操作和注意事项。

(2)用伏安法测电枢的直流电阻。

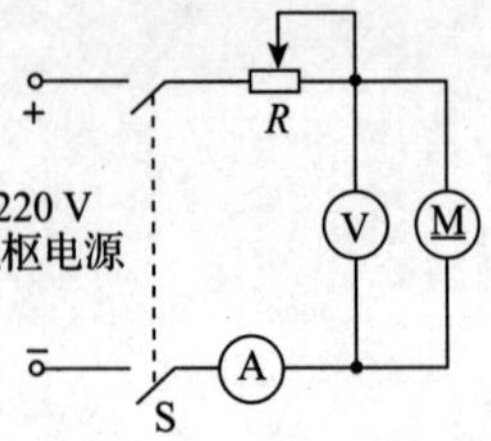

图7-1　测电枢绕组直流电阻接线图

①按图7-1接线，电阻R用D44上1 800 Ω和180 Ω电阻串联(共1 980 Ω)，且阻值调至最大。A表选用D31直流数字电压、毫安、安培表，量程选用5 A挡。开关S选用D51挂箱。

②经检查无误后接通电枢电源，并调至220 V。调节R使电枢电流达到0.2 A(如果电流太大，可能由于剩磁的作用使电机旋转，测量无法进行；如果此时电流太小，可能由于接触电阻产生较大的误差)，迅速测取电机电枢两端电压U和电流I。将电机分别旋转三分之一和三分之二周，同样测取U、I三组数据列于表7-1中。

③增大R使电流分别达到0.15 A和0.1 A，用同样方法测取六组数据列于表7-1中，取三次测量的平均值作为实际冷态电阻值

$$R_a = \frac{1}{3}(R_{a1} + R_{a2} + R_{a3})$$

$$R_{a1} = \frac{1}{3}(R_{a11} + R_{a12} + R_{a13})$$

$$R_{a2} = \frac{1}{3}(R_{a21} + R_{a22} + R_{a23})$$

$$R_{a3} = \frac{1}{3}(R_{a31} + R_{a32} + R_{a33})$$

表7-1　实验测量值　　室温________℃

序号	U(V)	I(A)	R (平均)(Ω)		R_a(Ω)	R_{ref}(Ω)
1			R_{a11} =	R_{a1} =		
			R_{a12} =			
			R_{a13} =			
2			R_{a21} =	R_{a2} =		
			R_{a22} =			
			R_{a23} =			
3			R_{a31} =	R_{a3} =		
			R_{a32} =			
			R_{a33} =			

6. 实验报告及思考题

(1)画出直流他励电动机电枢串电阻启动的接线图。说明电动机启动时，启动电阻 R_1 和磁场调节电阻 R_{f1} 应调到什么位置？为什么？

(2)在电动机轻载及额定负载时，增大电枢回路的调节电阻，电动机的转速如何变化？增大励磁回路的调节电阻，转速又如何变化？

(3)用什么方法可以改变直流电动机的转向？

(4)为什么要求直流他励电动机磁场回路的接线要牢靠，启动时电枢回路必须串联启动变阻器？

7. 注意事项

(1)直流他励电动机启动时，须将励磁回路串联的电阻 R_{f1} 调至最小，先接通励磁电源，使励磁电流最大，同时必须将电枢串联启动电阻 R_1 调至最大，然后方可接通电枢电源。使电动机正常启动。启动后，将启动电阻 R_1 调至零，使电动机正常工作。

(2)直流他励电动机停机时，必须先切断电枢电源，然后断开励磁电源。同时必须将电枢串联的启动电阻 R_1 调回到最大值，励磁回路串联的电阻 R_{f1} 调回到最小值。给下次起动做好准备。

(3)测量前注意仪表的量程、极性及其接法，是否符合要求。

(4)若要测量电动机的转矩 T_2，必须将校正直流测功机 MG 的励磁电流调整到校正值(100 mA)，以便从校正曲线中查出电动机 M 的输出转矩。

实验2　直流并励电动机

1. 实验目的

(1)掌握用实验方法测取直流并励电动机的工作特性和机械特性。

(2)掌握直流并励电动机的调速方法。

2. 预习要点

(1)什么是直流电动机的工作特性和机械特性？

(2)直流电动机调速原理是什么？

3. 实验项目

工作特性和机械特性：保持 $U=U_N$ 和 $I_f=I_{fN}$ 不变，测取 n、T_2、$\eta=f(I_a)$、$n=f(T_2)$。

4. 实验仪器

(1)导轨、测速发电机及转速表(DD03)，1 台。

(2)校正直流测功机(DJ23)，1 台。

(3)直流并励电动机(DJ15)，1 台。

(4)直流数字电压、毫安、电流表(D31)，2 件。

(5)三相可调电阻(D42)，1 件。

(6)可调电阻、电容(D44)，1 件。

(7)波形测试及开关板(D51)，1 件。

5. 实验内容及步骤

(1)按图 7 - 2 接线。校正直流测功机 MG 按他励发电机连接，在此作为直流电动机 M 的负载，用于测量电动机的转矩和输出功率。R_{f1} 选用 D44 的 1 800 Ω 阻值。R_{f2} 选用 D42 的 900 Ω 串联 900 Ω 共 1800 Ω 阻值。R_1 用 D44 的 180 Ω 阻值。R_2 选用 D42 的 900 Ω 串联 900 Ω 再加 900 Ω 并联 900 Ω 共 2250 Ω 阻值。

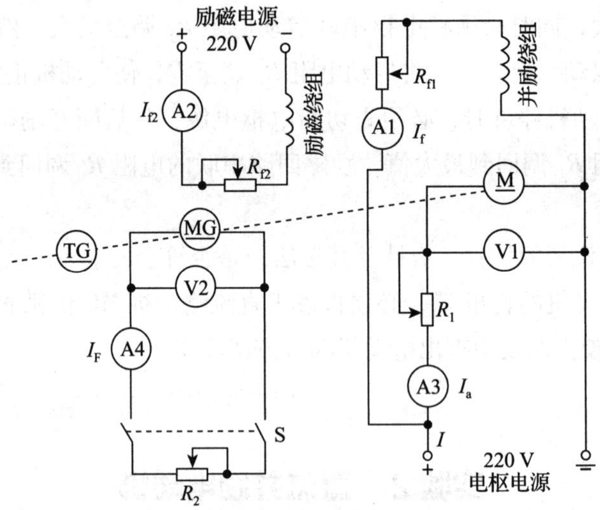

图 7 - 2　直流并励电动机接线图

(2)将直流并励电动机 M 的磁场调节电阻 R_{f1} 调至最小值，电枢串联启动电阻 R_1 调至最大值，接通控制屏下边右方的电枢电源开关使其启动，其旋转方向应符合转速表正向旋转的要求。

(3)M 启动正常后，将其电枢串联电阻 R_1 调至零，调节电枢电源的电压为 220 V，调节校正直流测功机的励磁电流 I_{f2} 为校正值(50 mA 或 100 mA)，再调节其负载电阻 R_2 和电动机的磁场调节电阻 R_{f1}，使电动机达到额定值：$U = U_N$，$I = I_N$，$n = n_N$。此时 M 的励磁电流 I_f 即为额定励磁电流 I_{fN}。

(4)保持 $U = U_N$，$I_f = I_{fN}$，I_{f2} 为校正值不变的条件下，逐次减小电动机负载。测取电动机电枢输入电流 I_a，转速 n 和校正电机的负载电流 I_F(由校正曲线查出电动机输出对应转矩 T_2)。共取数据 9 ~ 10 组，记录于表 7 - 2 中。

表 7－2 实验测量值

$U=U_N=$ ______V　$I_f=I_{fN}=$ ______mA　$I_{f2}=$ ______mA

实验数据	I_a(A)										
	n(r/min)										
	I_F(A)										
	T_2(N·m)										
计算数据	P_2(W)										
	P_1(W)										
	η(%)										
	Δn(%)										

6. 实验报告及思考题

(1)由表 7－2 计算出 P_2 和 η，并给出 n、T_2、$\eta=f(I_a)$ 及 $n=f(T_2)$ 的特性曲线。

电动机输出功率

$$P_2=0.105nT_2$$

式中，输出转矩 T_2 的单位为 N·m(由 I_{f2} 及 I_F 值，从校正曲线 $T_2=f(I_F)$ 查得)，转速 n 的单位为 r/min。

电动机输入功率

$$P_1=UI$$

输入电流

$$I=I_a+I_{fN}$$

电动机效率

$$\eta=\frac{P_2}{P_1}\times 100\%$$

由工作特性求出转速变化率

$$\Delta n\%=\frac{n_0-n_N}{n_N}\times 100\%$$

(2)绘出并励电动机调速特性曲线 $n=f(U_a)$ 和 $n=f(I_f)$。分析在恒转矩负载时两种调速的电枢电流变化规律以及两种调速方法的优缺点。

(3)并励电动机的速率特性 $n=f(I_a)$ 为什么是略微下降？是否会出现上翘现象？为什么？上翘的速率特性对电动机运行有何影响？

(4)当电动机的负载转矩和励磁电流不变时，减小电枢端电压，为什么会引起电动机转速降低？

(5)当电动机的负载转矩和电枢端电压不变时，减小励磁电流会引起转速的升高，为什么？

(6)并励电动机在负载运行中，当磁场回路断线时是否一定会出现“飞车”？

实验3 单相变压器

1. 实验目的

(1) 通过空载和短路实验测定变压器的变比和参数。

(2)通过负载实验测取变压器的运行特性。

2. 预习要点

(1)变压器的空载和短路实验有什么特点？实验中电源电压一般加在哪一方较合适？

(2)在空载和短路实验中，各种仪表应怎样连接才能使测量误差最小？

(3)如何用实验方法测定变压器的铁耗及铜耗。

3. 实验项目

(1)空载实验：测取空载特性 $U_0=f(I_0)$，$P_0=f(U_0)$，$\cos\varphi_0=f(U_0)$。

(2)短路实验：测取短路特性 $U_K=f(I_K)$，$P_K=f(I_K)$，$\cos\varphi_K=f(I_K)$。

4. 实验仪器

(1)真有效值交流电压表（D33)，1件。

(2)真有效值交流电流表（D32)，1件。

(3)单三相智能功率、功率因数表（D34-3)，1件。

(4)三相组式变压器（DJ11)，1件。

(5)三相可调电阻（D42)，1件。

(6)波形测试及开关板（D51)，1件。

5. 实验内容及步骤

1)空载实验

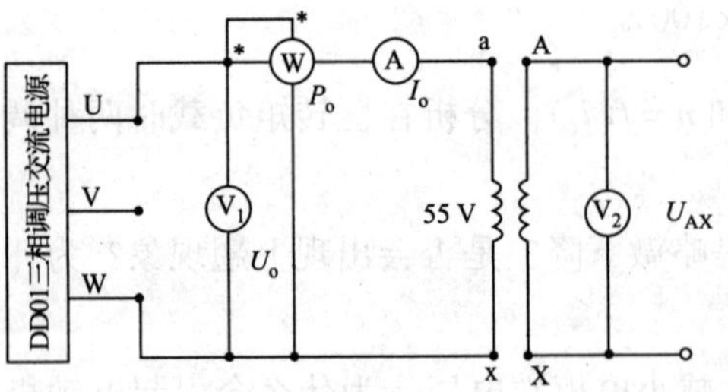

图7-3 空载实验接线图

(1)在三相调压交流电源断电的条件下，按图7-3接线。被测变压器选用三相组式变压器DJ11中的一只作为单相变压器，其额定容量 $P_N=77$ W，$U_{1N}/U_{2N}=220/55$ V，$I_{1N}/I_{2N}=0.35/1.4$ A。变压器的低压线圈a、x接电源，高压线圈A、X开路。

(2)选好所有电表量程。将控制屏左侧调压器旋钮向逆时针方向旋转到底，即将其调到输出电压为零的位置。

(3)合上交流电源总开关，按下“开”按钮，便接通了三相交流电源。调节三相调压器旋钮，使变压器空载电压 $U_0=1.2U_N$，然后逐渐降低电源电压，在 $1.2\sim0.2U_N$ 的范围内，测取变压器的 U_0、I_0、P_0。

(4)测取数据时，$U=U_N$ 点必须测，并在该点附近测得较密，共测取数据 7－8 组，记录于表 7－3 中。

(5)为了计算变压器的变比，在 U_N 以下测取一次侧电压的同时测出二次侧电压数据也记录于表 7－3 中。

表 7－3　实验数据

序号	实验数据				计算数据
	U_0(V)	I_0(A)	P_0(W)	U_{AX}(V)	$\cos\varphi_0$

2)短路实验

(1)按下控制屏上的“关”按钮，切断三相调压交流电源，按图 7－4 接线(以后每次改接线路，都要关断电源)。将变压器的高压线圈接电源，低压线圈直接短路。

(2)选好所有电表量程，将交流调压器旋钮调到输出电压为零的位置。

(3)接通交流电源，逐次缓慢增加输入电压，直到短路电流等于 $1.1I_N$ 为止，在 $(0.2\sim1.1)\ I_N$ 范围内测取变压器的 U_K、I_K、P_K。

(4)测取数据时，$I_K=I_N$ 点必须测，共测取数据 6～7 组记录于表 7－4 中。实验时记下周围环境温度（℃）。

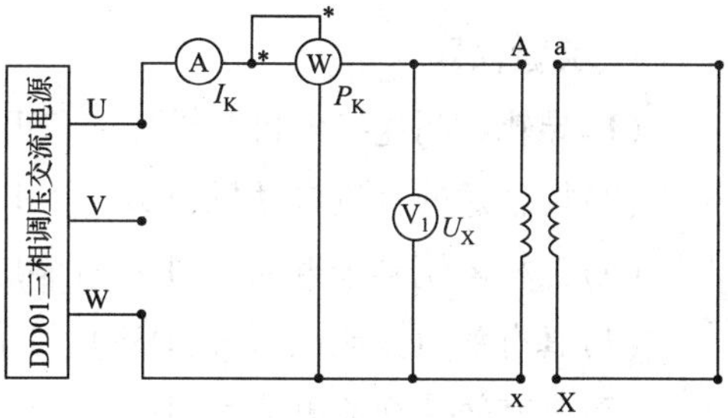

图 7－4　短路实验接线图

表 7－4　实验数据　　　　室温______℃

序号	实验数据			计算数据
	U_K(V)	I_K(A)	P_K(W)	$\cos\varphi_K$

6. 注意事项

(1)在变压器实验中，应注意电压表、电流表、功率表的合理布置及量程选择。

(2)短路实验操作要快，否则线圈发热会引起电阻变化。

实验4　三相鼠笼异步电动机的工作特性

1. 实验目的

(1)掌握用日光灯法测转差率的方法。

(2)掌握三相异步电动机的空载、堵转和负载实验的方法。

(3)用直接负载法测取三相鼠笼式异步电动机的工作特性。

(4)测定三相鼠笼式异步电动机的参数。

2. 预习要点

(1)用日光灯法测转差率是利用了日光灯的什么特性?

(2)异步电动机的工作特是性指哪些?

3. 实验项目

测定电动机的转差率。

4. 实验仪器

(1)导轨、测速发电机及转速表(DD03)，1 件。

(2)校正过的直流电动机(DJ23)，1 件。

(3)三相鼠笼异步电动机(DJ16)，1 件。

(4)真有效值交流电压表(D33)，1 件。

(5)真有效值交流电流表(D32)，1 件。

(6)单三相智能功率、功率因数表(D34-3)，1 件。

(7)直流电压、毫安、安培表(D31)，1 件。

(8)三相可调电阻(D42)，1 件。

(9)波形测试及开关板(D51)，1 件。

5. 实验内容及步骤

日光灯是一种闪光灯，当接到 50 Hz 电源上时，灯光每秒闪亮 100 次，人的视觉暂留时间约为 1/10 s，故用肉眼观察时日光灯是一直发亮的，我们就利用日光灯这一特性来测量电动机的转差率。

(1)异步电动机选用编号为 DJ16 的三相鼠笼异步电动机($U_N = 220$ V，△接法)，极数 $2P=4$。直接与测速发电机同轴联接，在 DJ16 和测速发电机联轴器上用黑胶布包一圈，再用四张白纸条(宽度约为 3 mm)，均匀地贴在黑胶布上。

(2)由于电动机的同步转速为 $n_0=\dfrac{60f_1}{P}=1\ 500\ \text{r/min}=25\ \text{r/s}$，而日光灯闪亮为 100 次/s，即日光灯闪亮一次，电动机转动四分之一圈。由于电动机轴上均匀贴有四张白纸条，故电动机以同步转速转动时，肉眼观察图案是静止不动的(这个可以用直流电动机 DJ15、DJ23 和三相同步电动机 DJ18 来验证)。

(3)开启电源，打开控制屏上日光灯开关，调节调压器升高电动机电压，观察电动机转向，如果转向不对应，那么停机调整相序。转向正确后，升压至 220 V，使电动机启动运转，记录此时电动机转速。

(4)因三相异步电动机转速总是低于同步转速，故灯光每闪亮一次图案逆电动机旋转方向落后一个角度，用肉眼观察图案逆电动机旋转方向缓慢移动。

(5)按住控制屏报警记录“复位”键，手松开之后开始观察图案后移的圈数，计数时间可定得短一些(一般取 30 s)。将观察到的数据记录于表 7 - 5 中。

(6)停机。将调压器调至零位，关断电源开关。

表 7 - 5　实验数据

N(转)	t(s)	S(转差率)	n(r/min)

转差率

$$S=\frac{\Delta n}{n_0}=\frac{\dfrac{N}{t}60}{\dfrac{60f_1}{P}}=\frac{P_{\rm N}}{tf_1}$$

式中，t 为计数时间，s；N 为 ts 内图案转过的圈数；f_1 为电源频率，50 Hz。

(7)将计算出的转差率与实际观测到的转速算出的转差率比较。

6. 实验报告及思考题

(1)计算基准工作温度时的相电阻。由实验直接测得每相电阻值，此值为实际冷态电阻值。冷态温度为室温。按下式换算到基准工作温度时的定子绕组相电阻：

$$r_{1\rm ref}=r_{1\rm C}\frac{235+\theta_{\rm ref}}{235+\theta_{\rm C}}$$

式中，$r_{1\rm ref}$为换算到基准工作温度时定子绕组的相电阻，Ω；$r_{1\rm c}$为定子绕组的实际冷态相电阻，Ω；$\theta_{\rm ref}$为基准工作温度，对于 E 级绝缘为 75 ℃；$\theta_{\rm c}$为实际冷态时定子绕组的温度,℃。

(2)作空载特性曲线：$I_{0\rm L}$、P_0、$\cos\varphi_0=f\ (U_{0\rm L})$。

(3)作短路特性曲线：$I_{\rm KL}$、$P_{\rm K}=f\ (U_{\rm KL})$。

(4)由空载、短路实验数据求取异步电动机的等效电路参数时，有哪些因素会引起误差?

(5)从短路实验数据可以得出哪些结论?

(6)由直接负载法测得的电动机效率和用损耗分析法求得的电动机效率各有哪些因素会引起误差?

实验5　步进电动机单轴定位控制实验

1. 实验目的

(1)学习和掌握步进电动机及其驱动器的操作和使用方法。

(2)学习和掌握步进电动机单轴定位控制方法。

(3)学习和掌握 PLC 单轴定位模块的基本使用方法。

2. 预习要点

(1)影响步进电动机单轴定位精度的主要因素是什么?

(2)步进电动机驱动数控轴寻找原位的工作原理是什么?

3. 实验项目

(1)输入 PLC 控制程序。

(2)利用 PC 机上的定位程序向 PLC 输入定位程序。

步进电动机(Stepping Motor)是把电脉冲信号变换成角位移以控制转子转动的微特电动机。在自动控制装置中作为执行元件。每输入一个脉冲信号，步进电动机前进一步，故又称脉冲电动机。每给一个脉冲，步进电动机转动一个角度，这个角度称为步距角。运动速度正比于脉冲频率，角位移正比于脉冲个数。步进电动机典型控制系统框图如图 7－5 所示。

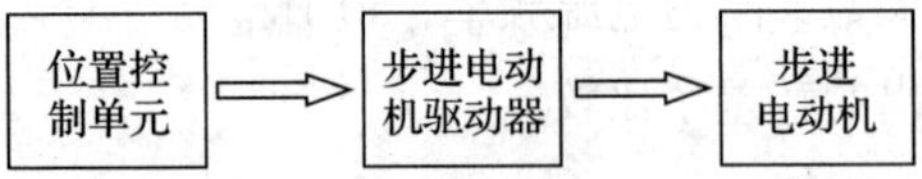

图 7－5　步进电动机典型控制系统框图

由于步进电动机需要正反转运动，因此定位单元的输出脉冲形式有“脉冲 + 方向”和“正脉冲 + 负脉冲”两种，它们均可控制步进电动机正反转运动。输出脉冲形式通过参数设定来选择。其脉冲形式如图 7－6 所示。

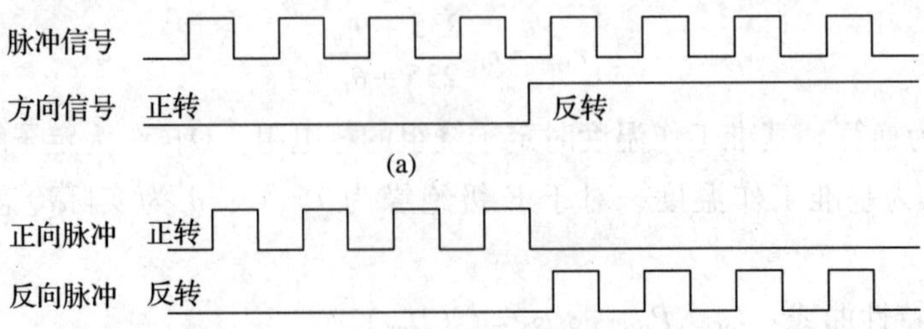

图 7－6　定位模块的两种输出脉冲形式

(a)脉冲 + 方向　(b)正脉冲 + 负脉冲

因为步进电动机的电磁惯性和所驱动负载的机械惯性，速度不能突变，所以定位模块要控制升降频过程。步进电动机升、降频过程如图 7－7 所示。一般情况下，$S_2=S_3$。

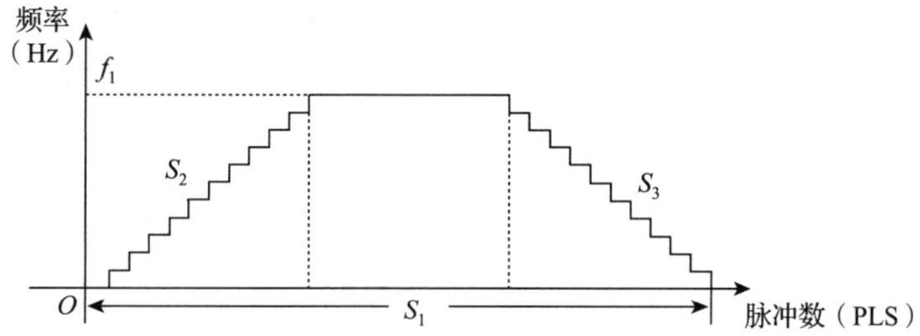

图 7－7　步进电机升、降频示意图

式中：f_1 为设定的运行频率，应小于步进电动机的最高频率；S_1 为设定的总脉冲个数；S_2 为升频过程中脉冲个数，由加速时间和运行频率确定；S_3 为降频过程中脉冲个数，由减速时间和运行频率确定。

步进电动机驱动器将位置定位模块的输出脉冲信号进行分配并放大后驱动步进电动机的各相绕组，依次通电而旋转。驱动器也可接受两种不同形式的脉冲信号，通过开关来选择，定位模块和驱动器的脉冲形式要相同。另外，为了提高步进电动机的低频性能，驱动器一般具有细分功能，多个脉冲步进电动机转动一步，细分系数一般为 1、2、4、8、16、32 等几种，通过拨码开关来设定。

位置定位模块、步进电动机及驱动器种类很多，本实验中采用的是西门子 S7－200 系列 PLC 中的位置控制模块 EM253，该模块与 PLC 相连，可以单独或同时控制两个步进电动机，步进电动机和驱动器为和利时产品。实验系统结构框图如图 7－8 所示。

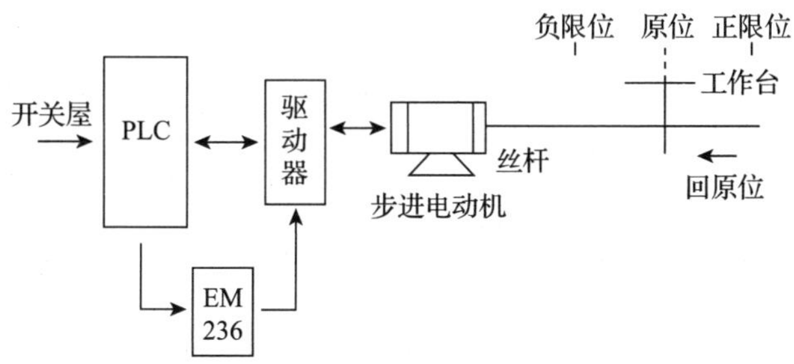

图 7－8　实验系统结构框图

工作原理：PLC 及 EM253 实现对步进电动机系统的通电控制和定位控制，步进电动机通过丝杆带动工作台做直线运动。

步进电动机转动一步机械实际移动的位移量称为脉冲当量，脉冲当量是数控系统中很重要的参数。实验系统中，步进电动机与丝杆直接连接，因此，脉冲当量的计算公式为

$$脉冲当量=丝杆螺距/[360°/(步距角\times 细分系数)]$$

在实验系统中，丝杆的螺距为 5 mm，步进电动机的步距角为 1.8°，细分系数为所设

定的数据。

正限位和负限位开关的安装位置由丝杆的导程确定，保证丝杆不被损坏，即当这两个开关的位置确定后，定位模块保证工作台的运动只能在这两个行程开关之间进行。

原位开关用来确定机械坐标原点的位置。位置控制模块回原点操作，就是使机械原点和电气原点统一。

4. 实验仪器

(1)可调直流稳压电源(0~30 V)，1台。

(2) PC 机，1台。

(3) PLC (S7-214)，1台。

(4) EM253，1个。

(5) 编程电缆，1根。

(6) 断路器(QF_1、QF_2)，2个。

(7) 继电器(KA_2)，1个。

(8) 接触器(KM_2)，1个。

(9) 步进电动机驱动器(2CM860)，1个。

(10)步进电机及滑台，1套。

(11)控制按钮，若干。

5. 实验内容及步骤

本实验的内容是对步进电动机进行单轴定位控制。其研究对象为 *X* 轴。控制系统原理图如图 7-9 所示。其中，EM253 为位置控制单元，它可实现单轴位置控制。

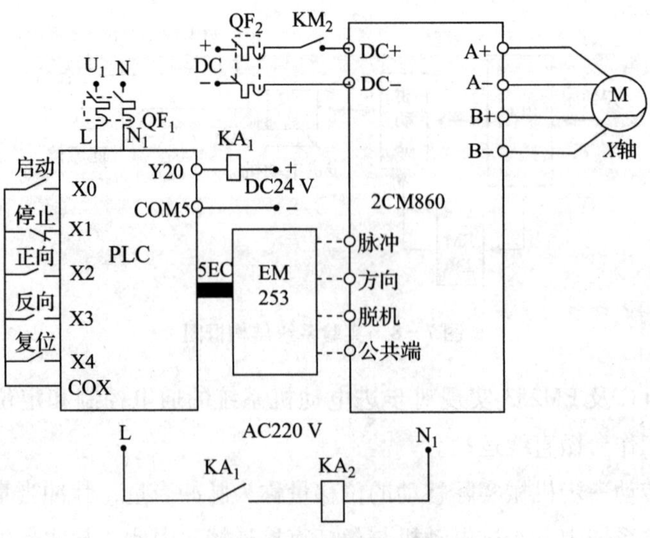

图 7-9　控制系统原理图

(1)学生根据图 7-9 接线(为安全起见，步进电动机 M 和步进电动机驱动器 2CM860

的主控电路以及 PLC 外围的继电器 KA_1、接触器 KM_2 输出线路已接好)。

(2)征得老师同意后，合上断路器 QF_1 和 QF_2；将编程电缆连于 PLC 上，利用 PC 机上的编程软件“Micro/win V4.0 SP9 ”向 PLC 输入 PLC 控制程序(此时，PLC 的状态开关拔向编程位置“STOP”)。

(3)将编程电缆连于 PLC 上，利用 PC 机上的定位程序向 PLC 输入定位程序。

(4)将 PLC 的状态开关拔向运行位置“RUN”，运行 PLC，接触器 KM_2 的主触点闭合，步进电机驱动器 2CM860 得电。

(5)按“复位”按钮，*X* 轴复位。读取此时指针指向的标尺位置 A。

(6)按“启动”按钮，运行 EM253，使 *X* 轴以 1 000 脉冲/s 的速度正向移动 50 mm，读取此时指针指向的标尺位置 B。

(7)按“停止”按钮，EM253 停止运行。

(8)修改定位程序，重复上述(4)~(7)步，使 *X* 轴以 10 000 脉冲/s 的速度运行，观察并记录 *X* 轴运行状况。

(9)修改定位程序，重复上述(4)~(7)步，使 *X* 轴以 200 脉冲/s 的速度运行，观察并记录 *X* 轴运行状况。

(10)将 PLC 左下角的拔动开关拔向编程位置“STOP”或使 PLC 断电，接触器 KM_2 的主触点断开，电动机驱动器 2CM860 断电。

6. 实验报告及思考题

(1)接近开关的灵敏度对原位精度测试有何影响?

(2)什么叫前极限、后极限、机械原点、电气原点?

(3)什么是步进电动机的工作频率、最高频率、突跳频率、振动频率?

实验 6　伺服电动机单轴定位控制实验

1. 实验目的

(1)了解伺服电动机的工作原理。

(2)了解伺服电动机的定位控制原理。

2. 预习要点

(1)伺服电动机的定位控制原理?

(2)影响交流伺服电动机定位精度的主要因素是什么?

3. 实验项目

交流伺服电动机单轴定位控制。

交流伺服电动机的控制精度由电动机轴后端的旋转编码器保证。以安川交流伺服电动机为例，对于带标准 2 000 线编码器的电动机而言，由于驱动器内部采用了四倍频技术，其脉冲当量为 360°/8 000 = 0.045°。对于带 17 位编码器的电机而言，驱动器每接收 131 072个脉冲电动机转一圈，其脉冲当量为 360°/131 072 = 0.002 746 6°，是步距角为 1.8°的步进电动机的脉冲当量的 1/655。

因此，若需要对伺服电动机进行定位，需要先根据伺服放大器每转一圈所需的脉冲个数计算出要给运动控制卡的脉冲个数并将该值输入伺服测试界面对应位置脉冲数内。令电机运行，此时不需要给定电动机正反转，而由 EM253 模块输入的脉冲数正负来确定当前的运动方向。这个反复实验验证的过程，就是理解如何对伺服电动机进行定位控制的过程。

4. 实验仪器

(1)可调直流稳压电源(0 ~ 30 V)，1 台。

(2) PC 机，1 台。

(3) PLC(S7 - 214)，1 台。

(4) EM253，1 个。

(5) 编程电缆，1 根。

(6) 断路器(QF_1、QF_3)，2 个。

(7) 继电器(KA_3)，1 个。

(8) 接触器(KM_3)，1 个。

(9) 伺服驱动器 (SGDV - 2R9E)，1 个。

(10)伺服电动机及滑台(SGMMV - A3E)，1 套。

(11)控制按钮，若干。

5. 实验内容及步骤

本实验的内容是进行交流伺服电动机单轴定位控制。首先让 Y 轴回原位，然后使 Y 轴反向移动 50 mm。图 7 - 10 为伺服驱动系统示意图 。

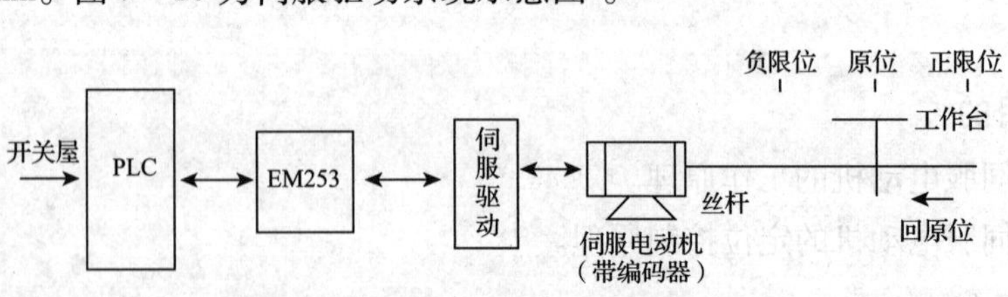

图 7 - 10　伺服驱动示意图

(1)学生根据图 7 - 11 接线，为安全起见，伺服电动机和驱动器的主控电路以及 PLC 外围的继电器 KA_3、接触器 KM_3 输出线路已接好)。

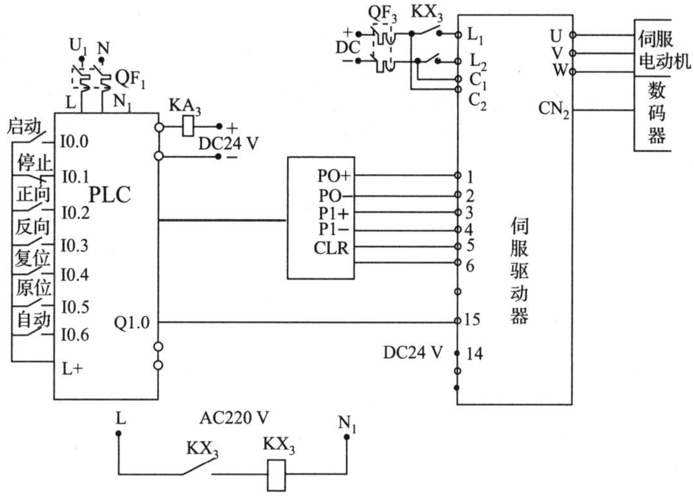

图 7－11　伺服电路接线图

(2)征得老师同意后，合上断路器 QF_1 和 QF_3。

(3)将面板上“工作方式”旋钮旋至“点动”。

(4)按“启动”按钮，接触器 KM_2 的主触点闭合，伺服电动机得电，延时 2 s 输出 Y_4，使伺服电动机准备好。

(5)输入 PLC 程序，然后运行。

(6)按“正向”或“反向”按钮，将 *Y* 轴移动至原位和正极限之间。

(7)按“复位”按钮，使伺服电动机驱动 *Y* 轴回原位，读取此时指针指向的标尺位置 A。

(8)将面板上“工作方式”旋钮旋至“自动”，*Y* 轴反向移动 50 mm，读取此时指针指向的标尺位置 B。

(9)按“停止”按钮，接触器 KM_3 的主触点断开，驱动器断电。

6. 实验报告及思考题

(1)试简述 *Y* 轴回原位的动作顺序。

(2)如果要 *Y* 轴移动 60 mm，交流伺服电动机需接受多少个脉冲?

第8章 电气控制与变频器实验

8.1 DZSZ－1型电动机及电气技术实验装置简介

1. 实验装置介绍

(1)实验装置采用挂件结构，可根据不同实验内容进行自由组合，具有结构紧凑、使用方便、功能齐全、综合性能好等特点，能在一套装置上完成本课程所开设的主要实验项目。

系统配置的组件如下。

① DZ01 电源控制屏。

② DZ02 实验桌。

③ DZ03 电动机导轨、测速发电机及转速表。

④ DZ04 直流电压、电流表。

⑤ DD05 测功支架、测功盘及弹簧秤。

⑥ DJ11 三相组式变压器。

⑦ DJ13 直流复励发电机。

⑧ DJ14 直流串励电动机。

⑨ DJ15 直流并励电动机。

⑩ DJ16 三相鼠笼式异步电动机。

⑪ DJ17 三相绕线式异步电动机。

⑫ DJ17－1 绕线式异步电动机启动与调速电阻箱。

⑬ DJ20 单相电容运转异步电动机。

⑭ DJ21 单相电阻起动异步电动机。

⑮ DJ23 校正过的直流测功机。

⑯ DJ24 三相鼠笼式异步电动机。

⑰ D31 直流数字电压、毫安、安培表(3 块)。

⑱ D32 交流电流表(3 块)。

⑲ D33 交流电压表(3 块)。

⑳ D34－3 单、三相智能功率及功率因数表。

㉑ D41 三相可调电阻(1.3 A，90 Ω，2 个)。

㉒ D42 三相可调电阻(0.41 A，900 Ω，2 个)。

㉓ D43 三相可调电抗。

㉔ D45－1 测功专用电阻、电容。

㉕ D51 波形测试及开关板。

㉖ D55－2 智能转矩、转速、输出功率测试装置。

㉗ D54 步进电动机控制箱及步进电动机实验部件。

㉘ D57 交流伺服电动机控制箱及实验部件。

㉙ ZSZ－1 自整角机实验装置。

㉚ D61 继电接触控制(一)。

㉛ D62 继电接触控制(二)。

㉜ DK04 滑线变阻器(0.65 A，0～2 kΩ)。

(2)实验机组容量小，耗电低，配置齐全；装置使用的电动机经过特殊设计，其参数特性能模拟 3 kW 左右的通用实验机组。

(3)装置布局合理，面板图明确、清晰、直观；实验连接线采用强、弱电分开的手枪式插头，两者不能互插，避免强电接入弱电设备，造成设备损坏；电路连接方式安全、可靠、迅速、简便；除电源控制屏和挂件外，实验桌上可放置机组、示波器等实验仪器，操作方便。电动机采用导轨式安装，更换机组简捷、方便；实验台底部安装有轮子和不锈钢固定调节机构，便于移动和固定。实验装置外形结构如图 8－1所示。

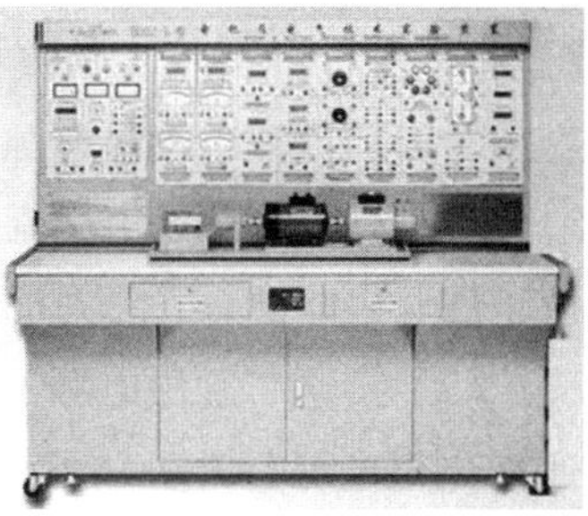

图 8－1　DZSZ－1 电动机及电气技术实验装置外形结构

2. 实验安全操作规程

为了按时完成电动机实验，确保实验时人身安全与设备安全，请严格遵守安全操作规程。

(1)实验时，人体不可接触带电线路，接线或拆线都必须在切断电源的情况下进行。

(2)完成接线或改接线路后必须经过指导老师检查无误、其他同学引起注意后方可接通电源。实验中若发生事故，应立即切断电源，查清问题、妥善处理故障后才能继续进行实验。

(3)电动机若是直接启动，应先检查功率表及电流表量程是否符合要求，是否有短路回路存在，以免损坏仪表或电源。

(4)总电源或实验台控制屏上的电源接通应由实验指导人员来控制，其他人只能由指导人员允许后方可操作，不得自行合闸。

3. 交流及直流电源操作说明

实验中开启及关闭电源都在控制屏上操作。

1）开启三相交流电动机电源

（1）开启电源前，要检查控制屏下面直流电动机电源的“电枢电源”开关（右下角）及“励磁电源”开关（左下角）都须在关断的位置。控制屏左侧端面上安装的调压器旋钮必须在零位，即必须将其逆时针方向旋转到底。

（2）检查无误后开启“电源总开关”。“关”按钮指示灯亮，表示实验装置的进线接到电源，但还不能输出电压。此时在电源输出端进行实验电路接线操作是安全的。

（3）按下“开”按钮，“开”按钮指示灯亮，表示三相交流调压电源输出插孔U、V、W和N已接电。实验电路所需的不同大小的交流电压都可适当旋转调压器旋钮用导线从三相四线制插孔中取得。输出线电压为0～450 V（可调），并可由控制屏上方的3只交流电压表指示。当电压表左下方的“指示切换”开关拨向“三相电网电压”时，指的是三相电网进线的线电压；当“指示切换”开关拨向“三相调压电压”时，指的是三相四线制插孔U、V、W和N输出端的线电压。

（4）实验中如果需要改接线路，必须按下“关”按钮以切断交流电源，保证实验操作安全。实验完毕，还需关断电源总开关，并将调压器旋钮调回零位。将直流电动机电源的“电枢电源”开关及“励磁电源”开关拨回到关断位置。

2）开启直流电动机电源

（1）直流电源是由交流电源变换而来，开启直流电动机电源，必须先完成开启交流电源，即开启电源总开关并按下“开”按钮。

（2）接通“励磁电源”开关，可获得约为220 V、0.5 A不可调的直流电压输出。接通“电枢电源”开关，可获得40～230 V、3 A可调节的直流电压输出。励磁电源电压及电枢电源电压都可由控制屏下方的1只直流电压表指示。当将该电压表下方的“指示切换”开关拨向“电枢电压”时，指示电枢电源电压，当将它拨向“励磁电压”时，指示励磁电源电压。电路上，“励磁电源”与“电枢电源”，“直流电动机电源”与“交流三相调压电源”都是经过三相多绕组变压器隔离的，可独立使用。

（3）电枢电源采用脉宽调制型开关式稳压电源，输入端接有滤波用的大电容。为了不使过大的充电电流损坏电源电路，还采用了具有限流延时功能的保护电路。所以在开机时，从电枢电源开关合闸到直流电压输出有3～4 s的延时是正常的。

（4）电枢电源设有过压和过流指示报警保护电路。当输出电压出现过压时，会自动切断输出，并报警指示。此时需要恢复电压，必须先将“电压调节”旋钮逆时针旋转调低电压到正常值（约240 V以下），再按“过压复位”按钮，即可输出电压。当负载电流过大（即负载电阻过小），超过3 A时，也会自动切断输出，并报警指示，此时需要恢复输出，只要调小负载电流（即调大负载电阻）即可。有时候在开机时出现过流报警，说明在开机时负载电流太大，需要降低负载电流，可在电枢电源输出端增大负载电阻甚至暂时拔掉一根导线（空载）开机，待直流输出电压正常后，再插回导线到正常负载（不可短路）工作。若在空载时开机仍发生过流报警，则是由于气温或湿度明显变化，造成光电耦合器TIL117

漏电使过流保护起控点改变所致，一般经过空载开机(即开启交流电源后，再开启“电枢电源”开关)预热几十分钟，即可停止报警，恢复正常。所有这些操作到直流电压输出都有3~4 s的延时。

(5) 在做直流电动机实验时，要注意开机时须先开“励磁电源”，后开“电枢电源”；在关机时，则要先关“电枢电源”，后关“励磁电源”。同时要注意在电枢电路中串联启动电阻，以防止电源过流保护。具体操作要严格遵照实验指导书中有关内容的说明。

8.2 THSMS-1型可编程控制实验箱简介

1. 实验装置介绍

THSMS-1型可编程控制实验箱是专为目前我国各院校开设的可编程控制器技术课程配套设计的，它集监控软件、可编程控制器、编程软件、PC/PPI编程电缆、实验板于一体，具有数字控制实验的功能，可进行可编程控制器(PLC)的基本指令练习及PLC实际应用的实验。

实验箱由两块实验板组成，其中一块采用2 mm厚的单面敷铜板，另一块采用2 mm厚的双面敷铜板，正面印有元器件图形符号及连线，反面是相应连接线和焊接好的相应元器件。实验连接点、测试点采用高可靠性自锁紧防转座，接触性能良好，实验可靠。

2. 操作、使用说明

1)实验箱的启动、交流电源的控制

(1) 将实验箱后侧的三芯电源插头插入电源插座。

(2) 开启可编程控制器主要面板图中的电源开关，电源指示灯亮。

(3) 实验箱内装有过压保护装置，对PLC进行过压保护，当电源电压超过了PLC所能承受的范围时，会自动报警并切断电源，使PLC不会因承受过高的电源电压而导致损坏。

2)实验连接及使用说明

(1) 为了防止PLC的输入输出接线柱和螺钉因实验时频繁的装拆而导致损坏，本实验箱设计时已将这些接点用固定连接线连到实验面板的固定插孔处，实验板上容易接错导致系统损坏的部分线路以及一些对学生无技能要求的部分线路已经连好，其他线路则可用定制的锁紧叠插线进行连接。

(2) 实验板上所配备的PLC是德国西门子公司的S7-200系列的CPU224型可编程控制器，配套有西门子的编程软件STEP 7。

(3) 编程时，先用编程电缆PC/PPI将PLC和计算机连起来，再将PLC上的“RUN/STOP”开关置于“STOP”状态，即可将程序写入PLC。

(4) 实验时，断开可编程控制器 PLC 面板中的电源开关，按实验要求接好外部连线。检查无误后，接通电源开关，将 PLC 上的“RUN/STOP”开关置于“RUN”状态，即可按要求进行实验。

8.3 STEP 7 - Micro/WIN 软件的使用及编程规则

1. STEP 7 - Micro/WIN 软件的使用方法

STEP 7 - Micro/WIN 编程软件为用户开发、编辑和控制自己的应用程序提供了良好的编程环境。为了能快捷、高效地开发应用程序，STEP 7 - MicroWIN 软件提供了三种程序编辑器。STEP 7 - Micro/WIN 软件还提供了在线帮助系统，以便获取所需要的信息。

本实验装置使用的编程软件是 STEP 7 - Micro/WIN V4.0 版本。实验前，首先将该软件根据软件安装的提示安装到计算机上，然后用编程电缆将计算机和实验装置连接到一起。

1)系统需求

STEP 7 - MicroWIN 既可以在个人计算机(PC)机上运行，也可以在 Siemens 公司的编程器上运行。PC 机或编程器的操作系统配置要在 Windows 98、Windows 2000、Windows Me 或者 Windows NT4.0 以上。

2)软件的使用

(1) 打开 STEP 7 - Micro/WIN V4.0，在中选择 PC/PPI 协议，如图 8-2 所示。

(2) 点击Properties...，在弹出的对话框中更改通信端口和通信速率，如图 8-3 所示。

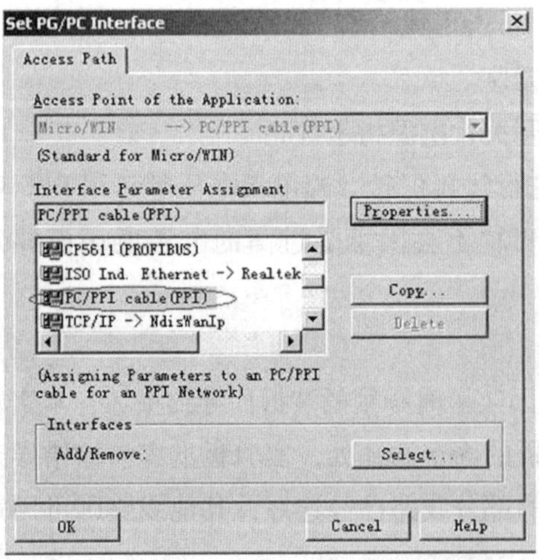

图 8-2 “Set PG/PC Interface”对话框

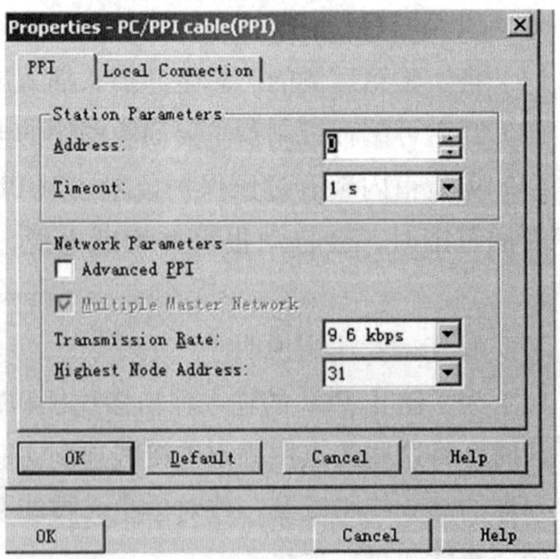

图 8-3 “Properties-PC/PPI cable(PPI)”对话框

(3) 在通信菜单里双击刷新，STEP 7 - Micro/WIN V4.0 开始搜索 PPI 网络中的 S7 - 200CPU，如图 8-4 所示。

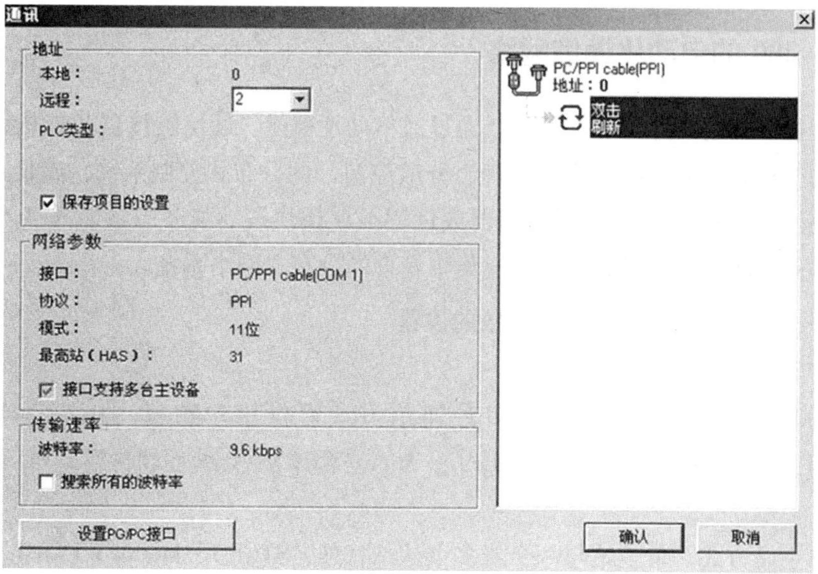

图 8－4 “通讯”对话框

搜索完成后会出现网络中所有 PLC 的列表，选择要操作的 PLC 即可对所选 PLC 进行操作。

（4）编辑梯形图程序。

（5）点击 将程序下载到 PLC 中，点击 可以对程序运行状态进行监控，点击 可以将 PLC 置于运行状态。

2. 编程规则

（1）外部输入/输出继电器、内部继电器、定时器、计数器等元器件的触点可多次重复使用，无须用复杂的程序结构来减少触点的使用次数。

（2）梯形图每一行都是从左母线开始，线圈接在右边。触点不能放在线圈的右边，在继电器控制的原理图中，热继电器的触点可以加在线圈的右边，而 PLC 的梯形图是不允许的。

（3）线圈不能直接与左母线相连。如果需要，可以通过一个没有使用的内部继电器的常闭触点或者特殊内部继电器的常开触点来连接。

（4）同一编号的线圈在一个程序中使用两次称为双线圈输出。双线圈输出容易引起误操作，应尽量避免线圈重复使用。

（5）梯形图程序必须符合顺序执行的原则，即从左到右、从上到下地执行，不符合顺序执行的电路则不能直接编程。

（6）在梯形图中串联触点使用的次数是没有限制的，可无限次使用。

（7）两个或两个以上的线圈可以并联输出。

8.4　S7－200 的自动化通信网络

可编程控制器与计算机可以直接或通过通信处理单元、通信转接器相连构成网络，以实现信息的交换，并可构成“集中管理、分散控制”的分布式控制系统，满足工厂自动化(FA)系统发展的需要。各可编程控制器或远程 I/O 模块按功能各自放置在生产现场进行分散控制，然后用网络连接起来，构成集中管理的分布式网络系统。

1. S7－200 的通信方式与通信参数的设置

1)S7－200 的通信方式

S7－200 的通信功能很强，有多种通信方式可供用户选择。在运行 Windows 或 Windows NT 操作系统的 PC 上安装 STEP 7－Micro/WIN V4.0 编程软件后，PC 可作为通信中的主站。

(1) 单主站方式。单主站与一个或多个从站相连，STEP 7－Micro/WIN V4.0 每次和一个 S7－200 CPU 通信，但是它可以访问网络上的所有 CPU。

(2) 多主站方式。通信网络中有多个主站，一个或多个从站。带 CP 通信卡的计算机是主站，S7－200 CPU 可以是从站或主站。

2)S7－200 通信的硬件选择

表 8－1 给出了可供用户选择的 STEP 7－Micro/WIN V4.0 支持的通信硬件和波特率。此外，S7－200 还可以通过 EM277 PROFIBUS－DP 模块连接到 PROFIBUS－DP 现场总线网络，各通信卡提供一个与 PROFIBUS 网络相连的 RS－485 通信口。表 8－2 给出了 S7－200 与 PROFIBUS 通信模块 EM277 的性能。

表 8－1　STEP 7－Micro/WIN 32 支持的硬件配置

支持的硬件	类型	支持的波特率(Kbps)	支持的协议
PC/PPI 电缆	到 PC 通信口的电缆连接器	9.6，19.2	PPI 协议
CP 5611	PCI 卡(版本 3 或更高)	9.6，19.2，187.5	

表 8－2　S7－200 与 PROFIBUS 通信模块 EM277 的性能

<table>
<tr><th>型号</th><th>连接口</th><th>支持的波特率</th><th>逻辑连接数</th><th>支持的协议</th></tr>
<tr><td rowspan="2">S7－200 CPU</td><td>端口 0</td><td>9.6 Kbps</td><td rowspan="2">每个
模块 4 个</td><td rowspan="2">PPI，MPI 和
PROFIBUS 协议</td></tr>
<tr><td>端口 1</td><td>9.6 Kbps，19.2 Kbps，
187.5 Kbps</td></tr>
<tr><td>EM277
PROFIBUS－DP
模块</td><td>每个 CPU 最多 2 块</td><td>9.6 Kdps，12 Mbps</td><td>每个
模块 6 个</td><td>MPI 和 PROFIBUS 协议</td></tr>
</table>

3)网络部件

(1) 通信口。S7－200 CPU 上的通信口是与 RS－485 兼容的 9 针 D 型连接器，符合欧洲标准 EN 50170。表 8－3 给出了通信口的引脚分配。

表 8－3　S7－200 CPU 通信口引脚分配

针	PROFIBUS 电缆名称	端口 0/端口 1
1	屏蔽	逻辑地
2	24 V 返回	逻辑地
3	RS－485 信号 B	RS－485 信号 B
4	发送申请	RTS(TTL)
5	5 V 返回	逻辑地
6	+5 V	+5 V，100 Ω 串联电阻
7	+24 V	+24 V
8	RS－485 信号 A	RS－485 信号 A
9	不用	10 位协议选择
连接器外壳	屏蔽	屏蔽

(2) 网络连接器。利用西门子提供的两种网络连接器可以把多个设备很容易地连接到网络中。两种连接器都有两组螺钉端子，可以连接网络的输入和输出。一种连接器仅提供连接到 CPU 的接口，而另一种连接器增加了一个编程接口。两种网络连接器还有网络偏置和终端偏置的选择开关，OFF 位置时未连接终端电阻。接在网络终端部的连接器上的开关应放在 ON 位置。

(3) PC/PPI 电缆通信。使用 PC/PPI 电缆可实现 S7－200 CPU 与 RS－232 标准兼容的设备的通信。

当数据从 RS－232 传送到 RS－485 口时，PC/PPI 电缆是发送模式；当数据从 RS－485 传送到 RS－232 口时，PC/PPI 电缆是接收模式。检测到 RS－232 的发送线有字符时，电缆立即从接收模式切换到发送模式；RS－232 发送线处于闲置的时间超过电缆切换时间时，电缆又切换到接收模式。

2. 在编程软件中安装与删除通信接口

在 STEP 7－Micro/WIN V4.0 中选择菜单命令“检视→通信”或单击浏览栏中的通信图标可进入设置通信的对话框。在对话框中双击 PC/PPI 电缆的图标，出现“Set PG/PC Interface(设置 PG/PC 接口)”对话框。按“Select(选择)”按钮，出现“安装/删除”窗口，可用它来安装或删除通信硬件。窗口的左侧是可供选择的通信硬件，右侧是已经安装好的通信硬件。

1)通信硬件的安装

从左边的选择列表框中选择要安装的硬件型号，窗口下部显示出对选择的硬件的描述。单击“Install(安装)”按钮，选择的硬件将出现在右边的“Installed(已安装)”列表框。安装完成按“Close(关闭)”按钮，回到“Set PG/PC Inter face”对话框。

2)通信硬件的删除

在“安装/删除”窗口中右边的已安装列表框中选择硬件，单击“Uninstall(删除)”按钮，选择的硬件即可被删除。

硬件安装完成后，在已安装列表栏中选择它，单击“Resource(资源)”按钮，出现资源对话框。该对话框允许修改实际安装的硬件的系统设置值。如果该按钮呈灰色，说明不必修改参数。此时可能需要参考硬件手册，根据硬件设置决定对话框中列举的各个参数的设置值。为了正确建立通信，可能需要试几个不同的中断。

3. 计算机使用的通信接口参数的设置

打开“Set PG/PC Interface(设置 PG/PC 接口)”对话框，“Micro/WIN”应出现在“Access Point of the Application(应用的访问接点)”列表框中。

PC/PPI 电缆只能选用 PPI(Point-to-Point)协议。选择好通信协议后，单击“Set PG/PC Interface(设置 PG/PC 接口)”对话框中的“Properties(属性)”按钮，然后在弹出的窗口中设置通信参数。

如果使用 PC/PPI 电缆，在“Set PG/PC Interface(设置 PG/PC 接口)”对话框中单击“属性”按钮，就会出现 PC/PPI 电缆的 PPI 参数设置。

进行通信时，STEP 7 - Micro/WIN V4.0 的默认设置为多主站 PPI 协议。此协议允许 STEP 7 - Micro/WIN V4.0 与其他主站(TD 200 或操作员面板)在网络中共为主站。选中 PG/PC 接口中 PC/PPI 电缆属性对话框中的“Multiple Master Netword(多主站网络)”即可启动此模块，未选择时为单主站协议。

4. S7 - 200 的网络通信协议

S7 - 200 支持多种通信协议，如点对点接口(PPI)、多点接口(MPI)、PROFIBUS、以太网通信和调制解调器通信。它们都是基于字符的异步通信协议，带有起始位、8 位数据、偶校验和 1 个停止位。通信帧由起始和结束字符、源和目的站地址、帧长度和数据完整性校验和组成。只要波特率相同，几个协议可以在网络中同时运行，不会相互影响。

协议支持一个网络上的 127 个地址(0 ~ 126)，网络上最多可有 32 个主站，网络上各设备的地址不能重复。运行 STEP 7 - Micro/WIN V4.0 的计算机的默认地址为0，操作员面板的默认地址为1，可编程控制器的默认地址为2。

5. PPI 点对点网络通信

PPI 是主/从协议，网络上的 S7 - 200 CPU 均为从站设备，计算机为主站设备。

PLC 与 PLC 之间的通信，如果在用户程序中允许 PPI 主站模式，一些 S7 - 200 CPU 在 RUN 模式下可以作为主站，它们可以用网络读(NETR)和网络写(NETW)指令读写其他 CPU 中的数据。S7 - 200 CPU 作为 PPI 主站时，还可以作为从站响应来自其他主站的通信申请。PPI 没有限制可以有多少个主站与一个从站通信，但是在网络中最多只能有 32 个主站。具体实验步骤如下。

（1）将装置所带的网络连接器插到 PLC 通信口上。

（2）用装置所配的连接电缆通过装置边上的通信口将每台实验装置连接起来。

（3）启动计算机。

（4）打开 STEP 7 - Micro/WIN V4.0，在设置PG/PC接口中选择 PC/PPI 协议，如图 8 - 5 所示。

（5）点击Properties...，在弹出的对话框中更改通信端口和通信速率，如图 8 - 6 所示。

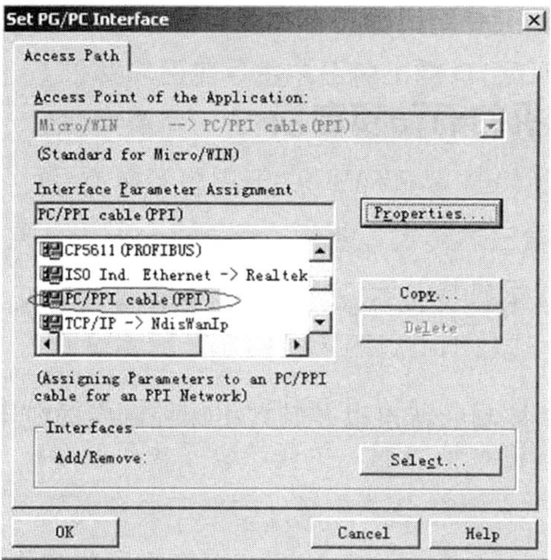

图 8 - 5 “Set PG/PC Interface”对话框

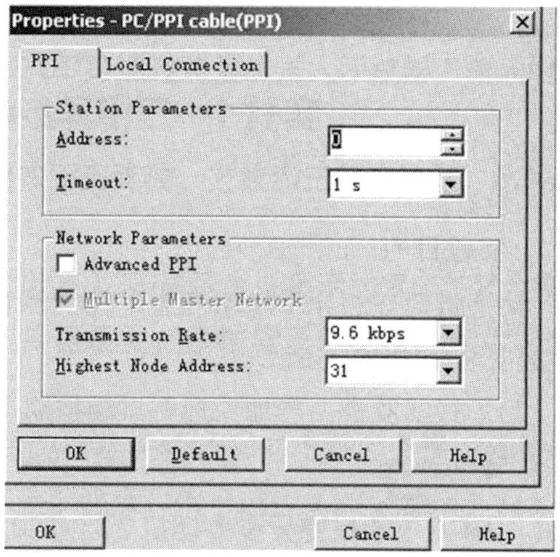

图 8 - 6 “Properties-PC/PPI cable(PPI)”对话框

（6）在通信菜单里双击刷新，STEP 7 - Micro/WIN V4.0 开始搜索 PPI 网络中的 S7 - 200 CPU，如图 8 - 7 所示。

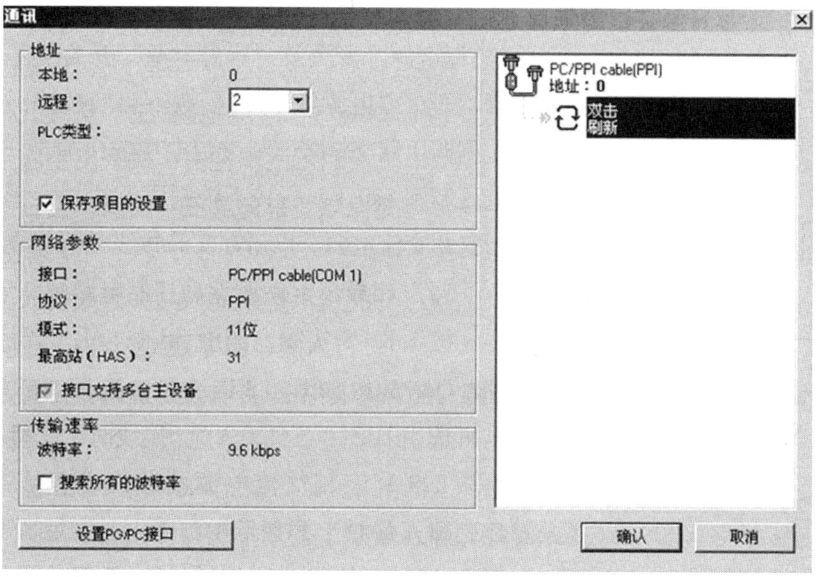

图 8 - 7 “通讯”对话框

搜索完成后会出现网络中所有 PLC 的列表，选择要操作的 PLC 即可对所选 PLC 进行操作。

注意： 因为网络是点对点通信网络，网络中只允许存在一个一级主站(PC)。

实验时实验箱公共端接法如下。

在本装置中可编程控制器的输入公共端 1M，2M，V + 接 PLC 模块电源的"L +"，此时输入端是低电平有效；输出公共端 1L，2L，COM 接 PLC 模块电源的"M"，此时输出端输出的是低电平。

实验 1　三相异步电动机的点动和自锁

1. 实验目的

(1)通过对三相异步电动机点动控制和自锁控制电路的实际安装，掌握由电气原理图变换成安装接线图的知识。

(2)通过实验进一步加深理解点动控制和自锁控制的特点以及其在机床控制中的应用。

2. 实验仪器

(1)DJ16 三相鼠笼异步电动机（△/220 V)，1 个。

(2)D61 继电接触控制挂箱(一)，1 个。

(3)D62 继电接触控制挂箱(二)，1 个。

3. 实验内容及步骤

实验前要检查控制屏左侧端面上的调压器旋钮须在零位，下面"直流电动机电源"的"电枢电源"开关及"励磁电源"开关须在"关断"位置。开启"电源总开关"，按下启动按钮，旋转控制屏左侧调压器旋钮将三相交流电源输出端 U、V、W 的线电压调到 220 V。再按下控制屏上的"停止"按钮以切断三相交流电源。以后在实验接线之前都应如此。

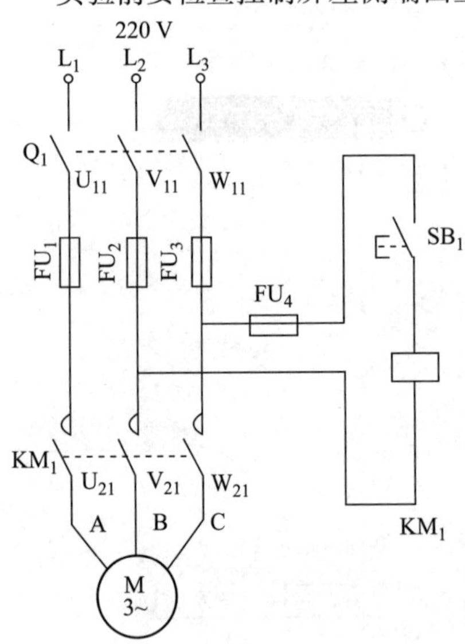

图 8 - 8　点动控制电路

1)三相异步电动机点动控制电路

按图 8 - 8 接线，图中 SB_1、KM_1 选用 D61 上元器件，Q_1，FU_1、FU_2、FU_3、FU_4 选用 D62 上元器件，电机选用 DJ24(△/220 V)。接线时，先接主电路，它是从 220 V 三相交流电源的输出端 U、V、W 开始，经三刀开关 Q_1，FU_1、FU_2、FU_3，接触器 KM_1 主触点到电动机 M 的三个线端 A、B、C 的电路，用导线按顺序串联起来，有三路。主电路经检查无误后，再接控制电路，从熔断器 FU_4 插孔 W 开始，经按钮 SB_1 常开、接触器 KM_1 线圈到插孔 V。线接好经指导老师检查无误后，按下列步骤进行实验。

（1）按下控制屏上“启动”按钮。

（2）先合上 Q_1，接通三相交流 220 V 电源。

（3）按下启动按钮 SB_1，对电动机 M 进行点动操作，比较按下 SB_1 和松开 SB_1 时电动机 M 的运转情况。

2)三相异步电动机自锁控制电路

按下控制屏上的“停止”按钮以切断三相交流电源。按图 8－9 接线，图中 SB_1、SB_2、KM_1、FR_1 选用 D61 挂件，Q_1、FU_1、FU_2、FU_3、FU_4 选用 D62 挂件，电动机选用 DJ24(△/220 V)。

检查无误后，启动电源进行实验。

（1）合上开关 Q_1，接通三相交流 220 V 电源。

（2）按下启动按钮 SB_2，松手后观察电动机 M 运转情况。

（3）按下停止按钮 SB_1，松手后观察电动机 M 运转情况。

3)三相异步电动机既可点动又可自锁控制电路

按下控制屏上“停止”按钮切断三相交流电源后，按图 8－10 接线，图中 SB_1、SB_2、SB_3、KM_1、FR_1 选用 D61 挂件，Q_1、FU_1、FU_2、FU_3、FU_4 选用 D62 挂件，电机选用 DJ24(△/220 V)，检查无误后通电实验。

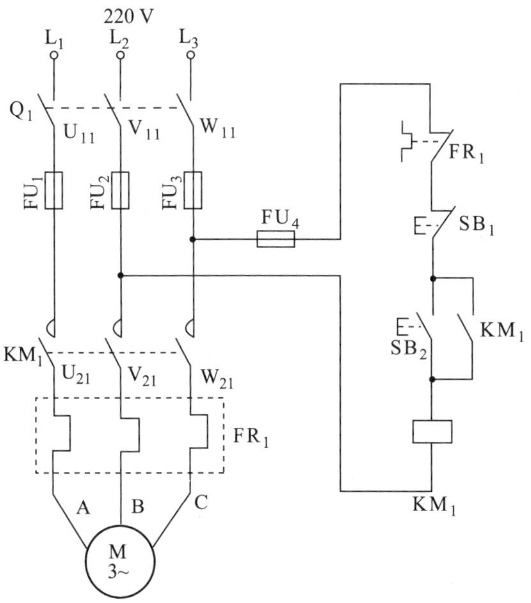

图 8－9　自锁控制电路

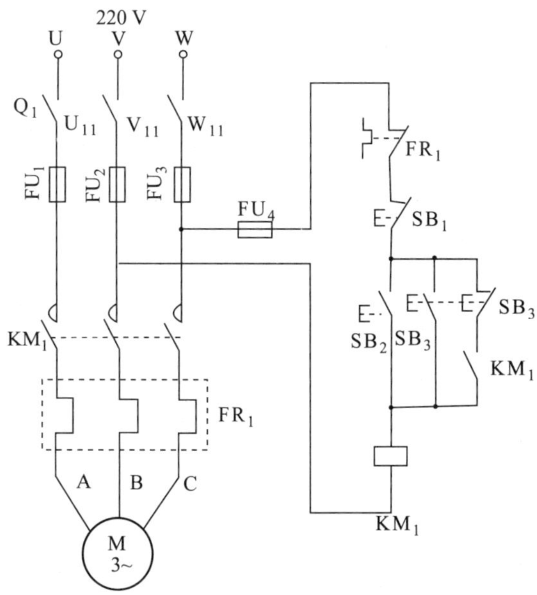

图 8－10　既可点动又可自锁控制电路

(1)合上 Q_1 接通三相交流 220 V 电源。

(2)按下启动按钮 SB_2，松手后观察电动机 M 是否继续运转。

(3)运转半分钟后按下 SB_3，然后松开，电动机 M 是否停转；连续按下和松开 SB_3，观察此时属于什么控制状态。

(4)按下停止按钮 SB_1，松手后观察 M 是否停转。

4. 实验报告及思考题

(1)试分析什么叫点动，什么叫自锁，并比较图 8－8 和图 8－9 的结构和功能上的区别?

(2)图中各个元器件如 Q_1、FU_1、FU_2、FU_3、FU_4、KM_1、FR、SB_1、SB_2、SB_3 各起什么作用？已经使用了熔断器为何还要使用热继电器？已经有了开关 Q_1 为何还要使用接触器 KM_1?

(3)图 8－9 电路能否对电动机实现过流、短路、欠压和失压保护?

(4)画出图 8－8、图 8－9、图 8－10 的工作原理流程图。

实验 2　三相异步电动机的正反转控制电路

1. 实验目的

(1)通过对三相异步电动机正反转控制电路的实际安装接线，掌握由电气原理图转变成安装接线图的知识。

(2)通过实验进一步加深理解点动控制和自锁控制的特点及三相异步电动机正反转控制的原理和方法。

(3)通过实验连接三相异步电动机双重互锁正反转控制电路，理解电气互锁和机械互锁的概念。

2. 实验仪器

(1)D61 挂件，1 个。

(2)D62 挂件，1 个。

(3)DJ16(△/220 V)电动机，1 台。

3. 实验内容及步骤

1)倒顺开关正反转控制线路

(1)旋转控制屏左侧调压器旋钮将三相调压电源 U、V、W 输出线电压调到 220 V，按下“停止”按钮切断交流电源。

(2)按图 8－11 接线，图中 Q_1(用以模拟倒顺开关)、FU_1、FU_2、FU_3 选用 D62 挂件，电动机选用 DJ24(△/220 V)。

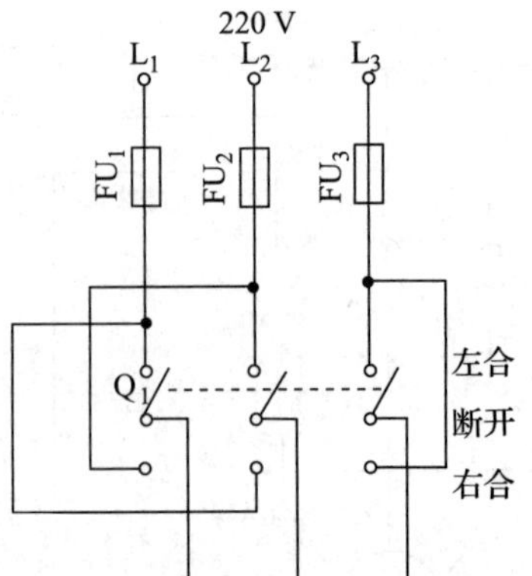

图 8－11　倒顺开关正反转控制线路

(3)启动电源后，把开关 Q_1 合向“左合”位置，观察电动机转向。

(4)运转半分钟后，把开关 Q_1 合向“断开”位置后，再扳向“右合”位置，观察电机转向。

2)接触器联锁正反转控制电路

(1) 按下“停止”按钮切断交流电源，按图 8－12 接线。图中 SB_1、SB_2、SB_3、KM_1、KM_2、FR_1 选用 D61 挂件，Q_1、FU_1、FU_2、FU_3、FU_4 选用 D62 挂件，电动机选用 DJ24 (△/220 V)。经指导老师检查无误后，按下“启动”按钮通电操作。

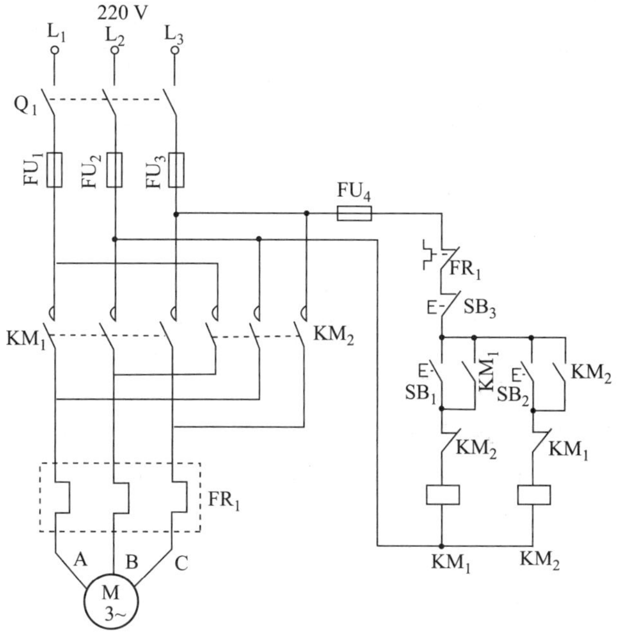

图 8－12　接触器联锁正反转控制电路

(2) 合上电源开关 Q_1，接通 220 V 三相交流电源。

(3) 按下 SB_1，观察并记录电动机 M 的转向、接触器自锁和联锁触点的吸断情况。

(4) 按下 SB_3，观察并记录 M 运转状态、接触器各触点的吸断情况。

(5) 再按下 SB_2，观察并记录 M 的转向、接触器自锁和联锁触点的吸断情况。

3)按钮联锁正反转控制线路

(1) 按下“停止”按钮切断交流电源，按图 8－13 接线。图中 SB_1、SB_2、SB_3、KM_1、KM_2、FR_1 选用 D61 挂件，Q_1、FU_1、FU_2、FU_3、FU_4 选用 D62 挂件，电动机选用 DJ24(△/220 V)。经检查无误后，按下“启动”按钮通电操作。

(2) 合上电源开关 Q_1，接通 220 V 三相交流电源。

(3) 按下 SB_1，观察并记录电动机 M 的转向、各触点的吸断情况。

(4) 按下 SB_2，观察并记录电动机 M 的转向、各触点的吸断情况。

(5) 按下 SB_3，观察并记录电动机 M 的转向、各触点的吸断情况。

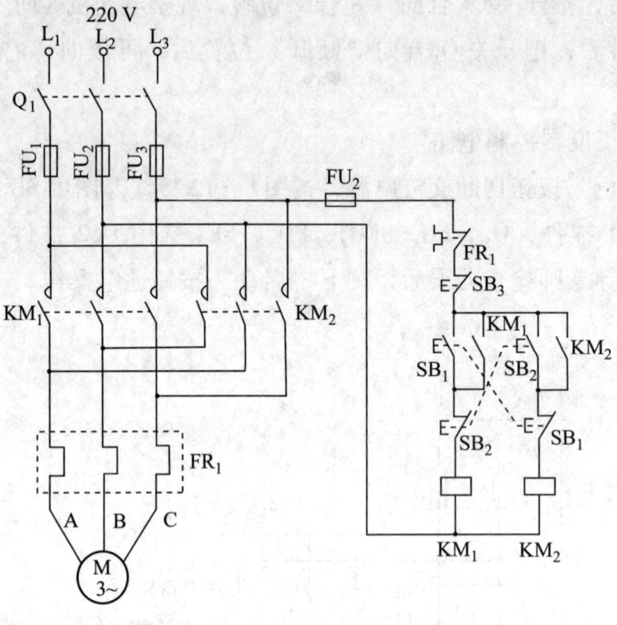

图 8-13　按钮联锁正反转控制电路

4）按钮和接触器双重联锁正反转控制电路

（1）按下“停止”按钮切断三相交流电源，按图 8-14 接线。图中 SB_1、SB_2、SB_3、KM_1、KM_2、FR_1 选用 D61 挂件，FU_1、FU_2、FU_3、FU_4、Q_1 选用 D62 挂件，电动机选用 DJ24（△/220 V）。经检查无误后，按下“启动”按钮通电操作。

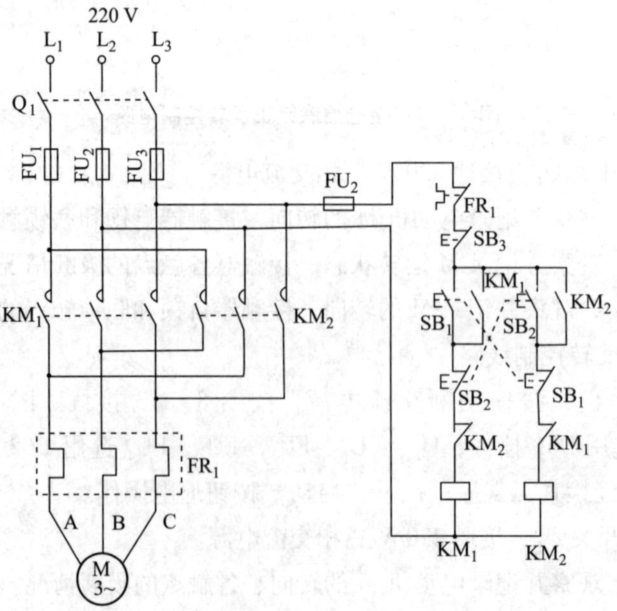

图 8-14　按钮和接触器双重联锁正反转控制电路

(2) 合上电源开关 Q_1，接通 220 V 交流电源。

(3) 按下 SB_1，观察并记录电动机 M 的转向、各触点的吸断情况。

(4) 按下 SB_2，观察并记录电动机 M 的转向、各触点的吸断情况。

(5) 按下 SB_3，观察并记录电动机 M 的转向、各触点的吸断情况。

4. 实验报告及思考题

(1)在图 8－11 中，欲使电动机反转为什么要把手柄扳到“停止”使电动机 M 停转后，才能扳向“反转”使之反转，若直接扳至“反转”会造成什么后果?

(2)试分析图 8－11、图 8－12、图 8－13、图 8－14 电路各有什么特点？并画出运行原理流程图。

(3)图 8－12、图 8－13 电路虽然也能实现电动机正反转直接控制，但容易产生什么故障，为什么？图 8－14 电路比图 8－12 和图 8－13 电路有什么优点?

(4)接触器和按钮的联锁触点在继电器-接触器控制中起到什么作用?

实验 3　三相鼠笼式异步电动机的降压启动控制电路

1. 实验目的

(1)通过对三相异步电动机降压启动的接线，掌握降压启动控制电路的工作原理及结构。

(2)了解不同降压启动控制方式的电路结构及工作原理。

(3)掌握在各种不同场合下的启动方式。

2. 实验仪器

(1)D61 挂件，1 个。

(2)MET01 交流电流表，1 块。

(3)DJ24(△/220 V)电动机，1 台。

3. 实验内容及步骤

1)手动接触器控制串电阻降压启动控制电路

把三相可调电压调至线电压 220 V，按下屏上“停止”按钮。按图 8－15 接线。图中 FR_1、SB_1、SB_2、SB_3、KM_1、KM_2 选用 D61 挂件，FU_1、FU_2、FU_3、FU_4、Q_1 选用 D62 挂件，R 用 R_2 上 180 Ω 电阻，安培表用 MET01 上数模双显智能交流电流表 2 A 挡，电动机用 DJ24(△/220 V)。

(1) 按下“启动”按钮，合上 Q_1 开关，接通 220 V 交流电源。

(2) 按下 SB_1，观察并记录电动机串电阻启动运行情况、安培表读数。

（3）再按下 SB_2，观察并记录电动机全压运行情况、安培表读数。

（4）按下 SB_3 使电动机停转后，按住 SB_2 不放，再同时按 SB_1，观察并记录全压启动时电动机和接触器的运行情况、安培表读数。

（5）试比较 $I_{串电阻}/I$ 直接 = ________，并分析差异原因。

2）时间继电器控制串电阻降压启动控制电路

关断电源后，按图 8－16 接线。图中 FR_1、SB_1、SB_2、KM_1、KM_2、KT_1 选用 D61 挂件，FU_1、FU_2、FU_3、FU_4、Q_1 选用 D62 挂件，R 选用 R2、R4、R6 上 180 Ω 电阻，安培表选用 D32 挂件中的交流电流表，电动机用 DJ24（△/220 V）。

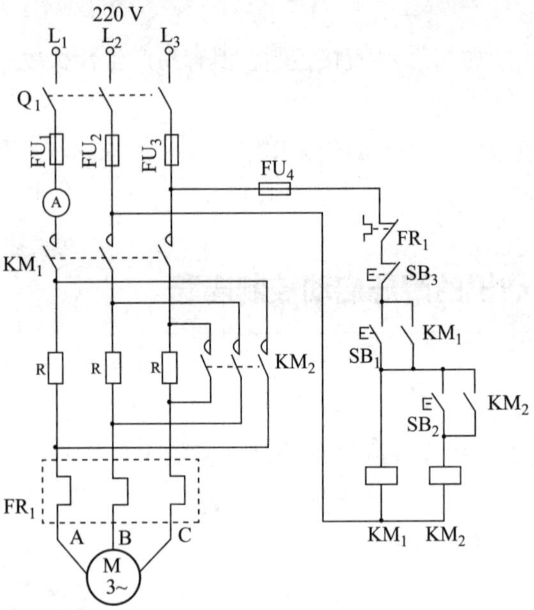

图 8－15　手动接触器控制串电阻降压启动控制电路

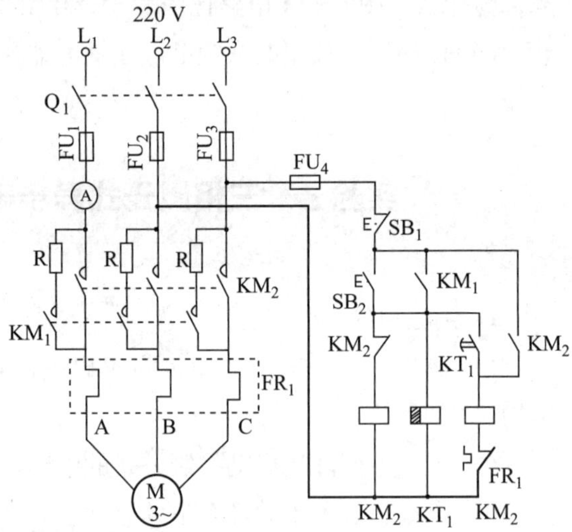

图 8－16　时间继电器控制串电阻降压启动控制电路

（1）启动电源，合上 Q_1，接通 220 V 交流电源。

（2）按下 SB_2，观察并记录电动机串电阻启动时各接触器吸合情况、电动机运行状态、安培表读数。

（3）隔一段时间，时间继电器 KT_1 吸合后，电动机全压运行时各接触器吸合情况、电动机运行状态、安培表读数。

3）接触器控制 Y－△降压启动控制电路

关断电源后，按图 8－17 接线。图中 SB_1、SB_2、SB_3、KM_1、KM_2、KM_3、FR_1 用 D61 挂件，FU_1、FU_2、FU_3、FU_4、Q_1 选用 D62 挂件，安培表选用 D32 挂件中的交流电流表，电动机选用 DJ24（△/220 V）。

（1）启动控制屏，合上 Q_1，接通 220 V 交流电源。

（2）按下 SB_1，电动机作 Y 接法启动，注意观察启动时，电流表最大读数 $I_{Y启动}$ = ________A。

（3）按下 SB_2，使电动机为△接法正常运行，注意观察△运行时，电流表电流为 $I_{△运行}$ = ________A。

（4）按 SB_3 停止后，先按下 SB_2，再同时按下启动按钮 SB_1，观察电动机在△接法直接启动时电流表最大读数 $I_{△启动}$ = ________A。

（5）比较 $I_{Y启动}/I_{△启动}$ = ________，结果说明什么问题？

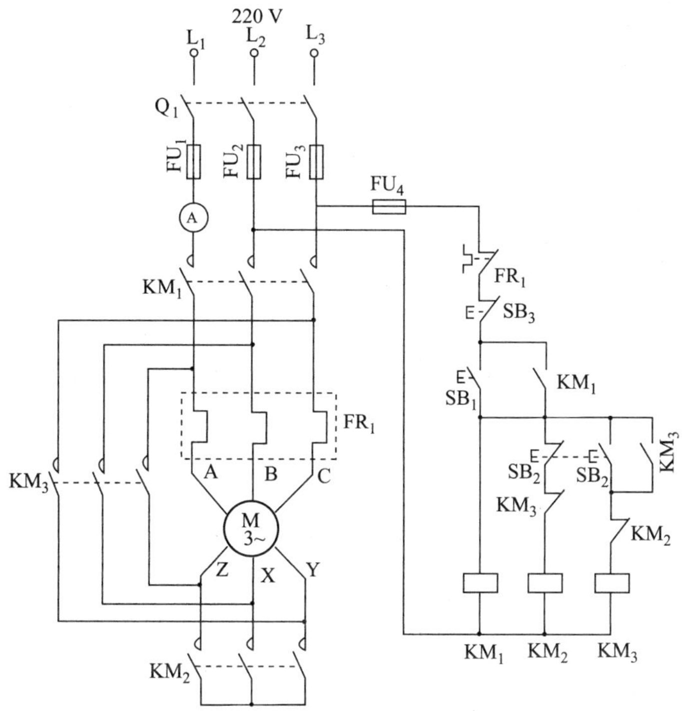

图 8－17　接触器控制 Y－△降压启动控制电路

4）时间继电器控制 Y－△降压启动控制电路

关断电源后，按图 8－18 接线。图中 SB_1、SB_2、KM_1、KM_2、KM_3、KT_1、FR_1 选用 D61 挂件，FU_1、FU_2、FU_3、FU_4、Q1 选用 D62 挂件，安培表用 MET01 上数模双显智能交流电流表 2 A 挡，电动机用 DJ24（△/220 V）。

（1）启动控制屏，合上 Q_1，接通 220 V 三相交流电源。

（2）按下 SB_1，电动机作 Y 接法启动，观察并记录电动机运行情况和交流电流表读数。

（3）经过一定时间延时，电动机按△接法正常运行后，观察并记录电动机运行情况和交流电流表读数。

（4）按下 SB_2，电动机 M 停止运转。

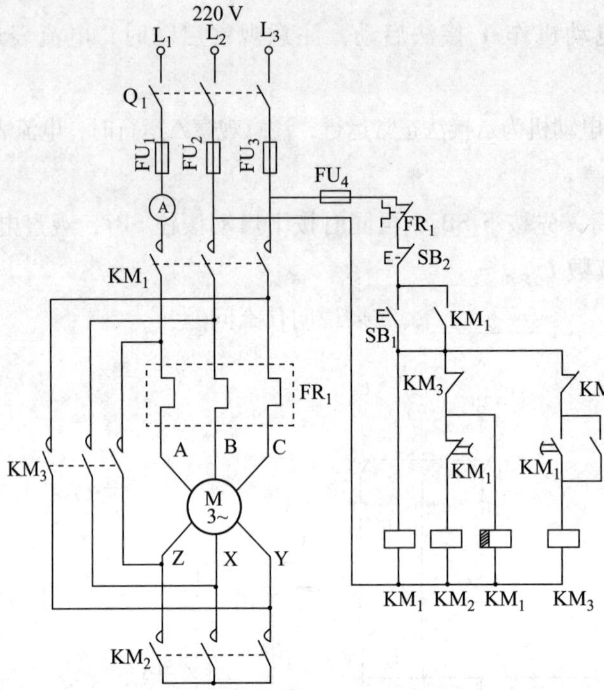

图 8－18　时间继电器控制 Y－△降压启动控制电路

4. 实验报告及思考题

(1)画出图 8－15、图 8－16、图 8－17、图 8－18 电路的工作原理流程图。

(2)时间继电器在图 8－16、图 8－18 电路中的作用是什么?

(3)图 8－16 图比图 8－15 图中串电阻方法有什么优点?

(4)采用 Y－△降压启动的方法时对电动机有何要求?

(5)降压启动的最终目的是控制什么物理量?

(6)降压启动的自动控制与手动控制电路比较，有哪些优点?

实验 4　PLC 认识实验

1. 实验目的

(1)熟悉 PLC 实验装置，S7－200 系列编程控制器的外部接线方法。

(2)了解编程软件 STEP 7 的编程环境，软件的使用方法。

(3)掌握与、或、非逻辑功能的编程方法。

2. 实验仪器

(1)THSMS－1 型可编程控制实验箱，1 台。

(2)导线，若干。

3. 实验内容及步骤

在本装置中输入公共端要求接主机模块电源的“L+”，此时输入端是低电平有效；输出公共端要求接主机模块电源的“M”，此时输出端输出的是低电平。

图8－19中的接线孔通过防转座插锁紧线与PLC主机的输入输出插孔相接。I为输入点，Q为输出点。

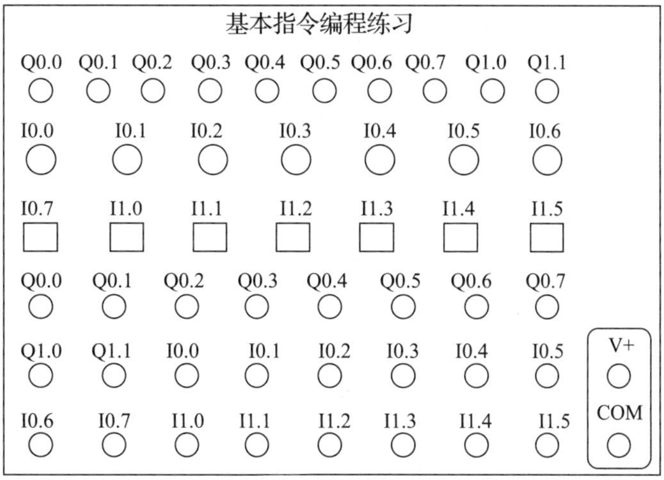

图8－19 实验面板

上图中下面两行I0.0～I1.5为输入按键和开关，模拟开关量的输入。上边一行Q0.0～Q1.1是LED指示灯，接PLC主机输出端，用以模拟输出负载的通与断。

(1)编写程序以实现以下功能。输入为变量A、B，其进行逻辑运算后，结果分别由变量K_1、K_2、K_3、K_4表示。输入、输出接线见表8－4。

表8－4 输入、输出接线

输入		输出	
A	I0.0	K_1	Q0.0
B	I0.1	K_2	Q0.1
		K_3	Q0.2
		K_4	Q0.3

(1)A、B进行逻辑与运算时，结果为K_1。

(2)A、B进行逻辑或运算时，结果为K_2。

(3)既没有A，又没有B时，结果为K_3。

(4)没有A或没有B时，结果为K_4。

(2)编写程序以实现以下功能。当按下开关A(I0.0)后，定时器1工作，当计时3 s

后，定时器 2 开始工作，计时 5 s 后，LED 灯 B(Q0.0)点亮。

4. 实验报告及思考题

(1)分析定时器的使用方法。

(2)根据实验说明及 I/O 分配自行设计程序。

(3)对运行结果进行分析。

实验 5　PLC 交通灯验证

1. 实验目的

(1)熟练使用基本指令。

(2)根据控制要求，掌握 PLC 的编程方法和程序调试方法。

(3)了解使用 PLC 解决一个实际问题。

2. 实验仪器

(1)THSMS－1 型可编程控制实验箱，1 台。

(2)导线，若干。

3. 实验内容及步骤

图 8－20 为交通灯控制示意图。信号灯受一个启动开关控制，当启动开关接通时，信号灯系统开始工作，且先南北红灯亮，东西绿灯亮。当启动开关断开时，所有信号灯都熄灭；南北红灯亮维持 25 s，在南北红灯亮的同时东西绿灯也亮，并维持 20 s；到 20 s 时，东西绿灯闪亮，闪亮 3 s 后熄灭。在东西绿灯熄灭时，东西黄灯亮，并维持 2 s。到 2 s 时，东西黄灯熄灭，东西红灯亮，同时，南北红灯熄灭，绿灯亮，东西红灯亮维持 30 s。南北绿灯亮维持 20 s，然后闪亮 3 s 后熄灭。同时南北黄灯亮，维持 2 s 后熄灭，这时南北红灯亮，东西绿灯亮，周而复始。

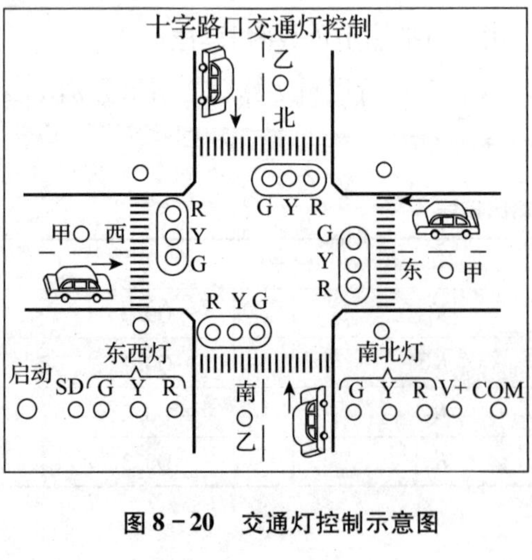

图 8－20　交通灯控制示意图

(1)输入、输出接线见表 8－5。

表 8－5　输入、输出接线

输入	SD	输出	R	Y	G	输出	R	Y	G
	I0.0	南北	Q0.2	Q0.1	Q0.0	东西	Q0.5	Q0.4	Q0.3

(2)根据控制要求，编写梯形图程序。

(3)打开主机电源将程序下载到主机中。

(4)启动并运行程序观察实验现象。

4. 实验报告及思考题

(1)分析交通灯的工作过程。

(2)根据实验说明及 I/O 分配自行设计程序。

(3)对运行结果进行分析。

实验 6　天塔之光控制

1. 实验目的

了解并掌握移位寄存器位 SHRB 基本应用及编程方法。

2. 实验仪器

(1)THSMS－1 型可编程控制实验箱，1 台。

(2)导线，若干。

3. 实验内容及步骤

图 8－21 为天塔之光控制图。合上启动开关 SD 后，按以下规律显示：L1→L1、L2→L1、L3→L1、L4→L1、L2→L1、L2、L3、L4→L1、L8→L1、L7→L1、L6→L1、L5→L1、L8→L1、L5、L6、L7、L8→L1→L1、L2、L3、L4→L1、L2、L3、L4、L5、L6、L7、L8→L1……循环执行，断开启动开关 SD 程序停止运行。

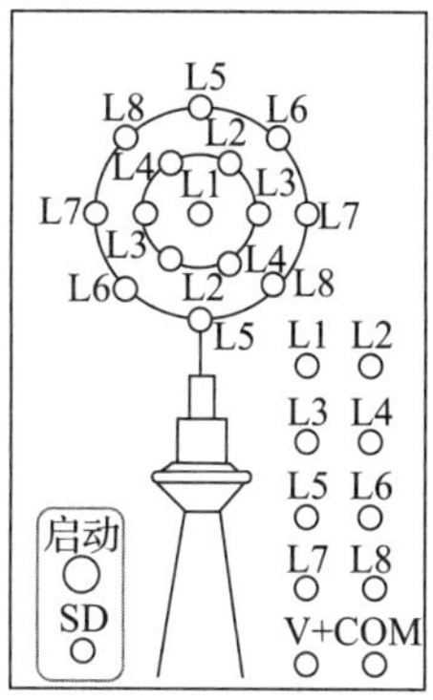

8－21　天塔之光控制

(1)输入、输出接线见表 8－6。

表 8－6　输入、输出接线

输入	SD							
	I0.0							
输出	L1	L2	L3	L4	L5	L6	L7	L8
	Q0.0	Q0.1	Q0.2	Q0.3	Q0.4	Q0.5	Q0.6	Q0.7

(2)打开 PLC 电源将程序下载到 PLC 中。

(3)启动并运行程序观察实验现象。

4. 实验报告及思考题

(1)分析天塔之光的工作过程。

(2)对运行结果进行分析说明。

实验 7　变频器的结构与功能

1. 实验目的

(1)了解变频器的外观和型号意义。

(2)掌握变频器拆分、接线的方法。

(3)掌握安全使用变频器的注意事项。

(4)掌握变频器基本参数输入的方法。

(5)掌握变频器参数恢复为出厂默认值的方法。

2. 实验仪器

(1)DZSZ－1 型电动机及电气技术实验装置，1 台。

(2)西门子－MM440 变频器(含 BOP 面板)，1 块。

(3)三相异步电动机，1 台。

(4)安全连接导线，若干。

(5)螺丝刀（十字)，1 把。

3. 实验内容及步骤

变频器是应用变频技术与微电子技术，通过改变电动机工作电源频率的方式来控制交流电动机的电力控制设备，主要由整流（交流变直流)、滤波、逆变（直流变交流)、制动单元、驱动单元、检测单元、微处理单元等组成。它靠内部 IGBT 的开断来调整输出电源的电压和频率，根据电动机的实际需要来提供其所需要的电源电压，进而达到节能、调速的目的，另外，变频器还有很多的保护功能，如过流、过压、过载保护等。随着工业自动化程度的不断提高，变频器也得到了非常广泛的应用。变频器显示及按钮功能说明见表8－7。

表 8－7　变频器显示及按钮功能说明

显示/按钮	功能	功能说明
	状态显示	LCD 显示变频器当前的设定值
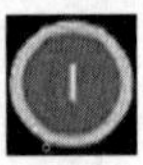	启动变频器	按此键启动变频器。缺省值运行时此键是被封锁的。为了使此键的操作有效，应设定 P0700＝1
	停止变频器	OFF1：按此键，变频器将按选定的斜坡下降速率减速停车。缺省值运行时此键被封锁；为了允许此键操作，应设定 P0700＝1 OFF2：按此键两次(或一次，但时间较长)电动机将在惯性作用下自由停车。此功能总是“使能”的
	改变电动机的转动方向	按此键可以改变电动机的转动方向。电动机的反向用负号(－)表示或用闪烁的小数点表示。缺省值运行时此键是被封锁的，为了使此键的操作有效，应设定 P0700＝1

续表

显示/按钮	功能	功能说明
	电动机点动	在变频器无输出的情况下按此键，将使电动机启动，并按预设定的点动频率运行。释放此键时，变频器停车。如果电动机正在运行，按此键将不起作用
	功能	此键用于浏览辅助信息 变频器运行过程中，在显示任何一个参数时按下此键并保持不动 2 s，将显示以下参数值(在变频器运行中，从任何一个参数开始)： (1)直流回路电压(用 d 表示，V)； (2)输出电流(A)； (3)输出频率(Hz)； (4)输出电压(用 o 表示，V)。 (5)由 P0005 选定的数值(如果 P0005 选择显示上述参数中的任何一个(3，4 或 5)，这里将不再显示) 连续多次按下此键，将轮流显示以上参数 跳转功能：在显示任何一个参数(r××××或 P××××)时短时间按下此键，将立即跳转到 r0000，如果需要的话，可以接着修改其他的参数。跳转到 r0000 后，按此键将返回原来的显示点 故障确认：在出现故障或报警的情况下，按下此键可以对故障或报警进行确认
	访问参数	按此键即可访问参数
	增加数值	按此键即可增加面板上显示的参数数值
	减少数值	按此键即可减少面板上显示的参数数值

(1)变频器的接线示意图，如图 8-22 所示。

(2)基本操作面板的认知与操作。

(3)基本操作面板修改设置参数的方法。

MM440 在缺省设置时，用 BOP 控制电动机的功能是被禁止的。如果要用 BOP 进行控制，参数 P0700 应设置为 1，参数 P1000 也应设置为 1。用基本操作面板(BOP)可以修改任何一个参数。修改参数的数值时，BOP 有时会显示“busy”，表明变频器正忙于处理优先级更高的任务。下面就以表 8-8 设置 P1000=1 的过程为例，来介绍通过基本操作面板(BOP)修改设置参数的流程。

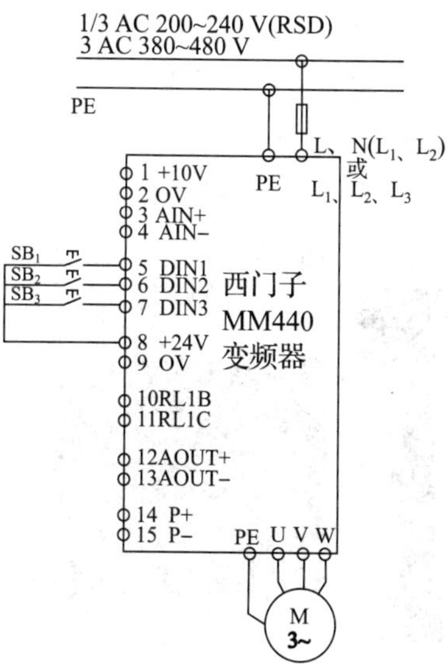

图 8-22 变频器的接线图

表 8-8　基本操作面板（BOP）修改设置参数流程

	操作步骤	BOP 显示结果
1	按 P 键，访问参数	r0000
2	按 ▲ 键，直到显示 P1000	P1000
3	按 P 键，直到显示 in000，即 P1000 的第 0 组值	in000
4	按 P 键，显示当前值 2	2
5	按 ▼ 键，达到所要求的值 1	1
6	按 P 键，存储当前设置	P1000
7	按 Fn 键，显示 r0000	r0000
8	按 P 键，显示频率	50.00

(4)改变参数数值的一个数。

为了快速修改参数的数值，可以一个个地单独修改显示出的每个数字，操作步骤如下：

①按 Fn 键(功能键)，最右边的一个数字闪烁；

②按 ▼ / ▲ 键，修改这位数字的数值；

③再按 Fn 键(功能键)，相邻的下一个数字闪烁；

④执行②~④步，直到显示出所要求的数值；

⑤按 P 键，退出参数数值的访问级。

(5)本次实验采用边做边学的教学方式进行，指导学生进行 MM440 变频器的功能参数设置与面板操作控制。

①填写实验装置领取表。

②讲解安全使用方法。

注意断线调压，水杯及书包应放在后排置物柜，压线不可裸露并且压实。

图 8-23　变频器拆装图

③变频器拆装、接主电路并更换面板。

使用平口螺丝刀将端子面板取下，如图 8-23 所示。注意撬动位置，主电路接线成功后，更换 BOP 面板。

④连接电动机，一般采用三角形接法。

⑤参数恢复出厂设置。

MM440 变频器参数有两种，P 参数是可以更改的，R 参数是只读的，有的 R 参数是在变频器上可以读出的，有的是二进制的形式，在电脑上用软件可以读出。

设定 P0010 = 30 和 P0970 = 1，按下P键，开始复位，复位过程大约为 20 s，这样就保证了变频器的参数恢复到出厂默认值。

4. 实验报告及思考题

恢复出厂设置的关键参数有哪些？

实验 8　变频器快速调试

1. 实验目的

(1)掌握 MM440 变频器快速调试的方法。

(2)了解调速参数的含义。

(3)视频拍摄熟悉过程。

2. 实验仪器

(1)DZSZ - 1 型电机及电气技术实验装置，1 台。

(2)西门子- MM440 变频器(含 BOP 面板)，1 块。

(3)三相异步电动机，1 台。

(4)安全连接导线，若干。

(5)螺丝刀(十字)，1 把。

3. 实验原理

在变频器快速调试过程中，P0010 的参数过滤功能和 P0003 选择用户访问级别的功能是十分重要的，由此可以选定一组允许进行快速调试的参数。电动机的设定参数和斜坡函数的设定参数都包括在内。在快速调试的各个步骤都完成以后，应选定 P3900，如果它置为 1，将执行必要的电动机计算，并使其他所有的参数(P0010 = 1 不包括在内)恢复为缺省设置值。只有在快速调试方式下才进行这一操作。

快速调试的流程如下。

1）P0010 开始快速调试

(1)0 为准备运行。

(2)1 为快速调试。

(3)2 为工厂的缺省设置值。

说明：在电动机投入运行之前，P0010 必须回到“0”。但是，如果调试结束后选定 P3900 = 1，那么，P0010 回零的操作是自动进行的。

2）P0100 选择工作地区是欧洲/北美

(1)0 为功率单位为 kW，f 的缺省值为 50 Hz。

(2)1 为功率单位为 HP，f 的缺省值为 60 Hz。

(3)2 为功率单位为 kW，f 的缺省值为 60 Hz。

说明：P0100 的设定值 0 和 1 应该用 DIP 开关来更改，使其设定的值固定不变。

3）P0304 电动机的额定电压

10 ~ 2 000 V，根据铭牌键入的电动机额定电压(V)。

4）P0305 电动机的额定电流

0 ~ 2 倍变频器额定电流(A)，根据铭牌键入的电动机额定电流(A)。

5）P307 电动机的额定功率

0 ~ 2 000 kW，根据铭牌键入的电动机额定功率(KW)，如果 P0100 = 1，功率单位应是 HP。

6)P0310 电动机的额定频率

12 ~ 650 Hz，根据铭牌键入的电动机额定频率(Hz)。

7)P0311 电动机的额定速度

0—40 000 r/min，根据铭牌键入的电动机额定速度(rpm)。

8)P0700 选择命令源

接通/断开/反转(on/off/reverse)。

(1)0 为工厂设置值。

(2)1 为基本操作面板(BOP)。

(3)2 为输入端子/数字输入。

9)P1000 选择频率设定值。

(1)0 为无频率设定值。

(2)1 为用 BOP 控制频率的升降。

(3)2 为模拟设定值。

10)P1080 电动机最小频率

本参数设置电动机的最小频率(0 ~ 650 Hz)，达到这一频率时电动机的运行速度将与频率的设定值无关。这里设置的值对电动机的正转和反转都是使用的。

11)P1082 电动机最大频率

本参数设置电动机的最大频率(0 ~ 650 Hz)，达到这一频率时电动机的运行速度将与频率的设定值无关。这里设置的值对电动机的正转和反转都是使用的。

12)P1120 斜坡上升时间

0 ~ 650 s，电动机从静止停车加速到最大电动机频率所需的时间。

13)P1121 斜坡上升时间

0 ~ 650 s，电动机从其最大频率减速到静止停车所需的时间。

14)P3900 结速快速调试

(1)0 为结速快速调试，不进行电动机计算或复位为工厂缺省设置值。

(2)1 为结束快速调试，进行电动机计算并复位为工厂缺省设置值(推荐的方式)。

(3)2 为结束快速调试，进行电动机计算和 I/O 复位。

(4)3 为结束快速调试，进行电动机计算，但不进行 I/O 复位。

4. 实习的内容及步骤

参照快速调试的流程，进行设置。P0010 的参数过滤功能和 P0003 选择用户访问级别的功能在调试时是十分重要的。由此可以选定一组允许进行快速调试的参数。电动机的设定参数和斜坡函数的设定参数都包括在内。在快速调试的各个步骤都完成以后，应选定 P3900，如果它置为 1，将执行必要的电动机计算，并使其他所有的参数(P0010 =1 不包括在内)恢复为缺省设置值。只有在快速调试方式下才进行这一操作。

5. 实验报告及思考题

(1)快速调试的关键步骤有哪些？

(2)快调结束的办法有哪两种，有什么区别？

实验 9　外部端子点动控制

1. 实验目的

(1)掌握变频器外部端子点动控制方式。

(2)掌握变频器外部端子点动控制方式的接线和参数设置方法。

(3)能够熟练操作变频器及进行参数设置等。

2. 实验仪器

(1)DZSZ -1 型电动机及电气技术实验装置，1 台。

(2)西门子- MM440 变频器(含 BOP 面板)，1 块。

(3)三相异步电动机，1 台。

(4)安全连接导线，若干。

(5)螺丝刀(十字)，1 把。

3. 实验原理

采用边做边学的教学方式进行训练，指导学生利用 MM440 变频器实现三相异步电动机的外部端子点动控制。

1)实验要求

(1)正确设置变频器输出的额定频率、额定电压、额定电流、额定功率、额定转速，可参照表 8 -9。

表 8-9 变频参数说明

序号	变频器参数	设定值	功能说明
1	P304	根据电动机的铭牌配置	电动机的额定电压（V）
2	P305	根据电动机的铭牌配置	电动机的额定电流（A）
3	P307	根据电动机的铭牌配置	电动机的额定功率（kW）
4	P310	根据电动机的铭牌配置	电动机的额定频率（Hz）
5	P311	根据电动机的铭牌配置	电动机的额定转速（r/min）
6	P1000	1	操作面板控制频率的升降
7	P1080	50	电动机的最小频率(0 Hz)
8	P1082	50.00	电动机的最大频率(50 Hz)
9	P1120	3	斜坡上升时间(10 s)
10	P1121	3	斜坡下降时间(10 s)
11	P700	2	选择命令源(有端子排输入)
12	P701	10	正向点动
13	P702	11	反向点动
14	P1058	30	正向点动频率(30 Hz)
15	P1059	20	反向点动频率(20 Hz)
16	P1060	10	点动斜坡上升时间(10 s)
17	P1061	5	点动斜坡下降时间（5 s）

(2)通过外部端子控制电动机启动/停止、正转/反转，按下按钮“SB_1”电动机正转启动，松开按钮“SB_1”电动机停止；按下按钮“SB_2”电动机反转，松开按钮“SB_2”电动机停止。

(3)运用操作面板改变电动机启动的点动运行频率和加减速时间。

2)参数设定

(1)设置参数前先将变频器参数复位为工厂的默认设定值。

(2)设定 P0003 =2 允许访问扩展参数。

(3)设定电动机参数时先设定 P0010 =1(快速调试)，电动机参数设置完场设定P0010 =0(准备)。

如需详细的参数表，请参阅《MicroMaster 420 使用大全》。

3)变频器的接线

变频器的接线示意图，如图 8-24 所示。

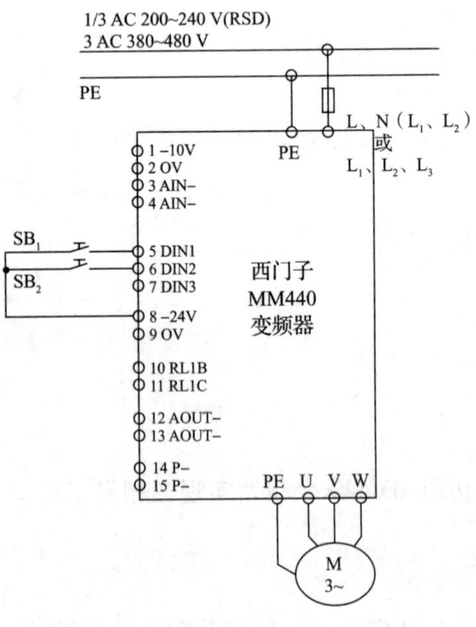

图 8-24 变频器的接线图

4. 实验内容及步骤

(1)检查实验设备中器材是否齐全。

(2)按照变频器外部接线图完成变频器的接线，认真检查，确保正确无误。

(3)打开电源开关，按照参数设定表正确设置变频器参数。

(4)按下按钮“SB_1”，观察并记录电变动机的运转情况。

(5)按下操作面板按钮“”，增加变频器输出频率。

(6)松开按钮“SB_1”待电动机停止运行后，按下按钮“SB_2”，观察并记录电动机的运转情况。

(7)松开按钮“SB_2”，观察并记录电动机的运转情况。

5. 实验报告及思考题

(1)改变 P1058、P1059 的值，观察电动机运转状态有什么变化。

(2)改变 P1060、P1061 的值，观察电动机运转状态有什么变化。

实验10　变频器控制电动机正、反转

1. 实验目的

(1)掌握变频器的正、反转控制方式。

(2)掌握变频器的正、反转控制方式的接线和参数设置方法。

(3)能够熟练操作变频器及参数设置等。

2. 实验仪器

(1)DZSZ-1 型电动机及电气技术实验装置，1 台。

(2)西门子- MM440 变频器(含 BOP 面板)，1 块。

(3)三相异步电动机，1 台。

(4)安全连接导线，若干。

(5)螺丝刀(十字)，1 把。

3. 实验原理

采用边做边学的教学方式进行训练，指导学生利用 MM440 变频器实现三相异步电动机的正、反转控制。

1) 实验要求

(1)正确设置变频器输出的额定频率、额定电压、额定电流、额定功率、额定转速。

(2)通过外部端子控制电动机启动/停止、正转/反转，打开“SB_1”“SB_3”电动机正转，打开“SB_2”电动机反转，关闭“SB_2”电动机正转；在正转/反转的同时，关闭

"SB_3"，电动机停止。

(3)运用操作面板改变电动机启动的运行频率和加减速时间，可参照表 8－10 操作。

表 8－10　变频参数说明

序号	变频器参数	设定值	功能说明
1	P304	根据电动机的铭牌配置	电动机的额定电压（V）
2	P305	根据电动机的铭牌配置	电动机的额定电流（A）
3	P307	根据电动机的铭牌配置	电动机的额定功率（kW）
4	P310	根据电动机的铭牌配置	电动机的额定频率（Hz）
5	P311	根据电动机的铭牌配置	电动机的额定转速（r/min）
6	P0700	2	选择命令源(由端子排控制)
7	P1000	1	操作面板(BOP)控制频率
8	P1080	0. 00	电动机的最小频率(0 Hz)
9	P1082	50. 00	电动机的最大频率(50 Hz)
10	P1120	3	斜坡上升时间(10 s)
11	P1121	3	斜坡下降时间(10 s)
12	P701	1	ON/OFF(接通正转/停车命令 1)
13	P702	12	反转
14	P703	4	OFF3(停车命令 3)按斜坡函数曲线快速停车

2）参数设定

(1)设置参数前先将变频器参数复位为工厂的默认设定值。

(2)设定 P0003 =2 允许访问扩展参数。

(3)设定电动机参数时先设定 P0010 =1(快速调试)，电动机参数设置完场设定 P0010 =0(准备)。

如需详细的参数表，请参阅《MicroMaster 4ψ0 使用大全》。

3)变频器的接线示意图

变频器的接线示意图如图 8－25 所示。

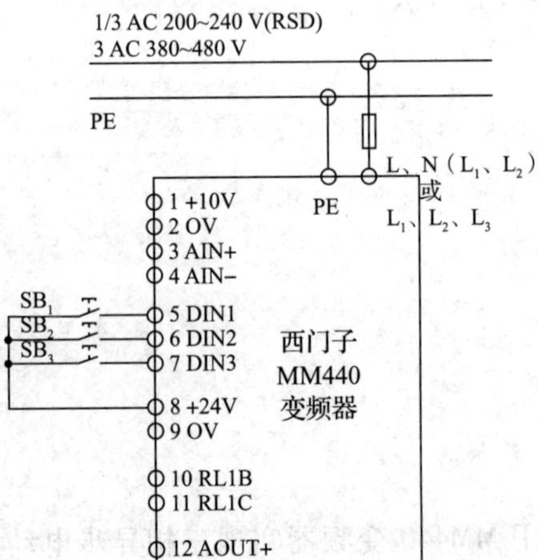

图 8－25　变频器的接线图

4. 实验内容及步骤

(1)检查实验器材是否齐全。

(2)按照变频器外部接线图完成变频器的接线，认真检查，确保正确无误。

(3)打开电源开关，按照参数设定表正确设置变频器参数。

(4)打开开关"SB_1""SB_3"，观察并记录电动机的运转情况。

(5)按下操作面板按钮"▲",增加变频器输出频率。

(6)打开开关"SB_1""SB_2""SB_3",观察并记录电动机的运转情况。

(7)关闭开关"SB_3",观察并记录电动机的运转情况。

5. 实验报告及思考题

改变 P1120、P1121 的值,观察电动机运转状态有什么变化。

实验 11 多段速度选择变频器调速

1. 实验目的

(1)掌握变频器的多段速度选择调速控制方式。

(2)掌握变频器多段速度选择调速方式的接线和参数设置方法。

(3)能够熟练操作变频器并进行参数设置等。

2. 实验仪器

(1)DZSZ－1 型电动机及电气技术实验装置,1 台。

(2)西门子－MM440 变频器(含 BOP 面板),1 块。

(3)三相异步电动机,1 台。

(4)安全连接导线,若干。

(5)螺丝刀(十字),1 把。

3. 实验原理

采用边做边学的教学方式进行训练,指导学生利用 MM440 变频器实现三相异步电动机的多段速控制。

1)实验要求

(1)正确设置变频器输出的额定频率、额定电压、额定电流、额定功率、额定转速。

(2)通过外部端子控制电动机多段速度运行,开关"SB_1"、"SB_2"、"SB_3"按不同的方式组合,可选择 7 种不同的输出频率。

(3)运用操作面板改变电动机启动的运行频率和加减速时间,可参照表 8－11。

表 8－11 变频参数说明

序号	变频器参数	设定值	功能说明
1	P304	根据电动机的铭牌配置	电动机的额定电压(V)
2	P305	根据电动机的铭牌配置	电动机的额定电流(A)

续表

序号	变频器参数	设定值	功能说明
3	P307	根据电动机的铭牌配置	电动机的额定功率(kW)
4	P310	根据电动机的铭牌配置	电动机的额定频率(Hz)
5	P311	根据电动机的铭牌配置	电动机的额定转速(r/min)
6	P1000	3	固定频率设定
7	P1080	10	电动机的最小频率(0 Hz)
8	P1082	50.00	电动机的最大频率(50 Hz)
9	P1120	3	斜坡上升时间(10 s)
10	P1121	3	斜坡下降时间(10 s)
11	P0700	2	选择命令源(由端子排控制)
12	P0701	17	固定频率设值(二进制编码选择 + ON 命令)
13	P0702	17	固定频率设值(二进制编码选择 + ON 命令)
14	P0703	17	固定频率设值(二进制编码选择 + ON 命令)
15	P1001	5.00	固定频率 1
16	P1002	10.00	固定频率 2
17	P1003	20.00	固定频率 3
18	P1004	25.00	固定频率 4
19	P1005	30.00	固定频率 5
20	P1006	40.00	固定频率 6
21	P1007	50.00	固定频率 7

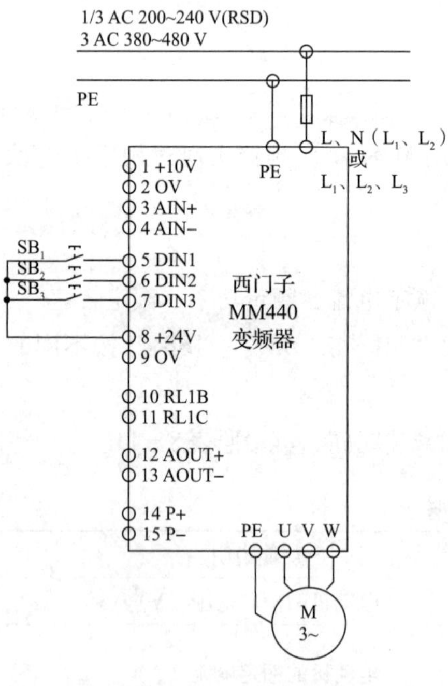

图 8－26　变频器的接线图

2)参数设定

(1)设置参数前先将变频器参数复位为工厂的默认设定值;

(2)设定 P0003 = 2 允许访问扩展参数;

(3)设定电动机参数时先设定 P0010 = 1(快速调试)，电动机参数设置完场设定 P0010 = 0(准备)。

如需详细的参数表，请参阅《MicroMaster 440 使用大全》。

3)变频器的接线示意图

变频器的接线示意图如图 8－26 所示。

4. 实验内容及步骤

(1)检查实训设备中器材是否齐全。

(2)按照变频器外部接线图完成变频器的接线，认真检查，确保正确无误。

(3)打开电源开关，按照参数设定表正确设置变频器参数。

(4)切换开关“SB_1”“SB_2”“SB_3”的通断，观察并记录变频器的输出频率。各个固定频率的数值根据下表 8－12 选择。

表 8－12　开关、频率状态对照表

SB_1	SB_2	SB_3	输出频率
OFF	OFF	OFF	OFF
ON	OFF	OFF	固定频率 1
OFF	ON	OFF	固定频率 2
ON	ON	OFF	固定频率 3
OFF	OFF	ON	固定频率 4
ON	OFF	ON	固定频率 5
OFF	ON	ON	固定频率 6
ON	ON	ON	固定频率 7

5. 实验报告及思考题

改变 P1001 ~ P1007 的值，观察电动机运转状态有什么变化。

附 录

1. 十字路口交通灯控制实验参考程序

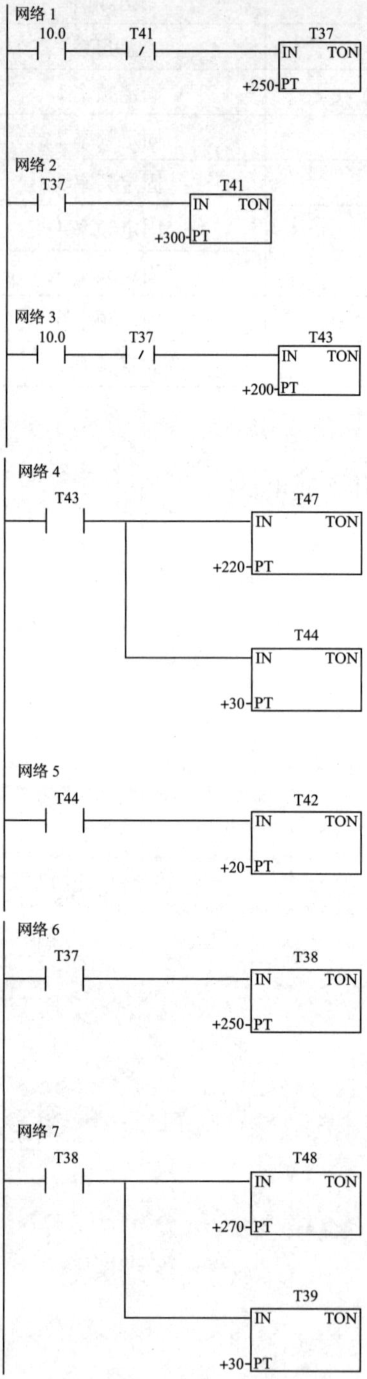

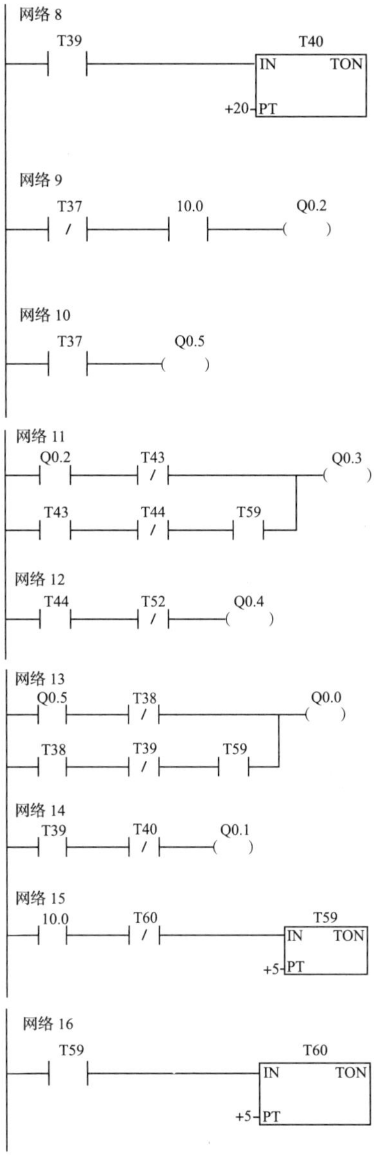

2. 天塔之光模拟控制实验参考程序

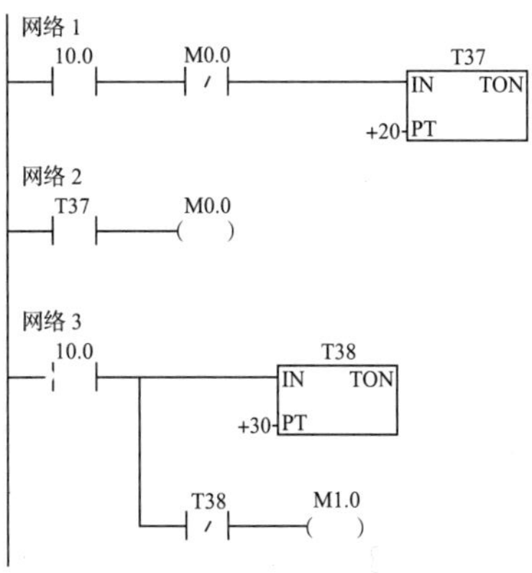

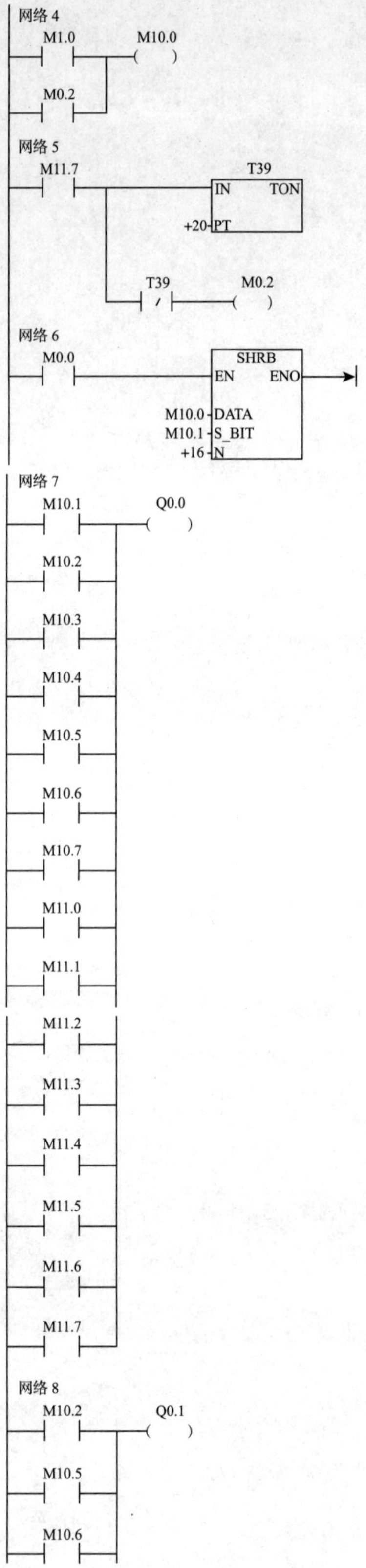
网络 4
M1.0
M10.0
M0.2
网络 5
M11.7
T39
IN
TON
+20
PT
T39
M0.2
网络 6
M0.0
SHRB
EN
ENO
M10.0
DATA
M10.1
S_BIT
+16
N
网络 7
M10.1
Q0.0
M10.2
M10.3
M10.4
M10.5
M10.6
M10.7
M11.0
M11.1
M11.2
M11.3
M11.4
M11.5
M11.6
M11.7
网络 8
M10.2
Q0.1
M10.5
M10.6

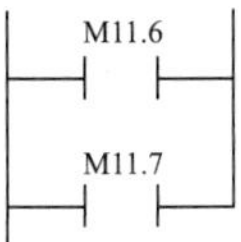

网络 8

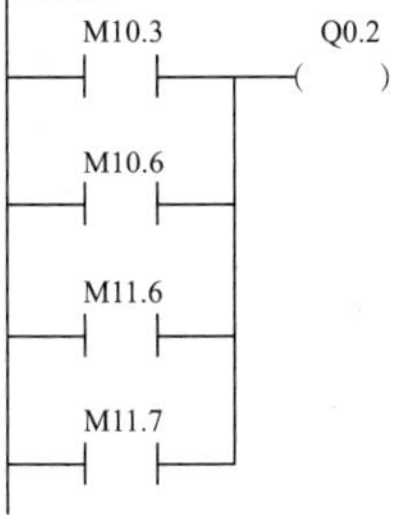

网络 10

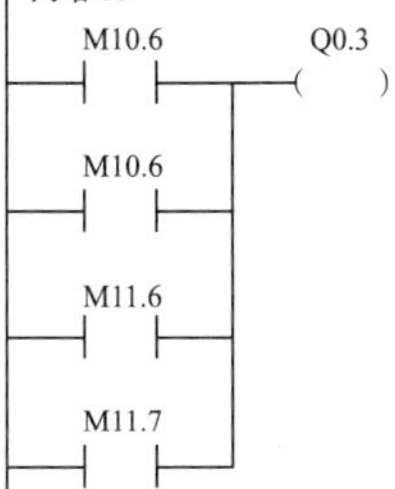

网络 11

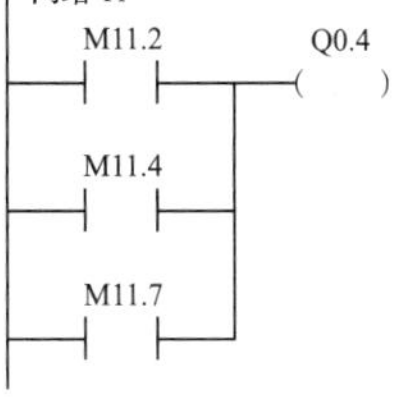

网络 12

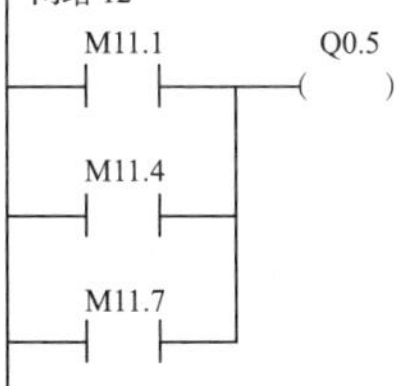

网络 13

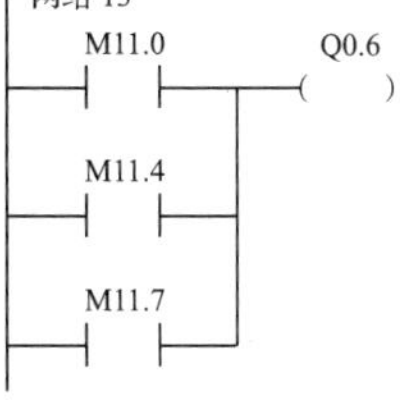

网络 14

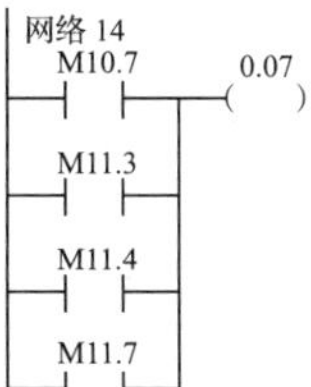

网络 15

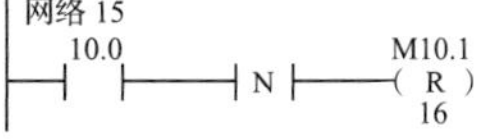

参 考 文 献

[1] 沙晓菁. 电工与电子技术基础技能实训[M]. 北京：清华大学出版社，2005.

[2] 赵淑范，王宪伟. 电子技术实验与课程设计[M]. 北京：清华大学出版社，2006.

[3] 杨子鸣. 电路与电子技术实训教程[M]. 北京：科学出版社，2003.

[4] 周美珍，陈昌彦. 电子技术基础实验与实习[M]. 北京：中国水利水电出版社，2002.

[5] 汪红. 电子技术[M]. 北京：电子工业出版社，2003.

[6] 殷瑞祥. 电路与模拟电子技术[M]. 2 版. 北京：高等教育出版社，2009.

[7] 郝波. 数字电路[M]. 北京：电子工业出版社，2003.

[8] 王港元. 电子技能基础[M]. 成都：四川大学出版社，2001.

[9] 王俊峰，安家文，吕宽州. 电工与电子技术实验教程[M]. 郑州：黄河水利出版社，2001.